"十三五"江苏省高等学校重点教材
（编号：2019-2-095）

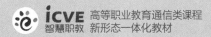
高等职业教育通信类课程
新形态一体化教材

光纤
通信工程

主　编　马　敏　阴法明　李　洁

副主编　曾庆珠　黄先栋　才岩峰

高等教育出版社·北京

内容提要

本书是高等职业教育通信类课程新形态一体化教材,配套在线课程为2018年国家精品在线开放课程。

本书以现网光传输技术作为教材核心内容,结合信息时代职业教育教与学特征,采用"项目－任务"的结构组织内容。全书分为五大部分:课程学习准备篇,介绍本书的使用方法与建议;光纤通信系统架构篇,介绍如何设计一个光纤通信系统;SDH传输网设计篇,强调SDH组网应用及设备配置实践;OTN传输网设计篇,强调OTN组网应用及设备配置实践;光纤通信发展篇,介绍光传输前沿技术和行业新动态。书中全面系统地介绍了光纤通信系统的构成及光纤通信的关键技术。

为了让学习者能够快速且有效地掌握核心知识和技能,也方便教师采用更有效的传统方式教学,或者更新颖的线上线下的翻转课堂教学模式,本书采用"纸质教材＋数字课程"的形式,配有数字化课程网站。书中以新颖的留白编排方式突出资源导航,扫描二维码,即可观看微课、动画等视频类数字资源,随扫随学,突破传统课堂教学的时空限制,激发学生的自主学习,打造高效课堂。本书配套提供的数字化教学资源包括PPT教学课件、微课、动画、学习资料等,具体获取方式详见"智慧职教"服务指南。

本书可作为高职高专电子信息类和通信类等相关专业的教学用书,也可作为从事光纤通信相关工作的工程技术人员参考用书。

图书在版编目(CIP)数据

光纤通信工程/马敏,阴法明,李洁主编. －－北京:高等教育出版社,2021.1

ISBN 978－7－04－051454－4

Ⅰ.①光… Ⅱ.①马… ②阴… ③李… Ⅲ.①光纤通信－通信工程－高等职业教育－教材 Ⅳ.①TN929.11

中国版本图书馆CIP数据核字(2019)第037978号

光纤通信工程
GUANGXIAN TONGXIN GONGCHENG

| 策划编辑 郑期彤 | 责任编辑 郑期彤 | 封面设计 赵 阳 | 版式设计 徐艳妮 |
| 插图绘制 于 博 | 责任校对 刁丽丽 | 责任印制 赵义民 | |

出版发行	高等教育出版社	网 址	http://www.hep.edu.cn
社 址	北京市西城区德外大街4号		http://www.hep.com.cn
邮政编码	100120	网上订购	http://www.hepmall.com.cn
印 刷	北京盛通印刷股份有限公司		http://www.hepmall.com
开 本	787mm×1092mm 1/16		http://www.hepmall.cn
印 张	17		
字 数	400千字	版 次	2021年1月第1版
购书热线	010-58581118	印 次	2021年1月第1次印刷
咨询电话	400-810-0598	定 价	43.80元

"智慧职教" 服务指南

"智慧职教"是由高等教育出版社建设和运营的职业教育数字教学资源共建共享平台和在线课程教学服务平台，包括职业教育数字化学习中心平台（www.icve.com.cn）、职教云平台（zjy2.icve.com.cn）和云课堂智慧职教 App。用户在以下任一平台注册账号，均可登录并使用各个平台。

● 职业教育数字化学习中心平台（www.icve.com.cn）：为学习者提供本教材配套课程及资源的浏览服务。

登录中心平台，在首页搜索框中搜索"光纤通信工程"，找到对应作者主持的课程，加入课程参加学习，即可浏览课程资源。

● 职教云（zjy2.icve.com.cn）：帮助任课教师对本教材配套课程进行引用、修改，再发布为个性化课程（SPOC）。

1. 登录职教云，在首页单击"申请教材配套课程服务"按钮，在弹出的申请页面填写相关真实信息，申请开通教材配套课程的调用权限。

2. 开通权限后，单击"新增课程"按钮，根据提示设置要构建的个性化课程的基本信息。

3. 进入个性化课程编辑页面，在"课程设计"中"导入"教材配套课程，并根据教学需要进行修改，再发布为个性化课程。

● 云课堂智慧职教 App：帮助任课教师和学生基于新构建的个性化课程开展线上线下混合式、智能化教与学。

1. 在安卓或苹果应用市场，搜索"云课堂智慧职教"App，下载安装。

2. 登录 App，任课教师指导学生加入个性化课程，并利用 App 提供的各类功能，开展课前、课中、课后的教学互动，构建智慧课堂。

"智慧职教"使用帮助及常见问题解答请访问 help.icve.com.cn。

国家精品在线开放课程
"光纤通信工程"学习指南

一、如何参加在线课程学习

"光纤通信工程"课程在线平台为"中国大学 MOOC"(www. icourse163. org),目前面向全社会免费开放。在"中国大学 MOOC"网站首页搜索课程名称"光纤通信工程",找到本课程后单击链接,进入课程首页(https://www. icourse163. org/course/NJCIT - 1002056022),如图 1 所示,单击"立即参加"按钮,即可参加课程学习和交流。读者也可在手机端下载"中国大学 MOOC"APP,搜索课程进行学习。

扫描二维码
进入课程

图 1　课程首页

课程在传统光纤通信系统及 SDH 技术原理的基础上,增添了 OTN 等最新光传输技术模块,注重理论与实践结合,资源丰富立体,教学团队在线答疑解惑,随时随地学习,为您的成长助力!

二、课程简介

按照《高等职业学校专业教学标准》,契合通信技术发展需求,以学生为中心,结合信息时代的教学特征,采用模块化结构组织教学内容,具体如下。

模块 1:光纤通信系统。主要介绍系统的基本组成部分,包括光纤、光器件等及系统模型。

模块 2:SDH 技术与设备。主要介绍 SDH 技术原理、典型设备原理、自愈保护等知识内容,配套有设备组网、业务配置等 6 个技能任务。

模块 3：OTN 技术与设备。主要介绍 DWDM 原理、OTN 技术原理、典型设备原理等知识内容，配套有光功率调整、光/电层保护配置等 5 个技能任务。

模块 4：光纤通信发展。主要介绍前沿技术、行业新动态，为后续学习给出参考。

共 14 讲内容提炼出 49 个知识点，其中每个知识点提供"知识引入""学习微课"和"学习课件"等学习内容，开展 "随堂测验""主题讨论"和 "单元作业"等教学活动。

模块内容完整且相对独立，学习者能够明确学完该模块后能够做什么、为后续模块提供怎样的铺垫；同时各模块对能力的要求层层递进，完成系统学习后，学习者能独立完成设备装维和系统配置。

三、面向对象

- 高职高专通信类专业学生；
- 从事光通信方向教学的教师；
- 光通信网络与设备、工程设计等相关岗位人员。

四、课程特色

1. 课程设计合理。依托课程平台及信息化手段，以实际项目为载体，任务驱动的形式组织学习，不仅便于学习者自主学习与测评，更适合于开展混合式教学，实现线上与线下的高效互补。

2. 教学内容保鲜。通信行业发展迅猛、设备昂贵，利用仿真技术持续更新教学内容特别是实践部分，及时将主流传输技术纳入教学体系。

3. 资源优质丰富。本课程为 2019 年国家精品在线开放课程，资源充足、精致。

4. 课程内容应用范围广。可应用于学生自主学习，亦可应用于教师线上线下混合教学。

五、学习方法建议

1. 确定学习目标。

不同的学习目标会带来不同的学习效果。所以，在正式学习本门课程之前需要思考以下问题："我学习这门课程的目标是什么？""通过本门课程的学习，我想掌握哪些知识？"这样才会有学习的方向和动力。

2. 合理安排学习进度。

本课程是在线开放课程，按周开放，需要灵活安排学习时间，保证按时参加讨论、参与在线测试和上交作业等，避免堆积，影响下一阶段的学习进度。

3. 积极参与学习活动，学会参与论坛讨论。

（1）为了保证讨论的针对性，发帖时请注意所在论坛区域；

（2）为了提高讨论的有效性，请避免发重复帖、水帖；

（3）为了提升讨论质量，加强学习效果，请对优质帖点赞或回复交流。

4. 利用课程论坛，找到自己的学习伙伴。

同伴学习在学习过程中至关重要，在问题探讨、共同学习和交流分享等方面起到积极的作用。由于在线学习的特殊性，课程论坛成为学习者交流的主要区域，希望大家能够找到学习伙伴，共同学习。

最后，预祝大家学有所成，收获满满！

前言

随着现代通信系统的快速演进,光纤通信作为业务最理想的传送技术也在不断发展。随着职业教育改革的不断深入,高职教育的教学内容和教学模式都发生了巨大的变化。在本书的编写过程中,注重将行业发展与高职教育相结合。本书具有如下主要特色:

1. 吸收产业先进技术,精心组织教材内容

本书以现网中主流的同步传输 SDH 技术和波分复用 OTN 技术作为重点讲授对象,理论部分优选与工程实践密切相关的技术原理,以实用和够用为原则,降低原理介绍的复杂度,偏重岗位技能培养。

2. 项目化架构设计,理论实践相结合

本书由南京信息职业技术学院教师与通信行业企业江苏省邮电规划设计院有限责任公司相关人员合作编写,以项目为主线构建教材内容。

组织形式上将项目分解为若干工作任务,以任务过程设计和组织知识点、技能点,实现知识技能和企业岗位相衔接,实现教材内容与职业标准、教学过程和岗位工作的无缝对接。

3. 纸质教材与数字资源相融合,实现随时随地学习

本书突破传统理念,以纸媒为载体整合在线学习资源。教材内容系统化,资源碎片化、多样化,既有微课、动画等视频资源,也有配套 PPT 教学课件、学习资料等文本资源、习题等。视频类资源配有二维码,读者可以通过手机、iPad 等移动终端随扫随学。选用本书授课的教师可发送电子邮件至 1377447280@ qq. com 索取教学资源。

本书配套在线课程为 2018 年国家精品在线开放课程,课程网址为 http://www.icourse163.org/course/NICIT – 1002056022。

本书由南京信息职业技术学院马敏、阴法明、李洁任主编。南京信息职业技术学院马敏负责项目五、项目六、项目八的编写和统稿,南京信息职业技术学院李洁负责课程学习准备篇、项目一、项目四和项目七的编写,南京信息职业技术学院阴法明负责项目九和项目十的编写,南京信息职业技术学院曾庆珠负责项目二和项目三的编写,南京信息职业技术学院黄先栋负责项目十一和项目十二的编写,南京信息职业技术学院才岩峰负责光纤通信发展篇的编写。本书的配套数字资源由马敏、李洁、阴法明、曾庆珠、黄先栋和才岩峰制作。

在本书的编写过程中,得到了江苏省邮电规划设计院有限责任公司李永嫚、周楠的大力支持,在此表示衷心的感谢。

由于编者水平有限,书中难免存在错误及不足之处,敬请读者批评指正。

编者
2020 年 11 月

目 录

SDH 传输网设计篇

光纤通信发展篇

课程学习准备篇

什么是光纤通信系统

知识目标

- 熟悉光纤通信的历史和发展。
- 掌握光纤通信系统的结构以及各组成部分的功能。
- 掌握光纤通信中涉及的器件和部件。
- 熟悉光纤通信系统的分类方式。
- 熟悉光纤通信的特点。

知识引入

什么是光纤
通信系统

PPT

什么是光纤
通信系统

学习资料

什么是光纤
通信系统

微课

什么是光纤
通信系统

知识基础

一、什么是光纤通信

通信是借助于某种手段实现两个或多个实体之间信息交换的过程;光通信则是指利用某种特定波长(频率)的光信号承载信息,并将此光信号通过光波导或者大气信道传送到接收方,然后再还原出原始信息的过程。广义的光通信包括光纤通信和大气光通信/空间光通信两种,目前在通信领域内主要采用光纤通信。

我国在古代已经利用光信号传递消息,例如烽火台用烟和火进行情况通报。灯光、手势和旗语也可以看作是某种形式的光通信。这类系统的信息传输受外界因素(如天气、环境等)影响较大,传输速度慢,传输距离有限。

1880 年贝尔发明了"光电话",这是现代光通信起源的标志。

实用化的光通信需要解决两个关键问题:一是适宜的光源,二是性能良好的传输介质。

1960 年美国科学家梅曼研制成功红宝石激光器。激光器发出的是激光,激光的优点是谱线窄,方向性极好,频率和相位高度一致。激光器可以作为光通信的理想光源。随后出现了氦氖激光器、二氧化碳激光器和燃料激光器等。这些激光器体积大、功耗大,不适宜用于通信领域。1970 年美国贝尔实验室研制成功了以砷化镓为核心的半导体激光器,该激光器可在室温下连续振荡,为光纤通信找到了合适的光源。

1964 年科学家高锟根据介质波导理论提出,提纯的石英玻璃纤维可以作为光通信的传输媒质,这为光通信迈向实用化奠定了理论基础。1970 年美国康宁公司研制出损耗系数低于 20 dB/km 的光纤。随后,光纤的损耗系数不断下降。1973 年光纤的损耗系数下降到 1 dB/km,1976 年光纤的损耗系数下降到 0.5 dB/km,到 1979 年光纤的损耗系数下降到 0.2 dB/km。

由于在激光器和光纤方面的突破性进展,加上其他光器件的发明和改进,光纤通信系统逐步完善起来。1970 年美国在亚特兰大成功进行了速率为 44.763 Mbit/s、距离为 10 km 的光纤通信系统现场试验。1980 年采用多模光纤的光通信系统投入商用,单模光纤通信系统开始现场试验。此后,光纤通信逐步成为通信网络最主要的传输手段。

我国于 20 世纪 70 年代开始对光纤通信领域的技术进行研究,目前已经成为世界上光纤通信领域综合实力强、技术先进的国家之一。

光纤通信系统的发展大致经历了以下四个阶段。

第一个阶段是 20 世纪 70 年代到 80 年代初。光纤通信系统使用工作波长为 850 nm 和 1 310 nm 的多模光纤。光纤的损耗系数从 2.5 ~ 4.0 dB/km (850 nm 多模光纤)下降到 0.55 ~ 1.0 dB/km(1 310 nm 单模光纤),系统最高容量从 45 Mbit/s(850 nm 多模光纤)增加到 140 Mbit/s(1 310 nm 多模光纤),中继距离从最长 10 km(850 nm 多模光纤)增加到 30 km(1 310 nm 多模光纤)。

第二个阶段是 20 世纪 80 世纪中期,光纤通信系统采用工作波长为 1 310 nm 的单模光纤。光纤损耗系数为 0.3 ~ 0.5 dB/km,最高传输容量可达 140 ~ 565 Mbit/s,中继距离可达 50 km。

第三个阶段是 20 世纪 80 年代后期,光纤通信系统采用工作波长为 1 510 nm 的单模光纤。光纤损耗系数约为 0.25 dB/km,传输容量可达 100 Gbit/s,中继距离超过 100 km。

第四个阶段是从 20 世纪 90 年代至今,这一阶段涌现了很多光纤通信新技术和新器件。传输容量大幅度提高,系统总容量可达 1.6 Tbit/s。由于采用了全光放大器,中继距离进一步延长。此外,光纤通信技术与其他通信技术相融合,还产生了无源光接入网(PON)、分组传送网(PTN)、波分复用(WDM)技术和智能光网络(ASON)等。

二、光纤通信系统的结构和分类

光纤通信系统的结构如图 0 - 1 所示。

图 0 - 1　光纤通信系统的结构

电发送机:主要任务是对电信号进行放大、复用、成帧等处理,然后将电信号传送到光发射机。

光发射机:主要任务是把电信号转换成光信号,并进行信号处理,然后将光信号耦合到光纤进行传输。

光纤:主要任务是传输光信号。

中继器:主要任务是对光信号进行放大和整形。

光接收机:主要任务是接收光信号,并将光信号转换成电信号。

电接收机:主要任务是对电信号进行解复用、放大等处理。

光纤通信系统涉及的具体器件和部件。

1. 光纤

光纤是光信号的传输媒质。光纤的主要传输特性是损耗、色散和非线性等。此外,对光纤还有机械特性和环境特性的性能要求。工程中普遍使用光缆,光缆由多根光纤、加强元件和外护套等部分组成。

通信中通常使用石英材料制成的光纤,可分为多模光纤和单模光纤两种,有三个低损耗波长窗口,即 850 nm、1 310 nm 和 1 550 nm。为了与这三个低损耗波长匹配,光纤通信系统的工作波长应首选这三个波长窗口。光纤有很多类型,如非零色散位移光纤、色散平坦光纤等,分别应用于不同的场合。

2. 光源

光源是光发射机的核心部件,作用是把电信号转换成光信号。对光源的要求是输出功率大、谱线窄、光束发散角小、输出波长稳定以及使用寿命长等。通信中常用的光源有半导体激光器和半导体发光二极管。电信号转换成光信号的过程就是对光源的调制过程,调制可分为直接调制和间接调制(外调制)两种。

3. 光检测器

光检测器是光接收机的核心部件,作用是把光信号转换成电信号。对光检测器的要求是响应度高、噪声低和响应速度快等。常用的光检测器有光电二极管(PIN)和雪崩光电二极管(APD)。

4. 光放大器

光放大器的作用是直接对光信号进行放大,不需要转换成电信号。采用光放大器能够有效增加光传输距离。光放大器有半导体光放大器、非线性光纤放大器和掺杂光纤放大器。其中掺铒光纤放大器(EDFA)得到广泛应用。

5. 无源光器件

无源光器件为光路服务,有连接器、耦合器、波分复用器、光开关和光衰减器等很多种类。

三、光纤通信系统的分类

1. **按工作波长分类**

① 短波长光纤通信系统:工作波长为 850 nm。这种系统的传输距离较短,一般用于局域网和设备间互联等。

② 长波长光纤通信系统:工作波长为 1 310 nm 和 1 550 nm。这种系统的传输距离较长,可用于城域网、核心网传输。

③ 超长波长光纤通信系统:工作波长大于 2 000 nm。这种系统的损耗系数更小,可以实现超长距离传输。

2. **按光纤的传输模式分类**

① 多模光纤通信系统:使用多模光纤。

② 单模光纤通信系统:使用单模光纤。

3. **按传输信号的特性分类**

① 模拟光纤通信系统:传输模拟信号。

② 数字光纤通信系统:传输数字信号。

4. **按调制方式分类**

① 强度调制/直接检测光纤通信系统:用电信号直接对光源进行强度调制,在接收端用光检测器直接检测。

② 相干调制光纤通信系统:在发送端,电信号对光源发出的光载波进行调制;在接收端,调制后的光信号与本振信号混频,然后经过光检测器,最后进行解调。

四、光纤通信的特点

与电缆或微波通信相比,光纤通信有许多优点。

① 通信容量大。光纤的工作波长在 850 nm、1 310 ~ 1 625 nm 范围内,信号频谱极宽,单根光纤的传输容量可达上百 Tbit/s。如果继续改进技术,通信容

量还能有所提高。

② 传输损耗小,中继距离长。目前,光纤的损耗系数可以控制在 0.2 dB/km 以下,中继距离可达数百千米。

③ 抗干扰性强,保密性好。

a. 光信号在光纤中传输时,只在光纤的纤芯中进行,不同光纤纤芯之间几乎不存在相互串扰,无光泄漏,因此保密性好。

b. 光纤通信不受外界电磁干扰,光纤耐腐蚀、抗扰性好(弯曲半径大于 25 cm时性能不受影响)。

c. 由于光纤频谱宽,适合采用数字通信方式,经过数字信号处理,可以增强保密性和抗干扰性。

④ 可节约大量金属材料。制造电缆需要铜,但铜资源非常有限;而制造光纤的二氧化硅材料则非常丰富。

⑤ 体积小、重量轻,敷设方式灵活多样,维护方便。

光纤通信也存在一些不足,如光信号难以直接放大,弯曲半径不能太小,分路耦合不方便,以及需要专门的切断接续技术等。

小结

1. 1960 年美国科学家梅曼发明了红宝石激光器,激光器的出现为光纤通信提供了合适的光源。1964 年英籍科学家高锟提出,提纯的石英玻璃纤维可以作为光通信的传输媒质。1970 年美国康宁公司研制出损耗系数低于 20 dB/km 的光纤。激光器及光纤的出现为光纤通信的实用化奠定了基础。

2. 光纤通信系统由电发送机、光发射机、光纤、中继器、光接收机和电接收机组成,涉及的器件和部件有光纤、光源、光检测器、光放大器和无源光器件等。

3. 光纤通信系统按不同的分类标准可以有多种分类方式,如按工作波长分类、按传输模式分类、按信号特性分类和按调制方式分类。

4. 光纤通信具有通信容量大、传输损耗小、中继距离长、抗干扰能力强、体积小、重量轻、敷设方式灵活以及维护方便等优势。

思考与练习

1. 光纤通信有什么特点?

2. 简述光纤通信系统的主要组成部分。

3. 光纤通信中常用的三个低损耗窗口的中心波长分别为多少?

光纤通信系统架构篇

项目一
认识光纤

 知识目标

- 掌握光纤结构组成及分类。
- 熟悉常见光纤的性能指标。
- 了解光纤的导光原理。
- 掌握光纤传输特性。

 技能目标

- 熟悉常见光纤的应用场景。
- 掌握光纤传输特性的测量方法。

任务一 光纤结构与导光原理认知

任务分析

知识引入
光纤的结构
与分类

光纤是优良的传输媒质,是光纤通信系统不可或缺的组成部分,具有传输容量大、中继距离长和抗干扰性强等优点。光纤的材料、结构和传输性能直接影响系统的性能。本任务将介绍光纤的结构、分类和类型,并在此基础上,了解如何用光射线理论来解释光信号在光纤中的传输过程。

知识基础

PPT
光纤的结构
与分类

1.1.1 光纤结构

学习资料
光纤的结构
与分类

光纤是光导纤维的简称,光纤的作用是传导光信号。光纤的基本结构一般是双层或多层圆柱体,如图 1-1 所示。中间部分是纤芯,纤芯的折射率是 n_1。纤芯外面是包层,包层的折射率是 n_2。纤芯的作用是传导光信号,包层的作用是把光信号封闭在纤芯中。为了达到传导光信号的目的,纤芯的折射率 n_1 要大于包层的折射率 n_2。为了使纤芯与包层的折射率不一样,纤芯与包层的材料有所不同。纤芯的主要成分是石英。在石英中掺入一定掺杂剂,就可以成为包层材料。

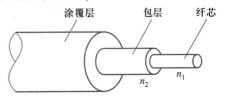

图 1-1 光纤的基本结构

纤芯和包层在物理上是一个整体,不可分离。只有纤芯和包层的光纤叫裸光纤。为了给光纤提供物理及机械保护,包层的外面还有涂覆层。涂覆层可以有一层,也可以有两层。具有一次涂覆层的光纤外径为 250 μm,具有二次涂覆层的光纤外径为 900 μm。

微课
光纤的结构
与分类

1.1.2 光纤分类

光纤可以按照多种方式进行分类。

一、按折射率分布分类

按光纤横截面上的折射率分布,光纤可分为阶跃型光纤和渐变型光纤,如图 1-2 所示。

从图 1-2 中可以看出,阶跃型光纤在纤芯或包层区域内,折射率是均匀分布的,数值分别为 n_1 和 n_2,在纤芯与包层的分界处,折射率发生跳变。渐变型光纤的折射率在纤芯轴心处达到最大(为 n_1),沿截面径向折射率逐渐变小,到纤芯与包层分界面上折射率降为 n_2。无论什么样的折射率分布,纤芯折射率 n_1 一定大于包层折射率 n_2。

光在阶跃型光纤和渐变型光纤中的传播轨迹如图 1-3 所示。

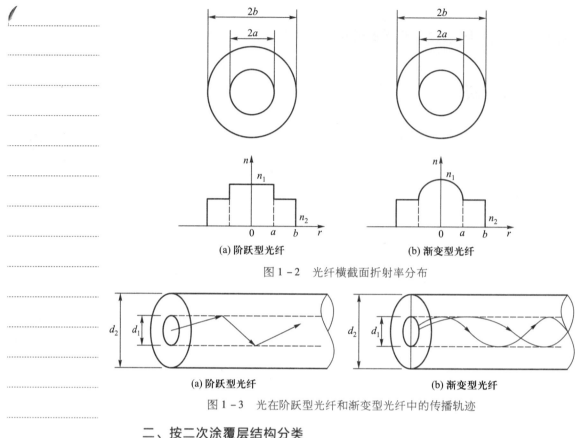

(a) 阶跃型光纤　　(b) 渐变型光纤

图 1-2　光纤横截面折射率分布

(a) 阶跃型光纤　　(b) 渐变型光纤

图 1-3　光在阶跃型光纤和渐变型光纤中的传播轨迹

二、按二次涂覆层结构分类

按光纤的二次涂覆层结构,光纤可分为紧套光纤和松套光纤,如图1-4所示。

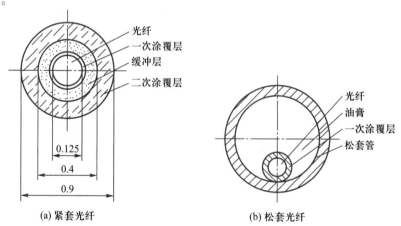

(a) 紧套光纤　　(b) 松套光纤

图 1-4　紧套光纤和松套光纤结构示意图

紧套光纤是指二次涂覆层与一次涂覆层紧密结合在一起。松套光纤是指一次涂覆层光纤与二次涂覆层相对独立,即光纤能在二次涂覆层里自由活动(或通过填充油膏方式悬浮其中)。紧套光纤结构简单,使用方便,可以减小外应力对光纤的作用。松套光纤的优点是机械性能好,具有较好的耐侧压力,温度特性好,防水性能好,有利于提高光纤的稳定性和可靠性。

三、按制作材料分类

按光纤的制作材料,光纤可分为石英(SiO_2)光纤、硅酸盐光纤、卤化物光纤、硫属化合物玻璃光纤、塑料光纤和液芯光纤等。通信中应用最普遍的是石英光纤或硅酸盐光纤。卤化物光纤主要由元素周期表中第 VII 族元素制成,理论上在 2.5 μm 波长附近有低至 0.001~0.01 dB/km 的损耗。硫属化合物玻璃光纤的非线性效应比较明显。塑料光纤具有成本低、便于耦合以及韧性好等优点,缺点是损耗较高。近年来,为了降低光纤的损耗,提出了纯硅光纤(PSCF),传输损耗可低至 0.15 dB/km。

四、按传输模式的数量分类

按传输模式的数量,光纤可分为单模光纤和多模光纤。单模光纤只能传输一种模式(就是基模),多模光纤可以传输多个模式。多模光纤的芯径远大于光波长,而单模光纤的芯径与光波长在同一数量级。多模光纤中存在模式色散,导致这种光纤的带宽变小,降低了传输容量。因此,多模光纤适用于小容量或短距离传输。单模光纤中只有一个模式(基模),没有模式色散,带宽更大,传输距离更长。

单模光纤和多模光纤的比较见表 1 - 1。

表 1 - 1　单模光纤和多模光纤的比较

项目	单模光纤	多模光纤
芯径	较细(约 10 μm)	较粗(50~100 μm)
与光源的耦合	较难	简单
光纤间连接	较难	较容易
传输带宽	极宽(100 Gbit/s 数量级)	窄(数 Gbit/s 量级)
微弯曲影响	小	较大
使用场合	远距离、大容量	中短距离、中小容量

注意:模式的数学意义是电磁场在光纤波导中传播时波动方程的解,物理意义则是对应的电磁场的存在形式。

任务实施

1.1.3　光纤导光原理

光具有二重性,既可以被看成光波,也可以被看成由光子组成的粒子流。因此,光纤的导光原理可以使用两种理论来解释:射线理论和波动理论。射线理论把光作为光线处理,比较直观、易懂,但这是一种近似方法,只能作定性分析。波动理论使用麦克斯韦方程,结果精确,但是比较复杂。以下采用射线理论分析光纤的导光原理。

知识引入

光纤的导光原理

PPT

光纤的导光原理

学习资料

光纤的导光
原理

微课

光纤的导光
原理

射线理论用光射线代表光信号传输轨迹,其成立的近似条件是相比于光纤的纤芯尺寸,光信号的波长非常短且趋于0。

一、斯涅尔定律

光在入射到两种介质的分界面上时,会发生反射和折射两种现象。反射指入射光在分界面上改变传播方向又返回原来物质的现象。折射指光从一种介质射入另一种介质时,传播方向发生改变,从而使光线在不同介质的交界处发生偏折的现象。描述折射和反射现象的定律就是斯涅尔定律,如图1-5所示。

$$反射定律: \qquad \theta_入 = \theta_反 \qquad\qquad (1-1)$$

$$折射定律: \qquad n_1 \sin\theta_入 = n_2 \sin\theta_折 \qquad\qquad (1-2)$$

式中,n_1和n_2是两种介质的折射率;$\theta_入$、$\theta_反$、$\theta_折$分别是入射角、反射角和折射角。

因为n_1比n_2大,所以折射率为n_1的介质是光密介质,折射率为n_2的介质是光疏介质。当光从光密介质进入光疏介质时,随着$\theta_入$的增大,$\theta_折$也会增大。当$\theta_入$增大到一定程度时($\theta_入 = \theta_c$),$\theta_折 = 90°$。当$\theta_入 \geq \theta_c$时,没有折射光,只有反射光,这种现象就是全反射。此时有

$$n_1 \sin\theta_c = n_2 \sin 90°$$

$$\sin\theta_c = \frac{n_2}{n_1} \qquad\qquad (1-3)$$

式中,θ_c称为全反射的临界角。

二、光纤的全内反射

以阶跃型光纤为例,光射线由纤芯向包层入射的全内反射现象如图1-6所示。图中,空气折射率$n_0 = 1$,纤芯折射率为n_1,包层折射率为n_2,并且$n_1 > n_2$。

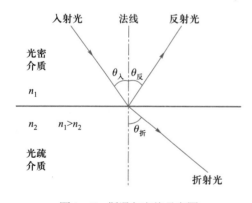

图1-5　斯涅尔定律示意图

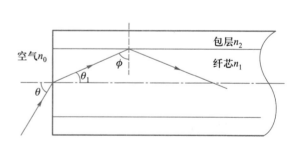

图1-6　阶跃型光纤的全内反射现象

在光纤的入射端面,与光纤轴线夹角为θ的光射线由光纤端面首先进入纤芯,产生折射,由于$n_0 < n_1$,因此折射角$\theta_1 <$ 入射角θ,并且满足

$$n_0 \sin\theta = n_1 \sin\theta_1 \qquad\qquad (1-4)$$

由于$\theta_1 + \phi = 90°$,所以

$$\sin\theta_1 = \cos\phi \qquad\qquad (1-5)$$

把式(1-5)代入式(1-4)可得

$$n_0 \sin \theta = n_1 \cos \phi \qquad (1-6)$$

在纤芯与包层的分界面上,为了不使光线进入包层,必须使光线在纤芯和包层分界面发生全内反射,即 $\phi > \theta_c$(全内反射临界角),考虑到式(1-3),可得

$$\sin \phi > \sin \theta_c = \frac{n_2}{n_1} \qquad (1-7)$$

经过分析可得,当在光纤入射端面满足下式时,进入光纤的光线能在纤芯和包层的界面处发生全内反射:

$$n_0 \sin \theta < \sqrt{n_1^2 - n_2^2} \qquad (1-8)$$

可推导出光纤端面处入射角的临界值 θ_a 为

$$\theta_a = \arcsin \frac{\sqrt{n_1^2 - n_2^2}}{n_0} \approx \arcsin \sqrt{n_1^2 - n_2^2} \qquad (1-9)$$

只要从光纤端面入射的光射线入射角 $\theta \leqslant \theta_a$,就能在纤芯中形成全内反射传输。$\theta_a$ 为光纤端面的最大入射角,$2\theta_a$ 为光纤对光的最大可接收角。

任务拓展

1.1.4　数值孔径

定义数值孔径 NA 为

$$NA = n_0 \sin \theta_a = \sqrt{n_1^2 - n_2^2} \approx n_1 \sqrt{2\Delta} \qquad (1-10)$$

式中,$n_0 \approx 1$;$\Delta = \dfrac{n_1 - n_2}{n_1}$。

NA 反映光纤接收和传输光的能力,NA 越大,表示光纤接收光的能力越强,光源与光纤间的耦合效率越高。NA 越大,光纤对入射光的束缚越强,光纤抗弯曲特性越好。但如果 NA 过大,进入光纤的光过多,将会产生过大的模式色散,限制信息传输容量,所以必须适当选择 NA。

任务二　光纤的传输特性测量

任务分析

光纤是传输光信号的物理传输媒质,是光传输网的重要组成部分。近年来,随着云计算、流媒体、移动宽带等新业务的不断涌现,数据业务已占据主流,以往适应流量、流向单一的语音业务的光传输网络需要随着需求的改变而变化,对光纤的传输性能也提出了更高的要求。

本任务即为给定长度一定的待测光纤(多模光纤和单模光纤),试着对待测光纤的传输特性进行测量和分析。

知识引入

光纤的传输特性

PPT
光纤的传输
特性

学习资料
光纤的传输
特性

微课
光纤的传输
特性

知识基础

光纤通信系统的基本要求是能将任何信息无失真地从发送端传送到用户端,这首先要求作为传输媒质的光纤应具有均匀、透明的理想传输特性,任何信号均能以相同速度无损无畸变地传输。但实际光纤通信系统中光信号通过光纤一段距离传输后会产生衰减和畸变,导致输入的光信号脉冲和输出的光信号脉冲不同,表现为光脉冲的幅度衰减和波形的展宽。产生该现象的原因是光纤中存在损耗和色散,当信号强度较高时还存在非线性。损耗和色散是描述光纤传输特性的最主要参数,它们限制了系统的传输距离和传输容量。

1.2.1 光纤的损耗

光纤通信中随着信道数据率和传输距离的增加,光纤不再是一个透明管道。光波在光纤中传输,随着距离的增加光功率逐渐下降,这就是光纤的传输损耗,该损耗直接关系到光纤通信系统传输距离的长短,是光纤最重要的传输特性之一。

一、光纤的损耗如何衡量

光纤传播的光能有一部分在光纤内部被吸收,有一部分可能辐射到光纤外部,使光能减少,产生损耗。光纤每千米的损耗称为衰减系数,单位为 dB/km。光纤的衰减系数与传输光波长的关系,即光纤衰减谱如图 1-7 所示。

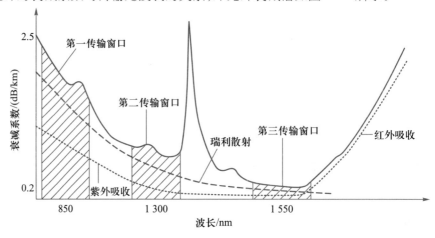

图 1-7 光纤衰减谱

在光纤衰减谱上,衰减系数出现的高峰称为吸收峰,衰减系数较低时对应的波长称为窗口。可以看出,光纤有三个低损耗窗口:850 nm、1 310 nm、1 550 nm。它们就是常说的工作窗口。

光纤的衰减系数 α 定义为光在单位长度光纤中传输时的衰耗量,单位一般用 dB/km,有

$$\alpha = \frac{10}{L} \lg \frac{P_i}{P_o}$$

式中,L 为光纤的传输距离,即光纤的长度,单位为 km;P_i 和 P_o 分别为光纤的输入光功率和输出光功率,单位为 mW 或 W。

> **注意:** 计算光纤的衰减系数时,只有满足如下两个条件,测量到的衰减系数才能够线性相加:① 假定光纤沿轴向均匀,即 α 与轴向位置无关;② 对于多模光纤来说,必须达到稳态(平衡)模分布。

二、光纤损耗是如何引起的

光纤损耗的组成如图 1 - 8 所示。

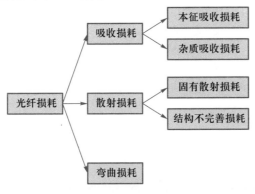

图 1 - 8 光纤损耗的组成

损耗产生的主要原因如下。

① 光纤的电子跃迁和分子振动都要吸收一部分光能,产生损耗。

② 光纤原料总有一些杂质,存在过渡金属离子(如 Cu^{2+}、Fe^{2+}、Cr^{3+} 等),这些离子在光照下产生振动,也会引起电子跃迁,产生损耗。

③ 光纤中存在氢氧根,产生损耗。

④ 瑞利散射、布里渊散射、受激拉曼散射等使一部分光能射出光纤之外,产生损耗。瑞利散射是指光波遇到与波长大小可以比拟的带有随机起伏的不均匀质点时所产生的散射。光时域反射仪(OTDR)就是通过被测光纤中产生的瑞利散射来工作的。布里渊散射、受激拉曼散射是强光在光纤中引起的非线性散射,这种散射也会产生损耗。

⑤ 光纤接头和弯曲也会产生损耗。

光纤损耗是光纤的一项重要指标,而且不可避免。光纤损耗的存在导致传输过程中光信号的衰减,光纤损耗在很大程度上决定了光传输系统的传输距离。

1.2.2 光纤的色散和带宽

一、什么是光纤的色散

色散是指集中的光能(光脉冲)经过光纤传输后在输出端发生能量分散,导致传输信号畸变的一种现象。光脉冲信号由光纤输入端射入,经过长距离传输以后,在光纤输出端,光脉冲波形发生时间上的展宽,产生码间干扰,这种现象即为色散,如图 1 - 9 所示。

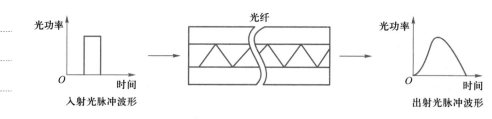

图 1 - 9　色散示意图

传输光脉冲信号时,色散的存在会造成码间干扰,导致误码,进而影响传输速率。经单位长度光纤传输后,单位光波长间隔对应的群时延差即为色散系数,单位为 ps/(nm·km)。定义色散系数为

$$D = \frac{\Delta \tau}{\Delta \lambda}$$

式中,$\Delta \lambda$ 为光波长间隔(以波长 λ_0 为中心);$\Delta \tau$ 为光波长间隔对应的群时延差。

二、色散类型

光纤色散主要包括以下三种。

1. 模式色散

模式色散是指在多模传输条件下,光纤中各模式在同一光源频率下的传输系数不同,因而群速度不同而引起色散。

2. 色度色散

（1）材料色散

材料色散是由于光纤材料的折射率随光频率呈非线性变化以及模式内部不同波长成分的光有不同的群速度而导致的脉冲波形畸变。

（2）波导色散

波导色散是某个导模在不同波长下的群速度不同而引起的色散,它与光纤结构的波导效应有关,因此又称为结构色散。

3. 偏振模色散

普通单模光纤实际上传输的是两个相互正交的模式,若光纤中存在不对称现象,两个偏振模的传输速度也会不同,从而导致各自的群时延不同,形成偏振模色散(PMD)。

光纤中的光传输也可描述成完全是沿 X 轴振动和完全是沿 Y 轴振动或一些光在两轴上的振动。每个轴代表一个偏振"模",两个偏振模的到达时间差也就是偏振模色散。

单模光纤中的偏振模色散如图 1 - 10 所示。

环境因素和工艺缺陷引起的纤芯椭圆及应力是引起 PMD 的主要因素。与其他色散相比,PMD 几乎可以忽略,但是无法完全消除,只能从光器件上使之最小化。脉冲宽度越窄的超高速系统中,PMD 的影响越大。PMD 与系统传输速率、最大传输距离的关系见表 1 - 2。

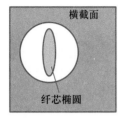
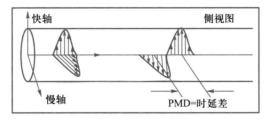

图 1-10 单模光纤中的偏振模色散

表 1-2 **PMD 与系统传输速率、最大传输距离的关系**

PMD/($ps/km^{1/2}$)	最大传输距离/km		
	2.5 Gbit/s	10 Gbit/s	40 Gbit/s
3.0	180	11	< 1
1.0	1 600	100	6
0.5	6 400	400	25
0.1	160 000	10 000	625

4. 单模光纤和多模光纤的色散构成

单模光纤和多模光纤中的色散构成不同。

材料色散和波导色散发生在同一模式内,所以称为模内色散;而模式色散和偏振模色散可称为模间色散。

多模传输中的色散主要包括模式色散、材料色散、波导色散等。其中,模式色散占主导,它最终限制了多模光纤的带宽;而材料色散相对较小,波导色散一般可以忽略。

单模传输只传输一个模式,没有模式色散,材料色散占主导,波导色散较小。由于光源不是单色的,总有一定的谱宽,这就增加了材料色散和波导色散的严重性。

注意:由于单模光纤的带宽比多模光纤宽得多,对信号的畸变或展宽很小,所以多模光纤的色散一般用光纤带宽表示,而单模光纤的色散一般用色散系数表示。

三、色散影响及补偿

1. 色散影响

(1)脉冲展宽

色散对光纤通信系统的主要影响就是使传输的光信号脉冲展宽,如图1-11所示。

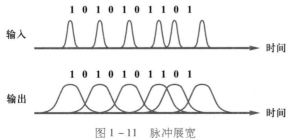

图 1-11 脉冲展宽

脉冲展宽　　　　$\Delta\tau(\text{ps}) = D\left[\text{ps}/(\text{nm}\cdot\text{km})\right]\times S(\text{nm})\times L(\text{km})$

式中，D 为色散系数；S 为光源谱线宽度；L 为传输长度。

> **注意：** 当脉冲展宽 $\Delta\tau\geqslant 1/4$ 比特周期时将会引起误码。

（2）啁啾效应

色散不仅使脉冲展宽，还使脉冲产生相位调制。这种相位调制使脉冲的不同部位对中心频率产生了不同的偏移量，具有不同的频率，即脉冲的啁啾效应。

2. 色散补偿

从系统的角度来看，光纤色散与光纤长度成正比，即光纤色散是具有累积性质的，因而光通信系统设计上存在着由光纤色散决定的传输距离限制。

对于 1.6 Tbit/s 长距（Long Haul，LH）、超长距（Ultra Long Haul，ULH）应用，必须对色散进行控制和管理。需要利用具有负波长色散的色散补偿光纤（DCF），对色散进行补偿，以抵消啁啾效应，消除脉冲的色散展宽，从而降低整个传输线路的总色散。

1.2.3　光纤的非线性效应

一、概述

制造光纤的材料本身并不是一种非线性材料，但光纤的结构使得光波能以较高的能量沿光纤聚集在很小的光纤截面上，因此引起明显的非线性光学效应，对光纤传输系统的性能和传输特性产生影响。

特别是近几年来，光纤放大器的出现和大量使用提高了传输光纤中的平均入纤光功率，使光纤非线性效应显著增大。所以，必须对光纤非线性效应及其可能带来的对系统传输性能的影响加以考虑。

光纤的非线性效应主要体现在密集波分复用（DWDM）系统中。非线性效应会使 DWDM 系统的各波长通道产生严重串扰，引起附加衰减，限制发光功率，影响掺铒光纤放大器的放大性能和无中继距离。

二、分类

非线性效应包括自相位调制（SPM）、交叉相位调制（XPM）、四波混频（FWM）、受激拉曼散射（SRS）和受激布里渊散射（SBS）。

1. 自相位调制

光纤中激光强度的变化导致光纤折射率的变化，引起光信号自身的相位调整，这种效应称为自相位调制，如图 1－12 所示。

2. 交叉相位调制

在多波长系统中，一个信道的相位变化不仅与本信道的光强有关，也与其他相邻信道的光强有关。由于相邻信道间的相互作用，引起相互调制的相位变化称为交叉相位调制（XPM）。

对于强度调制/直接检测（IM/DD）系统，由于检测只与入射光的强度有关而与相位无关，所以 XPM 不构成对系统性能的影响；但在相干调制系统中，信号相位的改变将会引起噪声，因此 XPM 会对此形成信道串扰。

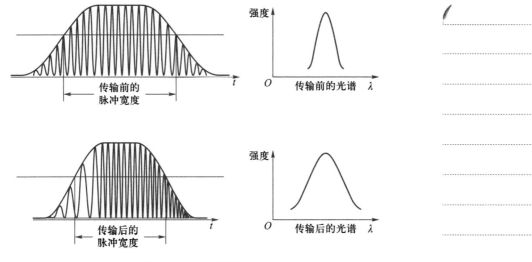

图 1 - 12 自相位调制

3. 四波混频

当多个一定强度的光波在光纤中混波时,各个波长信道间的非线性作用会导致新波长的产生,致使各波长信道间发生能量转移和互相串扰,如图 1 - 13 所示。

四波混频对波分复用系统的影响:产生新的波长,使原有信号的光能量受到损失,影响系统的信噪比等;如果产生的新波长与原有某波长相同或交叠,会产生严重的串扰。

4. 受激拉曼散射

如果高频率信道与低频率信道的频率差在光纤的拉曼增益谱内,则高频率信道的能量可能通过受激拉曼散射向低频率信道的信号传送。这种能量的转移不但使低频信道的能量增加而高频信道的能量减小,更重要的是能量的转移与两个信道的码形有关,从而形成信道间的串扰,使接收噪声增加而接收灵敏度劣化,引起非线性效应,如图 1 - 14 所示。

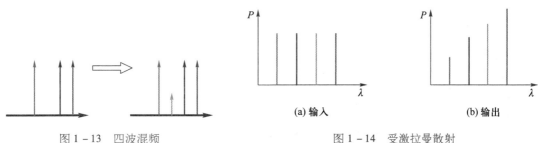

图 1 - 13 四波混频

(a) 输入   (b) 输出

图 1 - 14 受激拉曼散射

5. 受激布里渊散射

高频信道的能量也可能通过受激布里渊散射(SBS)向低频信道传送,但由于 SBS 的增益谱很窄(10 ~ 100 MHz),为实现泵浦光与信号光能量的转移,要求两者频率严格匹配,所以只要信号载频设计得好,就可以很容易地避免 SBS 引起的干扰。并且,SBS 要求两个信号光反向传输,所以如果所有信道的光都是同方向传输的,则不存在 SBS 引起的干扰。

SBS 是光纤中泵浦光与声子间相互作用的结果,利用 SBS 效应可以制成光纤布里渊激光器和放大器。

1.2.4 常见光纤与选型

为了使光纤具有统一的国际标准,国际电信联盟(ITU - T)制定了统一的光纤标准(G 标准)。ITU - T 规定的常见光纤包括以下几种。

一、G.651 光纤(多模渐变型折射率光纤)

多模渐变型折射率光纤的波长一般有两种:850 nm 和 1 310 nm。在这两种工作波长上,光纤均处于多模的工作状态。这种光纤在 850 nm 处具有最小色散值,在 1 310 nm 处具有最小衰减系数。

二、G.652 光纤(常规单模光纤/标准单模光纤)

G.652 光纤又称为色散非位移单模光纤,可应用于 1 310 nm 波长和 1 550 nm 波长窗口的区域,被广泛应用于数据通信和图像传输。在 1 310 nm 窗口处有近似零的色散。在 1 550 nm 窗口处损耗最小,有较大的色散,达 +18 ps/(nm·km)。G.652 光纤性能指标见表 1-3。

表 1-3　G.652 光纤性能指标

性能	模场直径 /μm	截止波长 /nm	零色散波长 /nm	工作波长 /nm	衰减系数 /(dB/km)		色散系数 / [ps/(nm·km)]	
	1 310 nm				1 310 nm	1 550 nm	1 310 nm	1 550 nm
要求值	9	≤1 260	1 310	1 310/1 550	≤0.36	≤0.22	0	+18

三、G.653 光纤(色散位移光纤)

G.653 光纤又称为色散位移光纤(DSF),在 1 550 nm 波长处的损耗和色散值均很小,主要用于单信道长距离海底或陆地通信干线。当 G.653 光纤应用于波分复用系统时,在零色散波长区将出现严重的四波混频非线性问题,导致复用信道光信号能量的衰减以及信道串扰,因此其不适用于波分复用系统。G.653 光纤性能指标见表 1-4。

表 1-4　G.653 光纤性能指标

性能	模场直径 /μm	截止波长 /nm	零色散波长 /nm	工作波长 /nm	衰减系数 /(dB/km)		色散系数 / [ps/(nm·km)]	
	1 310 nm				1 310 nm	1 550 nm	1 310 nm	1 550 nm
要求值	8.3	≤1 270	1 550	1 550	≤0.45	≤0.25	-18	0

四、G.654 光纤(低损耗光纤)

G.654 光纤又称为 1 550 nm 损耗最小光纤,在 $\lambda = 1\ 550$ nm 处衰减系数很小($\alpha = 0.2$ dB/km),弯曲性能好,主要用于无须插入有源器件的长距离无再生海底光缆系统。其缺点是制造困难,价格贵。G.654 光纤性能指标见表 1-5。

表1-5 G.654 光纤性能指标

性能	模场直径/μm	截止波长/nm	零色散波长/nm	工作波长/nm	衰减系数/(dB/km)		色散系数/[ps/(nm·km)]	
	1 310 nm				1 310 nm	1 550 nm	1 310 nm	1 550 nm
要求值	10.5	≤1 530	1 310	1 550	≤0.45	≤0.20	0	+18

五、G.655 光纤（非零色散位移光纤）

G.655 光纤又称为非零色散位移光纤（NZ DSF）。G.655 光纤在 1 550 nm 波长处有最低损耗和较小的色散值（但不是最小），能有效抑制四波混频等非线性现象，因此主要适用于速率高于 10 Gbit/s 的使用光纤放大器的波分复用系统。G.655 光纤性能指标见表1-6。

表1-6 G.655 光纤性能指标

性能	模场直径/μm	截止波长/nm	零色散波长/nm	工作波长/nm	衰减系数/(dB/km)		色散系数/[ps/(nm·km)]	
	1 310 nm				1 310 nm	1 550 nm	1 310 nm	1 550 nm
要求值	8~11	≤1 480	1 540~1 565	1 540~1 565	≤0.5	≤0.24	-18	$1≤|D|≤4$

六、G.656 光纤（色散平坦光纤）

为充分开发和利用光纤的有效带宽，需要光纤在整个光纤通信的波长段（1 310~1 550 nm）能有一个较低的色散，G.656 光纤就是能在 1 310~1 550 nm 波长范围内呈现较低色散值 [≤1 ps/(nm·km)] 的一种光纤，其性能指标见表1-7。

表1-7 G.656 光纤性能指标

性能	模场直径/μm		截止波长/nm	零色散波长/nm	工作波长/nm	衰减系数/(dB/km)		色散系数/[ps/(nm·km)]	
	1 310 nm	1 550 nm				1 310 nm	1 550 nm	1 310 nm	1 550 nm
要求值	8	11	≤1 270	1 310、1 550	1 310~1 550	≤0.5	≤0.4	≤1	≤1

七、DCF（色散补偿光纤）

DCF 是一种具有很大负色散系数的光纤，用来补偿常规光纤工作于 1 310 nm 或 1 550 nm 处所产生的较大的正色散，其性能指标见表1-8。

表1-8 DCF 性能指标

性能	模场直径/μm	截止波长/nm	零色散波长/nm	工作波长/nm	衰减系数/(dB/km)		色散系数/[ps/(nm·km)]	
	1 550 nm				1 310 nm	1 550 nm	1 310 nm	1 550 nm
要求值	6	≤1 260	>1 550	50	≤1.0		-80	-150

注意：以上介绍的几种光纤中，除了 G.651 光纤为多模光纤外，其他均为单模光纤。

八、光纤选型

目前工程中使用的光纤类型主要有 G.652 光纤和 G.655 光纤。G.652 光纤是 1 310 nm 波长性能最佳的单模光纤,它同时具有 1 310 nm 和 1 550 nm 两个低功耗窗口,零色散点位于 1 310 nm 处,而最小衰减位于 1 550 nm 窗口。根据偏振模色散(PMD)的要求和在 1 383 nm 处的衰耗大小,ITU – T 又把 G.652 光纤分为四类,分别是 G.652.A、G.652.B、G.652.C、G.652.D。G.655 光纤即非零色散位移光纤,它在 1 550 nm 窗口同时具有较小色散和最小衰减,最适合开放 DWDM 系统。这两种光纤的参数比较见表 1 – 9。

表 1 – 9　G.655 和 G.652 光纤参数比较

技术参数	G.655	G.652	
工作波长/nm	1 530 ~ 1 565	1 310	1 550
衰减系数/(dB/km)	≤0.22	≤0.36	≤0.23
零色散波长/nm	1 530	1 300 ~ 1 324	
零色散斜率/(ps/nm)	0.045 ~ 0.1	0.093	
色散系数/[ps/(nm·km)]	$1≤D≤6$	3.5	18
色散范围/nm	1 530 ~ 1 565	1 288 ~ 1 339	1 550
偏振模色散	0.5	0.5	
光有效面积/μm²	55 ~ 77	80	
模场直径/μm	8 ~ 11	9 ~ 10	10.5
弯曲特性/dB	1.0	0.5	

根据表 1 – 9 中提供的参数,对于传输速率为 2.5 Gbit/s 的 TDM(时分复用)和 WDM(波分复用)系统,两种光纤通常均能满足要求。对于传输速率为 10 Gbit/s 的 TDM 和 WDM 系统,G.652 光纤需采取色散补偿,才可开通基于 10 Gbit/s 的传输系统;而 G.655 光纤无须频繁采取色散补偿,但光纤价格较高。

从业务发展趋势看,下一代电信骨干网将是以 10 Gbit/s 乃至 40 Gbit/s 为基础的多平台 OTN(光传输网)系统,在这一速率前提下,尽管 G.655 光纤价格是 G.652 光纤价格的 2 ~ 2.5 倍,但在色散补偿上的节省却是采用 G.655 光纤的系统成本比采用 G.652 光纤的系统成本低 30% ~ 50%。因此,对于新建系统来说,在传输速率和性价比合适的条件下,应优先选用 G.655 光纤。表 1 – 10 列出了不同业务类型的通信网对光纤的优选方案。

表 1 – 10　通信网光纤优选方案

网络范围	业务类型	特点	光纤选择
长途网	长途干线传输	中继距离长、速率高	优先 G.655、可选 G.652.B/D
本地网	城域网骨干层	距离短、速率高	G.652.B/D
	城域网汇聚层	距离短、速率中等	G.652.A/B
	市 – 县骨干	距离中等、速率中等	G.652.B/C/D
	用户(基站)接入	距离短、速率低	G.652.B/A

任务实施

本次任务为给定长度一定的待测光纤(多模光纤和单模光纤),试着对待测光纤的传输特性进行测量和分析。

经过前面的学习,已经知道光纤的传输特性主要为损耗和色散特性。接下来,将对光纤的衰减系数和色散进行测量。

知识引入

传输特性
测量方法

PPT

传输特性
测量方法

学习资料

传输特性
测量方法

微课

传输特性
测量方法

1.2.5 光纤衰减系数测量

一、测量依据和测量内容

1. 测量依据

光纤的衰减系数定义为光纤的输入光功率 P_i 与光纤的输出光功率 P_o 之比取对数,再除以光纤的长度 L。公式为

$$\alpha = \frac{10}{L} \lg \frac{P_i}{P_o}$$

2. 光纤损耗测试的注入条件

光纤损耗测试的注入条件是光纤为稳态模分布。 在多模光纤中,经过一段传输距离后,各模传输能量的比例能固定下来,称为稳态模(也称为平衡模)。要达到稳态模分布,需要以下器件。

扰模器:促使各模式之间的能量转换,尽快形成稳态模分布。

滤模器:用来选择和消除某些模式,以保证达到稳态模分布。

包层模剥除器:促使包层转换成辐射模,从而使包层模从光纤中被剥除。

> **注意:** ① 对单模光纤来说,不需要扰模器,需要滤模器。
>
> ② 对多模光纤来说,主要需要扰模器,也有加滤模器的。
>
> ③ 若 $n_2 > n_{涂覆}$,需要包层模剥除器;若 $n_2 < n_{涂覆}$,则不需要包层模剥除器。

3. 测量内容

测量内容包括单波长的损耗、损耗-波长特性以及接头损耗。

二、 光纤衰减测量方法

1. 剪断法

(1) 测量原理

用剪断法测量衰减系数是基于对衰减系数的定义而进行的。对光源进行调制,使光源输出稳定。对注入系统的要求是稳态模分布,要加扰模器、滤模器和包层模剥除器,以确保输入被测系统的是单模。对光功率计的要求是其线性特性要好。剪断法测量框图如图 1-15 所示。

图 1-15 剪断法测量框图

(2) 测量步骤

① 制备好光纤端面。

② 将光源的输出耦合至测试系统,测出光纤在远端输出的光功率 P_o。

③ 在离注入端 2 ~ 3 m 处把光纤剪断,制备好光纤端面后,将光功率计接于剪断处,输出光功率 P_i。

④ 按下式计算衰减系数:

$$\alpha = (P_i - P_o)/L \quad (\text{dB/km})$$

(3)特点

剪断法是基本测量方法,优点在于测试简便,能得到光纤任一波长下的衰减特性,测量精确度最高(一般可达到 0.2 dB);缺点在于需要剪断待测光纤,具有破坏性。

2. 插入法

插入法测量框图如图 1 – 16 所示。

(1)测量方法

将被测光纤插在发送设备与接收设备之间进行测量。

(2)测量步骤

① 先校对仪表,即用自环线将发送设备与接收设备连接起来,测得功率 P_i。

② 撤去自环线,将被测光纤插在发送设备与接收设备之间,测得功率 P_o。

③ 按下式计算衰减系数:

$$\alpha = (P_i - P_o)/L \quad (\text{dB/km})$$

(3)特点

插入法的测量精确度和重复性会受到耦合接头(或连接器)的精确度和重复性的影响,所以这种测量方法不如剪断法的精确度高。但是因为这种测量方法是非破坏性的,所以测量简单方便,很适合于工程维护使用。

3. 后向散射法

后向散射法(对称 OTDR 法)也是一种非破坏性的测量方法,与剪断法和插入法有本质上的不同,其测量框图如图 1 – 17 所示。这种测量只需在光纤的一端进行,而且一般有较好的重复性。该方法不仅可以测量光纤的衰减系数,还能提供沿光纤长度损耗特性的详细情况,并且可以检测光纤的物理缺陷或断裂点位置,测定接头的损耗和位置,测量光纤的长度等,所有测量结果都可以在仪器上自动记录和显示出来。

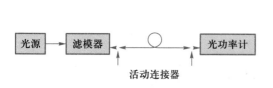

图 1 – 16　插入法测量框图

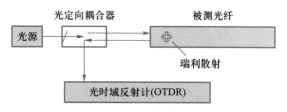

图 1 – 17　后向散射法测量框图

后向散射法的优点在于:发射、接收在同一端,不受路径约束;可用于故障点定位(在初始和断裂处都有突变脉冲)。其缺点在于对光纤的非均匀性很敏感。

1.2.6 单模光纤色散系数测量

测量单模光纤色散系数通常采用群时延相移法,测量框图如图 1-18 所示。

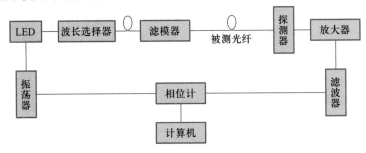

图 1-18 群时延相移法测量框图

1. 测量原理

利用高稳定度的正弦波去调制光波,这些不同波长的光波通过被测光纤后,由于时延不同,会产生不同的相位移动。测量的任务就是测出不同波长的光波通过光纤后产生的不同的相位移动。

2. 测量步骤

① 开启所有测量仪器,然后调整波长选择器,使其只输出波长为 λ_1 的光信号,该信号经被测光纤、探测器、放大器和滤波器后进入相位计,与同一振荡器发出的振荡信号在相位计进行相位比较,则 λ_1 的相移为

$$\varphi_1 = N \times 360° + \alpha_1$$

② 调整波长选择器,使其只输出波长为 λ_2 的光信号,该信号经被测光纤、探测器、放大器和滤波器后进入相位计,与同一振荡器发出的振荡信号在相位计进行相位比较,则 λ_2 的相移为

$$\varphi_2 = N \times 360° + \alpha_2$$

③ 选择合适的振荡频率以及 λ_1 和 λ_2,使 φ_1 和 φ_2 的最大差距小于一圈 (360°),即选择振荡器的周期 T 远远大于 λ_1 和 λ_2 的时延差 $\Delta\tau$。

④ 已知 φ_1 和 φ_2 以及振荡器的周期 T,即可求出光波 λ_1 和 λ_2 的时延差为

$$\Delta\tau = (\varphi_2 - \varphi_1) \times T/360 = (\alpha_2 - \alpha_1) \times T/360$$

⑤ 求色散系数 D,有

$$D \approx \Delta\tau/(\Delta\lambda \times L) = [(\alpha_2 - \alpha_1) \times T]/(360 \times \Delta\lambda \times L)$$

3. 特点

群时延相移法要求的测量设备较为简单,而且正弦信号可采用窄带滤波放大,有利于提高信噪比,能获得较高的测量精度,因此被广泛应用。

1.2.7 多模光纤带宽测量

一、时域法

1. 测量原理

时域法测量框图如图 1-19 所示,测量原理为

$$B = 441/[(\Delta\tau_2)^2 - (\Delta\tau_1)^2]^{1/2}$$

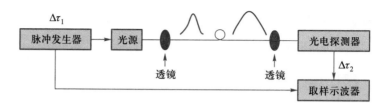

图 1 - 19　时域法测量框图

2. 测量方法

① 测出长光纤的输出脉冲 $P_2(t)$。

② 保持光源的注入系统不变,在离注入端 2 m 处剪断光纤,测出输入脉冲 $P_1(t)$。

③ 当 $P_1(t)$ 和 $P_2(t)$ 近似高斯分布时(即输入和输出脉冲的幅度随时间而变化),分别测出 $P_1(t)$ 和 $P_2(t)$ 的半幅值宽度 $\Delta\tau_1$ 和 $\Delta\tau_2$。

④ 将 $\Delta\tau_1$ 和 $\Delta\tau_2$ 代入 $B = 441/\left[(\Delta\tau_2)^2 - (\Delta\tau_1)^2\right]^{1/2}$ 即可计算出带宽。

3. 特点

时域法的测量精度直接取决于光脉冲的宽度和光探测器的响应速度。目前,无论是半导体激光器还是探测器,其响应时间均能达到 10 ~ 100 ps,因此,利用半导体激光器(LD)和雪崩光电二极管(APD)以及相应的技术可以得到很高的测量精度。

时域法测量多模光纤的优点在于测试设备简单,动态范围大;缺点在于数据点较少,可能会影响测量精度。

二、扫频法

1. 测量原理

扫频法测量框图如图 1 - 20 所示。扫频法(多模光纤)是利用带宽的定义进行测量的。

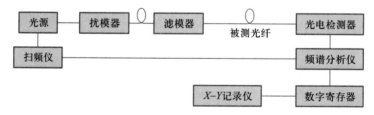

图 1 - 20　扫频法测量框图

2. 测量步骤

① 由扫频仪输出各种不同频率的正弦信号,光源对这些信号进行调制,输出光信号。

② 光信号经扰模器、滤模器、被测光纤进入光电检测器,由光电检测器将光信号转换成电信号,用频谱分析仪对该电信号进行分析,得出其幅度函数 $P_2(f)$ 并将其送入数字寄存器中。

③ 在距注入点 2 m 处剪断光纤,仍保持注入条件不变,重复步骤②测出幅度函数 $P_1(f)$ 并将其送入数字寄存器中。

④ 由 $X-Y$ 记录仪根据数字寄存器中 $P_2(f)$ 值与 $P_1(f)$ 值之差得出基带频响曲线 $P_2(f)-P_1(f)$，曲线 -6 dB 处所对应的频率就是被测光纤的带宽。

任务拓展

利用前面所学知识完成光纤链路衰减测试报告。

光纤链路衰减测试报告

工程名称：　　　　　　　　　　　　测试日期：　　　年　　　月　　　日

工程地址：　　　　　　　　　　　　测试人员：

测试说明：

⊙ 链路衰减测试验收标准：中华人民共和国国家标准　GB/T 50312—2000

⊙ 光纤链路衰减值：发射功率 – 测试值 = 链路衰减值

⊙ 链路衰减值包含：光纤长度衰减 + 光纤接头衰减 + 链路耦合衰减 + 测试线衰减

⊙ 测试设备：光功率计

⊙ 测试波长：□850 nm　□1 300 nm　□1 310nm　□1 550 nm

测 试 记 录

配线端口	端点 – 端点	网段对应位置	纤芯颜色	发射功率 /dBm	测试值 /dBm	链路衰减值 /dBm	测试结果

备注：　　　　　　　　　　　　　　　签字：

⊙ 本测试报告的测试数据必须现场如实填写。

⊙ 本测试报告的测试数据经测试人员签字生效。

项目小结

1. 光纤由纤芯、包层和涂覆层构成。纤芯和包层在结构上是一个整体，不可分离，涂覆层给光纤提供物理及机械保护。

2. 可以使用波动理论和光射线理论来解释光波在光纤中的传输机理，前者复杂，后者简洁。

3. 光纤中纤芯折射率要大于包层折射率，光波在纤芯和包层的界面上发生全内反射，因此光波被局限在纤芯中传播。

4. 数值孔径（NA）反映光纤接收和传输光的能力，应该适当选择 NA 的数值，在接收光能力和模式色散间取得平衡。

5. 光纤的衰减系数 α 定义为光在单位长度光纤中传输时的衰耗量，单位一般用 dB/km，计算公式为

$$\alpha = 10\lg(P_i/P_o)/L$$

式中，L 为光纤的传输距离即光纤的长度，单位为 km；P_i 和 P_o 分别为光纤的输入光功率和输出光功率，单位为 mW 或 W。

6. 当光纤的输入端入射光脉冲信号经过长距离传输以后，在光纤输出端，光脉冲波形发生了时间上的展宽，产生码间干扰，这种现象即为色散。

7. 光纤中的光传输也可描述成完全是沿 X 轴振动和完全是沿 Y 轴振动或一些光在两轴上的振动。每个轴代表一个偏振模，两个偏振模的到达时间差即为偏振模色散（PMD）。

8. 光纤衰减系数的测量方法主要有剪断法、插入法和后向散射法。

9. 单模光纤色散系数的测量通常采用群时延相移法。

10. 多模光纤带宽的测量方法主要有时域法和扫频法。

思考与练习

1. 典型光纤由几部分组成？各部分的作用是什么？

2. 什么是数值孔径？它有什么物理意义？

3. 画出阶跃型光纤和渐变型光纤的剖面折射率分布图，并简要说明。

4. 为什么包层的折射率必须小于纤芯的折射率？

5. 某阶跃型光纤的纤芯折射率 $n_1 = 1.50$，相对折射率差 $\Delta = 0.01$，试求：

（1）光纤的包层折射率 n_2；

（2）该光纤的数值孔径 NA。

6. 光纤衰减系数的测量方法有哪几种？描述每种测量方法的特点。

7. 光时域反射计（OTDR）除了可以测量光纤的衰减系数外，还能测量光纤的哪些参数？

8. 一单模光纤通信系统，发出光功率为 10 mW，经光纤传输后，光纤输出端的光检测器要求的最小光功率为 10 nW，若此时光纤衰减系数是 0.3 dB/km，那么此光纤通信系统的最大无中继距离是多少？

项目二
光发射机设计

知识目标

- 熟悉光源结构、工作原理。
- 掌握LD和LED的特点及选型。
- 掌握光发射机组成及工作原理。
- 熟悉光发射机机构设计。

技能目标

- 掌握LED和LD光源选型方法。
- 掌握光发射机设计方法。

任务一　光源选型

任务分析

光纤通信系统中所用的器件可以分成有源器件和无源器件两大类。光源作为电/光转换的主要有源光器件,成为光纤通信系统中的主要元器件,光源的好坏将决定光纤通信的传输质量和稳定性。本任务将学习光源的结构、工作原理,在此基础上,为不同光纤通信网络选择合适光源。

PPT
半导体的
发光机理

微课
半导体的
发光机理

知识基础

2.1.1　光源基本概念

一、光子的概念

爱因斯坦的光量子学说认为,光是由能量为 hf 的光量子组成的。其中,$h = 6.628 \times 10^{-34}$ J·s(焦耳·秒),称为普朗克常数;f 为光波频率。人们将这些光量子称为光子。

当光与物质相互作用时,光子的能量作为一个整体被吸收或发射。

二、原子能级

半导体晶体原子核外的电子运动轨道因相邻原子的共有化运动而发生不同程度的重叠,晶体中的能级如图 2 - 1 所示。电子已经不属于某个原子所有,它可以在更大范围内甚至在整个晶体中运动,也就是说,原来的能级已经转变成能带。对应于最外层能级所组成的能带称为导带,次外层能级所组成的能带称为价带,它们之间的间隔内没有电子存在,这个区间称为禁带。

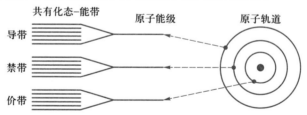

图 2 - 1　晶体中的能级

三、光与物质的三种作用形式

光与物质的相互作用可以归结为光与原子的相互作用,将发生受激吸收、自发辐射和受激辐射三种物理过程,能级和电子跃迁如图 2 - 2 所示。

① 在正常状态下,电子通常处于低能级 E_1,在入射光的作用下,电子吸收光子的能量后跃迁到高能级 E_2,产生光电流,这种跃迁称为受激吸收。受激吸收是光电检测器的工作原理。

② 处于高能级 E_2 上的电子是不稳定的,即使没有外界的作用,也会自发地

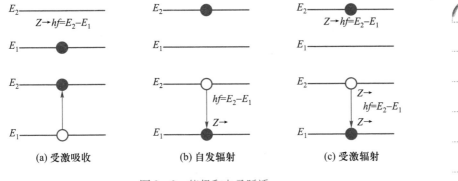

(a) 受激吸收　　　　(b) 自发辐射　　　　(c) 受激辐射

图 2-2 能级和电子跃迁

跃迁到低能级 E_1 上与空穴复合,释放的能量转换为光子辐射出去,这种跃迁称为自发辐射。自发辐射是发光二极管的工作原理。自发辐射光是非相干光。

③ 处于高能级 E_2 上的电子受到外来光子激发时,被迫跃迁到低能级 E_1 上与空穴复合,同时释放出一个与激发光同频率、同相位、同方向的光子(称为全同光子)。由于这个过程是在外来光子的激发下产生的,所以这种跃迁称为受激辐射。受激辐射是激光器的工作原理。受激辐射光是相干光。

四、粒子数反转分布与光的放大

受激辐射是产生激光的关键。如设低能级上的粒子密度为 N_1,高能级上的粒子密度为 N_2,在正常状态下,$N_1 > N_2$,总是受激吸收大于受激辐射。即在热平衡条件下,物质不可能有光的放大作用。

要想使物质产生光的放大,就必须使受激辐射大于受激吸收,即使 $N_2 > N_1$(高能级上的电子数多于低能级上的电子数),这种粒子数的反常态分布称为粒子(电子)数反转分布。

粒子数反转分布状态是使物质产生光放大而发光的首要条件。

2.1.2　半导体激光器(LD)

半导体激光器(LD)是用半导体材料作为工作物质的激光器,也称为半导体激光自激振荡器。

一、激光发射工作条件

半导体激光器要实现激光发射,必须满足以下三个条件:必须有产生激光的工作物质(也叫激活物质),必须有能够使工作物质处于粒子数反转分布状态的激励源(也叫泵浦源),必须有能够完成频率选择及反馈作用的光学谐振腔。

1. 产生激光的工作物质

产生激光的工作物质即处于粒子数反转分布状态的工作物质,称为激活物质或增益物质,它是产生激光的必要条件。

2. 泵浦源

使工作物质产生粒子数反转分布的外界激励源称为泵浦源。在泵浦源的作用下,工作物质的 $N_2 > N_1$,从而使受激辐射大于受激吸收,有光的放大作用。这时的工作物质已被激活,成为激活物质或增益物质。

知识引入
半导体激光器

PPT
半导体激光器

学习资料
半导体激光器

微课
半导体激光器

3. 光学谐振腔

激活物质只能使光放大,只有把激活物质置于光学谐振腔中,以提供必要的反馈及对光的频率和方向进行选择,才能获得连续的光放大和激光振荡输出。

二、激光振荡必要条件

激活物质和光学谐振腔是产生激光振荡的必要条件。

1. 光学谐振腔的结构

光学谐振腔的结构如图 2 – 3 所示。在激活物质两端的适当位置,放置两个反射系数分别为 r_1 和 r_2 的平行反射镜 M_1 和 M_2,就构成了最简单的光学谐振腔,也叫法布里 – 铂罗腔或 F – P 腔。

如果反射镜是平面镜,称为平面腔;如果反射镜是球面镜,则称为球面腔。对于两个反射镜,要求其中一个能全反射,另一个为部分反射。

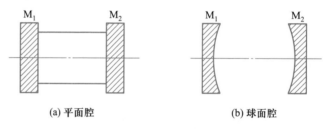

(a) 平面腔　　　　　　　　　**(b) 球面腔**

图 2 – 3　光学谐振腔的结构

2. 谐振腔产生激光振荡的过程

激光器模式示意图如图 2 – 4 所示。工作物质在泵浦源的作用下实现粒子数反转分布后,即可产生自发辐射。如果自发辐射的方向不与光学谐振腔轴线平行,自发辐射就会被反射出谐振腔。只有与谐振腔轴线平行的自发辐射才能存在,继续前进。当它遇到一个高能级上的粒子时,将使之感应产生受激跃迁,在从高能级跃迁到低能级的过程中放出一个全同的光子,为受激辐射。当受激辐射光在谐振腔内来回反射一次,相位的改变量正好是 2π 的整数倍时,则向同一方向传播的若干受激辐射光相互加强,产生谐振。达到一定强度后,受激辐射光从部分反射镜 M_2 透射出来,形成一束笔直的激光。当达到平衡,受激辐射光在谐振腔中每往返一次由放大所得的能量恰好抵消所消耗的能量时,激光器即保持稳定的输出。

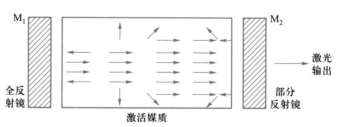

图 2 – 4　激光器模式示意图

三、半导体激光器工作特性

1. 阈值特性($P-I$特性)

对于半导体激光器,当外加正向电流达到某一数值时,输出光功率急剧增加,这时将产生激光振荡,这个电流称为阈值电流,用I_{th}表示。典型半导体激光器的输出特性曲线如图 2 - 5 所示。为了稳定可靠地工作,阈值电流越小越好。

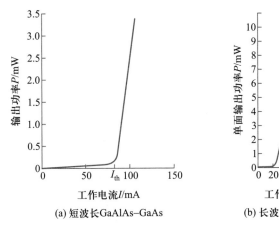

(a) 短波长GaAlAs-GaAs　　　　(b) 长波长InGaAsP-InP

图 2 - 5　典型半导体激光器的输出特性曲线

2. 光谱特性

激光器的光谱特性主要由其纵模决定。多纵模、单纵模激光器的典型光谱曲线如图 2 - 6(a)、(b)所示。

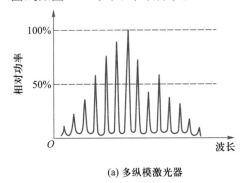
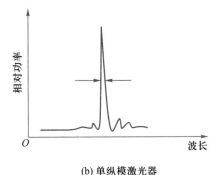

(a) 多纵模激光器　　　　　　(b) 单纵模激光器

图 2 - 6　激光器典型光谱曲线

半导体激光器的光谱曲线会随着工作条件的变化而发生变化。如图 2 - 7 所示,当注入电流低于阈值电流时,激光器发出的是荧光,光谱较宽;当注入电流增大到阈值电流时,光谱突然变窄,强度增强,出现激光;当注入电流进一步增大时,主模的增益增加,而边模的增益减小,振荡模式减少,最后会出现单纵模。

3. 温度特性

激光器阈值电流和输出光功率随温度变化的特性为温度特性。激光器阈值电流随温度变化的曲线如图 2 - 8 所示,阈值电流随温度的升高而加大。

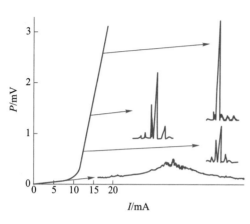

图 2 - 7　激光器输出光谱曲线随注入电流的变化　　图 2 - 8　激光器阈值电流随温度变化的曲线

知识引入
半导体发光
二极管

PPT
半导体发光
二极管

学习资料
半导体发光
二极管

微课
半导体发光
二极管

为解决半导体激光器温度敏感的问题,可以在驱动电路中进行温度补偿,或是采用制冷器来保持器件的温度稳定。通常将半导体激光器与热敏电阻、半导体制冷器等封装在一起,构成组件。热敏电阻用来检测器件温度,控制制冷器,实现闭环负反馈自动恒温。

2.1.3　发光二极管(LED)

一、LED 的工作原理

光纤通信用的半导体 LED 发出的是不可见的红外光,而显示所用 LED 发出的是可见光,如红光、绿光等,但是它们的发光机理基本相同。发光二极管的发光过程主要对应光的自发辐射过程,当注入正向电流时,注入的非平衡载流子在扩散过程中复合发光,所以 LED 是非相干光源,并且不是阈值器件,它的输出功率基本上与注入电流成正比。

LED 的谱宽较宽(30 ~ 60 nm),辐射角也较大。在低速率的数字通信和较窄带宽的模拟通信系统中,LED 是可以选用的最佳光源,与 LD(半导体激光器)相比,LED 的驱动电路较为简单,并且产量高,成本低。

LED 与 LD 的差别是:LED 没有光学谐振腔,不能形成激光,仅限于自发辐射,所发出的是非相干光;LD 是受激辐射,发出的是相干光。

二、LED 的结构

LED 多采用双异质结芯片,主要分为两大类:一类是面发光二极管,另一类是边发光二极管。面发光二极管的结构如图 2 - 9 所示,边发光二极管的结构如图 2 - 10 所示。

三、LED 的工作特性

1. 光谱特性

LED 的谱线宽度 $\Delta\lambda$ 比激光器的宽得多。InGaAsP LED 的发光光谱如图 2 - 11所示。

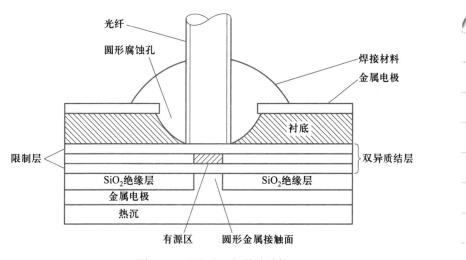

图 2 - 9 面发光二极管的结构

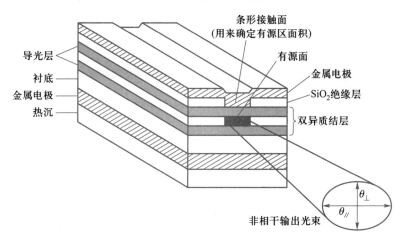

图 2 - 10 边发光二极管的结构

由于 LED 没有光学谐振腔以选择波长,所以其光谱是以自发发射为主的光谱,发光谱线较宽。一般短波长 GaAIAs/GaAs 发光二极管的谱线宽度为 10 ~ 50 nm,长波长 InGaAsP/InP 发光二极管的谱线宽度为 50 ~ 120 nm。

谱线宽度随有源层掺杂浓度的增加而增加。面发光二极管一般是重掺杂,而边发光二极管为轻掺杂,因此面发光二极管的线宽度较宽。而且,重掺杂时,发射波长还向长波长方向移动。另外,温度的变化会使谱线宽度加宽,载流子的能量分布变化也会引起谱线宽度的变化。

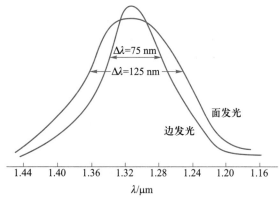

图 2 - 11 InGaAsP LED 的发光光谱

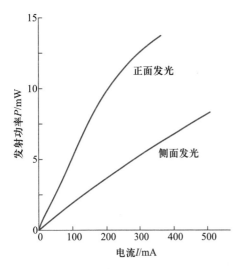

图 2 - 12　发光二极管的 P - I 特性

2. 输出光功率特性

发光二极管的 P - I 特性是指输出的光功率随注入电流的变化关系,如图 2 - 12 所示。面发光器件的功率较大,但在高注入电流时易出现饱和;而边发光器件的功率相对较低。一般而言,在同样的注入电流下,面发光二极管的输出光功率要比边发光二极管大 2.5 ~ 3 倍,这是由于边发光二极管受到更多的吸收和界面复合的影响。

3. 温度特性

由于 LED 是无阈值器件,因此温度特性较好,可以不加温度控制电路。

4. 耦合效率

在通常应用条件下,LED 的工作电流为 50 ~ 150 mA,输出功率为几毫瓦。由于 LED 发射出的光束的发散角较大,因此与光纤的耦合效率较低,入纤功率要小得多,一般只适用于短距离传输。

5. 调制特性

LED 的调制频率较低。在一般工作条件下,面发光二极管的截止频率为 20 ~ 30 MHz,边发光二极管的截止频率为 100 ~ 150 MHz。调制特性主要受到载流子寿命的限制。

四、LD 和 LED 的比较

与 LD 相比,LED 输出光功率较小,谱线宽度较宽,调制频率较低;但 LED 性能稳定,寿命长,使用简单,输出光功率线性范围宽,而且制造工艺简单,价格低廉。LED 通常和多模光纤耦合,用于 1.31 μm 或 0.85 μm 波长的小容量、短距离的光通信系统。LD 通常和单模光纤耦合,用于 1.31 μm 或 1.55 μm 波长的大容量、长距离的光通信系统。

> **注意**:分布反馈半导体激光器(DFB - LD)主要和单模光纤或特殊设计的单模光纤耦合,用于 1.55 μm 波长的超大容量新型光纤系统,这是目前光纤通信发展的主要趋势。

任务实施

问题 1:光与物质的相互作用(光与原子的相互作用)将发生受激吸收、自发辐射和受激辐射三种物理过程。试叙述光源 LED 和 LD 的工作原理。

分析:利用光与原子相互作用产生的三种物理过程,结合 LED 和 LD 的工作原理进行分析。

问题 2:光源 LED 和 LD 各有哪些特点和特性?短距离、小容量的光纤通信系统应如何对光源进行选型?

分析:利用 LED 和 LD 的结构和工作原理,总结出两种光源适合的光纤通信系统。

任务拓展

通过访问互联网和去图书馆查询资料,归纳光源的分类、结构、特点及应用。

任务二 光发射机

任务分析

光信号传输离不开光发射机,光发射机的结构和工作原理是本任务的学习重点,要弄清楚光发射机的原理,能够设计符合光纤通信系统要求的光发射机。

知识基础

2.2.1 光发射机原理

数字光发射机的功能是把电端机输出的数字基带电信号转换为光信号,并用耦合技术有效注入光纤线路。电/光转换是用承载信息的数字电信号对光源进行调制来实现的。调制分为直接调制和间接调制两种。受调制的光源特性参数有功率、幅度、频率和相位。目前技术上成熟并在实际光纤通信系统中得到广泛应用的是直接光强(功率)调制。

知识引入
光发射机原理

PPT
光发射机原理

学习资料
光发射机原理

微课
光发射机原理

光发射机的组成框图如图 2–13 所示。"均衡放大"补偿由电缆传输所产生的衰减和畸变。"码型变换"将 HDB$_3$ 码(三阶高密度双极型码,三次群以下)或 CMI 码(信号反转码)变化为 NRZ 码(非归零码)。"复用"用一个大传输信道同时传送多个低速信号。"扰码"使信号达到 0、1 等概出现,利于时钟提取。"时钟"提取 PCM(脉冲编码调制)时钟信号,供给其他电路使用。"调制"(驱动)电路完成电/光转换任务。"光源"产生作为光载波的光信号。"自动温度控制"和"自动功率控制"稳定工作温度和输出平均光功率。其他保护、监测电路还有光源过流保护电路、无光告警电路、LD 偏流(寿命)告警电路等。

一、光源调制

光源调制方式有直接调制和间接调制,分别如图 2–14 和图 2–15 所示。

二、自动温度控制(ATC)

自动温度控制装置由致冷器、热敏电阻和控制电路组成,控制原理框图如图 2–16 所示,电路如图 2–17 所示。当周围环境温度升高时,LD 的温度将上升,紧接着 R_t 温度上升,通过差动放大电路推动晶体管工作,使制冷器的电流增大,最后 LD 温度下降。

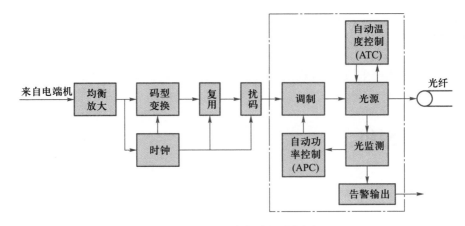

图 2 – 13　光发射机的组成框图

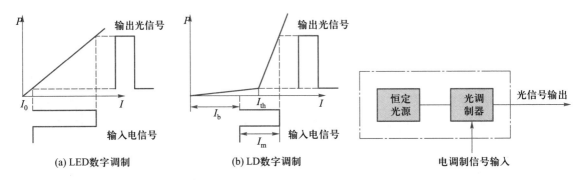

(a) LED数字调制　　　　　　(b) LD数字调制

图 2 – 14　直接调制　　　　　　　　　图 2 – 15　间接调制

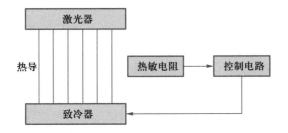

图 2 – 16　自动温度控制控制原理框图

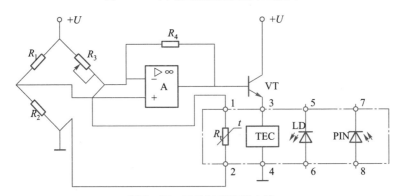

图 2 – 17　自动温度控制电路

三、自动功率控制（APC）

自动功率控制通过调制电路来实现,现在数字信号调制电路采用电流开关电路,最常用的是差动电流开关电路。由于在温度变化和工作时间加长的情况下,LD 的输出光功率会发生变化,因此,为保证输出光功率的稳定,必须改进自动功率控制电路,如图 2-18 所示。

从 LD 背向输出的光功率,经 PD(光电二极管)检测器检测、运算放大器 A_1 放大后送到比较器 A_3 的反相输入端。同时,输入信号参考电压和直流参考电压经 A_2 比较放大后,送到 A_3 的同相输入端。A_3 和 VT_3 组成直流恒流源调节 LD 的偏流,使输出光功率稳定。当 LD 功率降低时,PD 电压降低,经过 A_1 和 A_3 的调整,工作电流 I_b 增大,使 LD 输出功率增大。

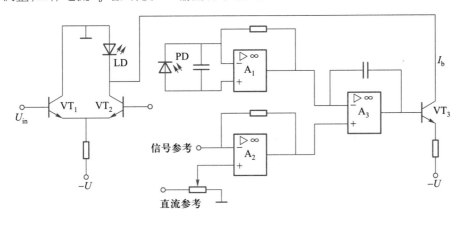

图 2-18　自动功率控制电路

2.2.2　光发射机主要指标

光发射机的性能指标很多,包括平均输出光功率及其稳定度、光功率发射和耦合效率、消光比等,这里仅从应用的角度介绍其主要指标。

一、平均输出光功率

平均输出光功率又称为平均发送光功率,用于衡量光发射机的输出能力,通常是指光源"尾纤"的平均输出光功率。一般要求入纤光功率为 $0.01 \sim 10$ mW 或 dBm 稳定性在 $5\% \sim 10\%$。

二、消光比

消光比的定义为全 **1** 码平均发送光功率与全 **0** 码平均发送光功率之比,可用下式表示:

$$EXT = 10\lg \frac{P_{11}}{P_{00}} (\mathrm{dB}) \qquad (2-1)$$

式中,P_{11} 为全 **1** 码时的平均发送光功率;P_{00} 为全 **0** 码时的平均发送光功率。

LED 因无须加偏置电流,在全 **0** 信号时不发光,因而无消光比。而 LD 加了一定的偏置电流,使得即使是在全 **0** 信号的情况下,也会有一定的光输出(发荧光)。这种光功率对通信表现为噪声,为此引入消光比指标 **EXT** 来衡量其影响。理想情况下,EXT 为 ∞,实际上 EXT 不可能为 ∞,但希望其越大越好,一般 EXT 应大于或等于 10 dB。

任务实施

问题 1:光发射机需要将电信号变为光信号,过程中要进行码型变换,为什么要进行码型变换?码型变换的过程是什么?

分析:考虑传输光波的特点以及传输速率要求,选择合适的编码,可以提高光发射机的传输速率和容量,请分析其变换过程。

问题 2:从光发射机的主要性能指标去分析光发射机的主要功能部件,并指出光发射机的结构设计。

分析:从光功率控制、温度控制和功耗等方面考虑,设计合理的典型功能部件服务于光发射机。

任务:光发射机的主要指标测试。

① 按照图 2-19 所示测试框图连接设备,将码型发生器、光端机、光功率计连接好。光端机(或中继器)光发送端的活动连接器断开,接上光功率计。

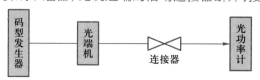

图 2-19　光发射机主要指标测试框图

② 光功率计的选择。长波长的光纤通信系统选择长波长的光功率计,短波长的光纤通信系统选择短波长的光功率计。

③ 根据光端机的传输速率采用不同的伪随机码结构(ITU-T 建议:基群、二次群应选用 $2^{15}-1$ 的伪随机码;三次群、四次群应选用 $2^{23}-1$ 的伪随机码)。

④ 从光功率计上读出发送光功率,平均发送光功率的数据与所选择的码型有关,如 50% 占空比的 RZ 码的功率比 NRZ 码的功率要小 3 dB。

⑤ 码型发生器发送出 $2^{15}-1$ 或 $2^{23}-1$ 伪随机码,测出此时平均发送光功率 P_{11}。

⑥ 拔出光端机中的线路编码盘,获取全 0 状态,测出此时的全 0 码平均发送光功率 P_{00}。

⑦ 记录数据,由式(2-1)计算消光比。

任务拓展

查询资料,分析影响光发射机工作的因素。

项目小结

1. 光与物质的相互作用可以归结为光与原子的相互作用,将发生受激吸收、自发辐射和受激辐射三种物理过程。

2. 受激吸收是光电检测器的工作原理。

3. 自发辐射是发光二极管的工作原理。自发辐射光是非相干光。

4. 受激辐射是激光器的工作原理。受激辐射光是相干光。

5. 半导体激光器要实现激光发射,必须满足以下三个条件:必须有产生激光的工作物质(也叫激活物质),必须有能够使工作物质处于粒子数反转分布状态的激励源(也叫泵浦源),必须有能够完成频率选择及反馈作用的光学谐振腔。

6. 发光二极管与半导体激光器的差别是:发光二极管没有光学谐振腔,不能形成激光,仅限于自发辐射,所发出的是非相干光;半导体激光器是受激辐射,发出的是相干光。

7. 数字光发射机的功能是把电端机输出的数字基带电信号转换为光信号,并用耦合技术有效注入光纤线路。

8. 光发射机的性能指标包括平均输出光功率及其稳定度、光功率发射和耦合效率、消光比等。

思考与练习

1. 简述 LD 的工作原理及特点。

2. 简述 LED 的工作原理及特点。

3. 简述光发射机的组成及工作原理。

项目三
光接收机设计

知识目标

- 熟悉光检测器的结构、工作原理。
- 掌握PIN和APD的特点及选型。
- 掌握光接收机的组成及工作原理。
- 熟悉光接收机设计。

技能目标

- 掌握光检测器选型方法。
- 掌握光接收机的组成及设计方法。

任务一　光检测器选型

任务分析

光纤通信系统接收端的光/电转换由光检测器(PD)完成。由于光检测器为后续信号处理提供输入信号,其转换效率、抗干扰等性能会影响后续信号处理,因此,本任务将学习光检测器工作原理,理解光检测器在光纤通信系统中的应用。

知识基础

光检测器的作用是将接收到的光信号转换成电信号,即完成光/电信号的转换。

对光检测器的基本要求如下。

① 在系统的工作波长上具有足够高的响应度,即对一定的入射光功率,能够输出尽可能大的光电流。

② 具有足够快的响应速度,能够适用于高速或宽带系统。

③ 具有尽可能低的噪声,以降低器件本身对信号的影响。

④ 具有较小的体积、较长的工作寿命等。

目前常用的半导体光检测器有两种:PIN 光电二极管和 APD 光电二极管。这里主要介绍光检测器的原理、性能指标及两种常用类型的光检测器。

3.1.1　光检测器原理

光检测器是利用半导体材料的光电效应实现光/电转换的。半导体材料的光电效应如图 3-1 所示。

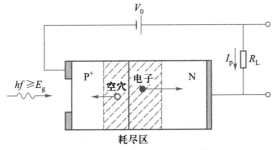

图 3-1　半导体材料的光电效应

当入射光子能量 hf 小于禁带宽度 E_g 时,不论入射光有多强,光电效应也不会发生,即产生光电效应必须满足条件:$hf \geqslant E_g$。也就是说,光频 $f_c < E_g/h$ 的入射光是不能产生光电效应的。将 f_c 转换为波长,$\lambda_c = hc/E_g$。即只有波长 $\lambda < \lambda_c$ 的入射光,才能使这种材料产生光生载流子。故 λ_c 为产生光电效应的入射光的最大波长,又称为截止波长,相应的 f_c 称为截止频率。每一个光子若被半导体

材料吸收将会产生一个电子－空穴对,如果此时在半导体材料上加上电场,电子－空穴对就会在半导体材料中渡越,形成光电流。

3.1.2 光检测器的特性

一、量子效率

量子效率 η 的定义为一次光生电子－空穴对和入射光子数的比值,即

$$\eta = (\text{光生电子} - \text{空穴对})/\text{入射光子数} = (I_p/e)/(P/hf)(\times 100\%)$$

式中,e 为电子电荷;hf 为光子能量;I_p 为光检测器的平均输出光电流。

可以这样理解,入射光中含有大量光子,将能转换为光生电流的光子数和入射的总光子数之比称为量子效率,量子效率通常在 50% ~ 90% 之间。

二、响应度

光检测器的光电流与入射光功率之比称为响应度,单位为 A/W 或 μA/μW。

响应度 R 表征光检测器的能量转换效率,定义为平均输出光电流与平均入射光功率之比,即

$$R = I_p/P_{in}$$

式中,P_{in} 为入射在光检测器光敏面上的平均光功率。响应度高,表示光转换为电的效果好。

三、响应时间

响应速度指半导体光电二极管产生的光电流跟随入射光信号变化快慢的状态,一般用响应时间来表示,即响应时间是用来反映光检测器对瞬变或高速调制光信号响应能力的参数。响应时间主要受以下三个因素的影响。

① 耗尽区光载流子的渡越时间。

② 耗尽区外产生的光载流子的扩散时间。

③ 光电二极管及与其相关电路的 RC 时间常数。

四、暗电流

暗电流是指光检测器上无光入射时的电流。虽然没有入射光,但是在一定温度下,外部的热能可以在耗尽区内产生一些自由电荷,这些电荷在反向偏置电压的作用下流动,形成了暗电流。显然,温度越高,受温度激发的电子数量越多,暗电流越大。暗电流最终决定了能被检测到的最小光功率,也就是光电二极管的灵敏度。根据所选用半导体材料的不同,暗电流的变化范围在 0.1 ~ 500 nA 之间。

3.1.3 PIN 光电二极管

PIN 是在 P 型和 N 型半导体材料之间插入了一层掺杂浓度很低的半导体材料(如 Si),记为 I(Intrinsic),称为本征区。PIN 光电二极管如图 3 - 2 所示。

入射光从 P⁺ 区进入后,不仅在耗尽区被吸收,在耗尽区外也被吸收,它们形成了光生电流中的扩散分量。例如,P⁺ 区的电子先扩散到耗尽区的左边界,然后通过耗尽区才能到达 N⁺ 区;同样,N⁺ 区的空穴也是要扩散到耗尽区的右边界后才能通过耗尽区到达 P⁺ 区。将耗尽区中的光生电流称为漂移分量,它的传送

知识引入

PIN 光检测器

PPT

PIN 光检测器

时间主要取决于耗尽区宽度。显然,扩散电流分量的传送要比漂移电流分量所需时间长,结果使光检测器输出电流脉冲后沿的拖尾加长,由此产生的时延将影响光检测器的响应速度。

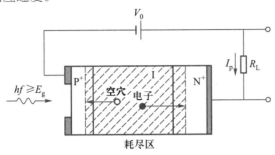

图 3 - 2　PIN 光电二极管

如果耗尽区的宽度较窄,大多数光子尚未被耗尽区吸收,便已经到达了 N⁺ 区,而在这部分区域,电场很小,无法将电子和空穴分开,就会导致量子效率比较低。因此,增加耗尽区宽度是非常有必要的。

由图 3 - 2 可见,I 区的宽度远大于 P⁺ 区和 N⁺ 区,所以在 I 区有更多的光子被吸收,从而增加了量子效率;同时,扩散电流却很小。PIN 光检测器的反向偏压可以取较小的值,因为其耗尽区厚度基本上是由 I 区的宽度决定的。

当然,I 区的宽度也不是越宽越好,宽度越大,载流子在耗尽区的漂移时间就越长,对带宽的限制也就越大,故需综合考虑。

3.1.4　APD 光电二极管

先来介绍雪崩倍增效应。入射信号光在光电二极管中产生最初的电子 - 空穴对,由于光电二极管上加了较高的反向偏置电压,电子 - 空穴对在该电场作用下加速运动,获得很大动能,当它们与中性原子碰撞时,会使中性原子价带上的电子获得能量后跃迁到导带上去,于是就产生新的电子 - 空穴对,新产生的电子 - 空穴对称为二次电子 - 空穴对。这些二次载流子同样能在强电场作用下,碰撞别的中性原子进而产生新的电子 - 空穴对,这样就引起了产生新载流子的雪崩过程。也就是说,一个光子最终产生了许多的载流子,使得光信号在光电二极管内部就获得了放大。APD 即雪崩光电二极管就是利用雪崩效应使光电流得到倍增的高灵敏度的检测器。

从结构来看,APD 与 PIN 的不同在于增加了一个附加层 P,APD 光电二极管如图 3 - 3 所示。在反向偏置时,夹在 I 层与 N⁺ 层间的 PN⁺ 结中存在着强电场,一旦入射信号光从左侧 P⁺ 区进入 I 区后,在 I 区被吸收产生电子 - 空穴对,其中的电子迅速漂移到 PN⁺ 结区,PN⁺ 结中的强电场便使得电子产生雪崩效应。

与 PIN 光检测器相比,光电流在 APD 光检测器内部就得到了放大,从而避免了由外部电子线路放大光电流所带来的噪声。

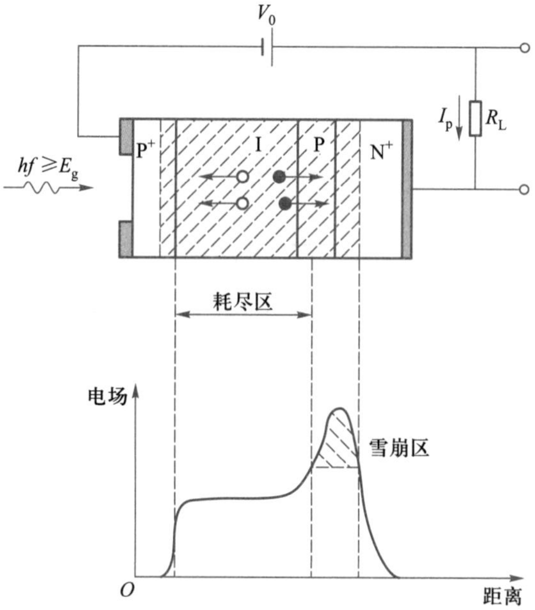

图 3-3 APD 光电二极管

任务实施

问题：简述光检测器的分类、组成及工作原理。各类光检测器应用在哪些光纤通信系统？

分析：主要分析不同类型的检测器，重点分析其在光纤通信系统中的典型应用。

任务拓展

通过查询资料，分析光检测器的主要发展趋势。

任务二　光接收机

任务分析

经过光发射机传输的光信号经过光接收机转变为电信号，光接收机的结构和工作原理是本任务的学习重点，要弄清楚光接收机的原理，能够设计符合光纤通信系统要求的光接收机。

知识基础

光接收机的作用是将光纤传输后幅度被衰减、波形产生畸变的、微弱的光信号转换为电信号，并对电信号进行放大、整形、再生，生成与发送端相同的电

知识引入
光接收机
原理

PPT
光接收机
原理

学习资料
光接收机
原理

信号,输入到电接收端机,并用自动增益控制(AGC)电路保证稳定的输出。光接收机性能的优劣直接影响整个光纤通信系统的性能。

光接收机中的关键器件是半导体光检测器,它和接收机中的前置放大器合称光接收机前端。前端性能是决定光接收机性能的主要因素。

3.2.1　光接收机基本组成

强度调制 – 直接检波(IM – DD)的光接收机组成框图如图 3 – 4 所示,主要包括光检测器、前置放大器、主放大器、均衡器、判决器、时钟恢复电路以及自动增益控制电路等。

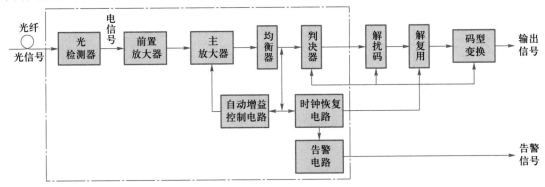

图 3 – 4　强度调制 – 直接检波(IM – DD)的光接收机组成框图

一、光检测器

光检测器是光接收机实现光/电转换的关键器件,其性能特别是响应度和噪声直接影响光接收机的灵敏度。目前使用的光检测器一般采用 PIN 光电二极管和 APD 雪崩光电二极管。

对光检测器的要求如下。

① 波长响应要和光纤低损耗窗口(0.85 μm、1.31 μm 和 1.55 μm)兼容。

② 响应度要高,在一定的接收光功率下,能产生最大的光电流。

③ 噪声要尽可能低,能接收极微弱的光信号。

④ 性能稳定,可靠性高,寿命长,功耗和体积小。

二、放大器

在一般的光纤通信系统中,经光检测器输出的光电流是十分微弱的。为了保证通信质量,必须将这种微弱的电信号通过多级放大器进行放大。

放大器在放大的过程中,其本身会引入噪声。不仅如此,在一个多级放大器中,后一级放大器将会把前一级放大器送出的信号和噪声同样放大,亦即前一级引入的噪声也被放大了。因此,前置放大器应是低噪声放大器。

性能良好的光接收机应具有无失真地检测和恢复微弱信号的能力,这首先要求其前端应有低噪声、高灵敏度和足够的带宽。根据不同的应用要求,前端的设计有三种不同的方案:低阻抗前置放大器、高阻抗前置放大器和跨阻抗前置放大器(或跨导前置放大器)。

主放大器一般是多级放大器,它的功能主要是提供足够高的增益,把来自前置放大器的输出信号放大到判决电路所需的信号电平,并通过它实现自动增益控制,以使输入光信号在一定范围内变化时,输出电信号应保持恒定输出。主放大器和自动增益控制电路决定了光接收机的动态范围。

三、均衡器

均衡器的作用是对已畸变(失真)和有码间干扰的电信号进行均衡补偿,减小误码率。

四、判决器和时钟恢复电路

判决器和时钟恢复电路共同组成再生电路。再生电路的任务是把放大器输出的升余弦波形恢复成数字信号,以消除码间干扰,减小误码率。

五、自动增益控制(AGC)电路

AGC 用反馈环路来控制主放大器的增益,其作用是增加光接收机的动态范围,使光接收机的输出保持恒定。

3.2.2　光接收机主要指标

数字光接收机的主要指标有灵敏度和动态范围。

一、灵敏度

光接收机的灵敏度是指在系统满足给定误码率指标的条件下,光接收机所需的最小平均接收光功率 $P_{min}(mW)$,工程中常用毫瓦分贝(dBm)来表示,即

$$P_R = 10\lg \frac{P_{min}}{1\ mW}(dBm) \qquad (3-1)$$

二、动态范围

光接收机的动态范围是指在保证系统误码率指标的条件下,接收机的最低输入光功率(dBm)和最大允许输入光功率(dBm)之差(dB),即

$$D = 10\lg \frac{P_{max}}{10^{-3}} - 10\lg \frac{P_{min}}{10^{-3}} = 10\lg \frac{P_{max}}{P_{min}}(dB) \qquad (3-2)$$

任务实施

问题:从光接收机的主要性能指标去分析光接收机的主要功能部件,并指出光接收机设计要点。

分析:从输入信号变化、温度控制和输出电信号稳定等方面进行考虑,设计合理的典型功能部件服务于光接收机。

任务:光接收机主要指标测试。

① 按照图 3-5 所示的光接收机灵敏度测试框图连接仪器,将误码分析仪、光可变衰减器与被测收/发光端机连接好。

② 误码分析仪中的码型发生器送出相应的伪随机码。

③ 首先测试接收机的接收灵敏度。先加大光可变衰减器的衰减值(以减小接收光功率),使系统处于误码状态,再慢慢减小衰减(以增大接收光功率),相应的误码率也渐渐减小,直至误码分析仪上显示的误码率为指定界限位为止〔如 BER(误码率)为 10^{-10}〕。此时对应的接收光功率即为最小平均接收光功

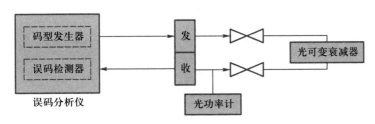

图 3 - 5 光接收机灵敏度测试框图

率 $P_{\min}$（mW）。测试时间要把握好,时间越长,精确度越高。这时计算光接收机的灵敏度 $P_R = 10\lg P_{\min}$（dBm）。

④ 接着测试接收动态范围。减小衰减器的衰减量,使系统处于误码状态,然后逐步调节光可变衰减器,增大衰减值,使系统误码率达到指定的要求为止,此时测出相应的接收光功率即为 $P_{\max}$;增大衰减器的衰减量,使系统处于误码状态,然后逐步调节光可变衰减器,减小衰减值,使系统误码率达到指定的要求为止,此时测出相应的接收光功率即为 $P_{\min}$。最后根据式(3 - 2)计算出光接收机的动态范围。

任务拓展

查询资料,分析影响光接收机性能的主要因素有哪些。

项目小结

1. 光检测器的作用是将接收到的光信号转换成电信号,即完成光/电信号的转换。

2. 光检测器是利用半导体材料的光电效应实现光/电转换的。

3. 量子效率定义为一次光生电子 - 空穴对和入射光子数的比值。

4. 光检测器的光电流与入射光功率之比称为响应度。

5. 响应速度指半导体光电二极管产生的光电流跟随入射光信号变化快慢的状态,一般用响应时间来表示,即响应时间是用来反映光检测器对瞬变或高速调制光信号响应能力的参数。

6. 暗电流是指光检测器上无光入射时的电流。 暗电流最终决定了能被检测到的最小光功率,也就是光电二极管的灵敏度。

7. 光接收机的作用是将光纤传输后幅度被衰减、波形产生畸变的、微弱的光信号转换为电信号,并对电信号进行放大、整形、再生,生成与发送端相同的电信号,输入到电接收端机,并用自动增益控制电路保证稳定的输出。

8. 数字光接收机的主要指标有灵敏度和动态范围。

思考与练习

1. 简述光检测器的分类、组成、工作原理、特点及典型应用。

2. 简述光接收机的组成及工作原理。

项目四

光器件选型

知识目标

- 掌握光纤连接器的功能、种类和特性。
- 掌握光耦合器的功能、结构和特性。
- 掌握光隔离器的功能、工作原理和特性。
- 掌握光衰减器的功能、工作方式和特性。
- 掌握光波分复用器的功能、工作方式和特性。
- 掌握掺铒光纤放大器的结构、工作原理和特性。

技能目标

- 掌握常用光纤连接器的类型及作用。
- 掌握常用光波分复用器的类型及作用。

任务一 光无源器件

任务分析

光无源器件是指除光源器件、光检测器件之外,不需要外加能源的光通路器件。光无源器件可分为连接用部件和功能性部件两大类。

连接用部件是指各种连接器,用作光纤与光纤之间、光纤与光器件(或设备)之间、部件(设备)与部件(设备)之间的连接。

功能性部件是指完成某种特定功能的部件,如光波分复用器、光耦合器和光衰减器等,用于光的复用/解复用、分路/耦合以及衰减等功能。

本任务以光纤连接器为例,分析不同类型光无源器件的特点及用途。

知识基础

4.1.1 光纤连接器

一、什么是光纤连接器

光纤连接器又称为光纤活动连接器,俗称活接头,其定义是"用以稳定地、但并不是永久地连接两根或多根光纤的无源组件"。光纤连接器主要用于各类有源及无源光器件之间、光器件与光纤线路之间、各类测试仪器与光纤通信系统或光纤线路之间的活动连接。这里的活动连接主要指可以进行多次重复连接,且重复性能好。

对光纤连接器的一般要求是插入损耗小,重复性好,互换性好以及稳定可靠等。光纤连接时引起的损耗与多种因素相关,如光纤的结构参数(如纤芯直径、数值孔径等)、光纤的相对位置(如横向位移、纵向间隙等)以及端面状态(如形状、平行度等),如图 4 - 1 所示。

二、光纤连接器的种类

光纤连接器的种类很多,按结构可以分为调心型和非调心型,按连接方式可以分为对接耦合式和透镜耦合式,按光纤相互接触关系可以分为平面接触式和球面接触式等。其中使用最多的是非调心型对接耦合式光纤连接器,其核心是套筒 - 插针结构,如图 4 - 2 所示。

图 4 - 2 中,活动连接器主要由带有微孔(与光纤包层外径一致)的插针体和用于对准的套筒等构成。需要连接的光纤去除涂覆层后插入插针中心的微孔,并用黏结剂固定。两根光纤对准时,将插针体插入套筒中,就可以完成光纤的对接耦合。插针和套筒之间通过精密公差配合,可以保证两个光纤的轴对准,再采用弹簧等机械装置保证插针 - 套筒之间的位置固定,即可实现光纤的活动连接。

除了以上所述的非调心型对接耦合式光纤连接器以外,还有 V 形槽式光纤连接器。在 V 形槽机械连接方法中,首先要将预备好的光纤端面紧靠在一起,

知识引入
光纤连接器
与光耦合器

PPT
光纤连接器
与光耦合器

学习资料
光纤连接器
与光耦合器

微课
光纤连接器
与光耦合器

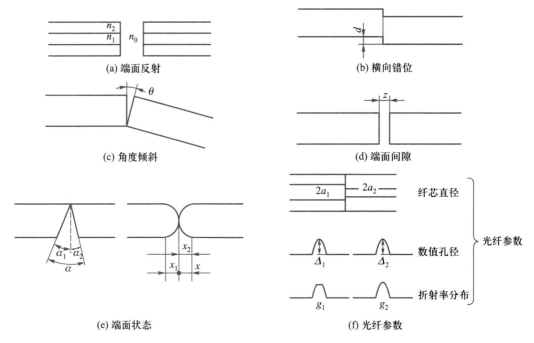

图 4-1 产生光纤连接损耗的因素

然后使用黏结剂将两根光纤连接在一起或用盖片将两根光纤固定,如图 4-3 所示。V 形通道既可以是槽状石英、塑料、陶瓷,也可以将金属基片做成槽状。这种方法的连接损耗在很大程度上取决于光纤的尺寸(外尺寸和纤芯直径)变化和偏心度(纤芯相对于光纤中心的位置)。

图 4-2 非调心型对接耦合式光纤连接器　　　　图 4-3 V 形槽机械连接

图 4-4 所示为扩展光束式光纤连接器。这种类型的连接器中,两根光纤的端面不直接对接,而是在光纤的端面之间加进透镜。这些透镜既可以准直从传输光纤出射的光,也可以将扩展光束聚焦到接收光纤的纤芯处,光纤到透镜的距离等于透镜的焦距。这种结构的优点是由于准直了光束,因此在连接器的光纤端面间就可以保持一定的距离,这样连接器的精度将较少地受横向对准误差的影响。而且,一些光处理元器件,诸如分束器和光开关等,也能很容易地插入到光纤端面间的扩展光束中。

三、光纤连接器的特性

光纤连接器的特性主要是光学特性,此外还有互换性、重复性、抗拉强

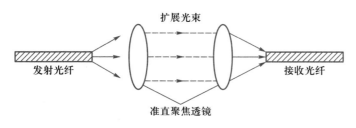

图 4 - 4 扩展光束式光纤连接器

度、温度和插拔次数等。

① 光学特性。主要包括插入损耗和回波损耗两个最基本的参数。插入损耗指因连接器导入而引入的线路有效光功率的损耗。插入损耗越小越好,一般不大于 0.5 dB。回波损耗指连接器对线路光功率反射的抑制功能,其典型值应不小于 25 dB。

② 互换性和重复性。光纤连接器是通用的无源光器件,对于同一类型的光纤连接器,一般可以任意组合,并可重复多次使用。由此导入的附件损耗一般小于 0.2 dB。

③ 抗拉强度。对于光纤连接器,一般要求抗拉强度应不低于 90 N。

④ 温度。要求光纤连接器在 - 40 ~ + 70 ℃温度范围内能正常工作。

⑤ 插拔次数。现在的光纤连接器基本可以插拔 1 000 次以上。

四、光纤连接器端面的研磨形式

光纤连接器是通过光纤端面互相对接实现光信号传输的,端面研磨方式有三种:PC 型、UPC 型和 APC 型,如图 4 - 5 所示。

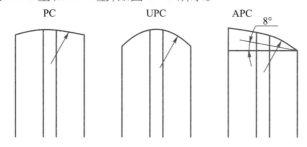

图 4 - 5 光纤端面研磨方式对比

PC 型端面是球形,相对于平面端面,球面研磨可以有效提高回波损耗,减小插入损耗。UPC 型端面同样是球形,但是采用了特殊的研磨方式,使回波损耗进一步增大。APC 型是将端面倾斜一定的角度(8°),它能使反射光射向光纤外面,所以回波损耗更大。

4.1.2 光耦合器

一、光耦合器的功能

光耦合器的功能是实现光信号的分路/合路,即把一个输入的光信号分配给多个输出端,或者把多个输入的光信号组合成一个输出。一般而言,光耦合器是一种能使传输中的光信号在特殊结构的耦合区发生耦合,并进行再分配的器件。光耦合器可以分为功率耦合器和波长耦合器两种。功率耦合器是对同一波长光信号,按照平均或设定的比例对光功率进行分路或合路,也称为定向耦合器。波长耦合器则是对不同波长的光信号进行分路或合路。

光耦合器的主要用途有:评价光中继接口噪声,测量插入噪声;监视传输线上的信号,并从中取出一定功率的光信号作检测使用;提取反射信号等。

二、光耦合器的种类

1. T形耦合器

T形耦合器是一种 2×2 的 3 端耦合器,如图 4-6(a)所示。其功能是把一根光纤输入的光信号按一定比例分配给两根光纤,或把两根光纤输入的光信号组合在一起输入一根光纤。这种耦合器主要用作不同分路比的功率分配器或功率组合器。

2. 星形耦合器

星形耦合器是一种 $n\times m$ 耦合器,如图 4-6(b)所示。其功能是把 n 根光纤输入的光功率组合在一起,均匀地分配给 m 根光纤,m 和 n 不一定相等。这种耦合器常用作多端功率分配器。

3. 定向耦合器

定向耦合器是一种 2×2 的 3 端或 4 端耦合器,其功能是分别取出光纤中向不同方向传输的光信号。如图 4-6(c)所示,光信号从端 1 传输到端 2,一部分由端 3 输出,端 4 无输出。也可以是光信号从端 2 传输到端 1,一部分由端 4 输出,端 3 无输出。这种耦合器可用作分路器,不能用作合路器。

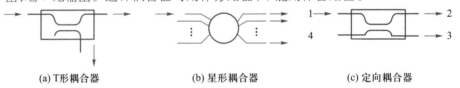

(a) T形耦合器　　　　　(b) 星形耦合器　　　　　(c) 定向耦合器

图 4-6　常见光耦合器类型

三、光耦合器的结构

光耦合器的结构也有许多类型,其中比较实用的有光纤型、微器件型和平面波导型。

1. 光纤型耦合器

光纤型耦合器是把两根或多根光纤排列,用熔融拉锥法制作出来的器件。熔融拉锥法就是将两根或两根以上除去涂覆层的光纤以一定的方式靠拢,在高温加热下熔融,同时向两侧拉伸,最终在加热区形成双锥体形式的特殊波导结构,以实现传输光功率耦合的一种方法。利用熔融拉锥法可以制成 T 形耦合器、星形耦合器和定向耦合器。其中,定向耦合器和 8×8 星形耦合器如图 4-7 所示。

2. 微器件型耦合器

利用自聚焦透镜和分光片(光部分投射、部分反射)、滤光片(一个波长的光透射,其他波长的光反射)或光栅(不同波长的光有不同的反射方向)等微光学器件可以构成微器件型耦合器,包括 T 形耦合器、定向耦合器和波分/解波分

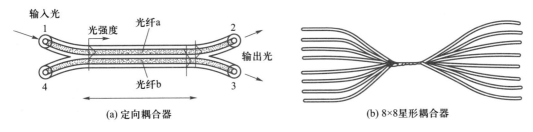

图 4 - 7 光纤型耦合器

复用器。其中,T形耦合器和定向耦合器如图4-8所示。

3. 平面波导型耦合器

平面波导型耦合器是指利用平面介质光波导工艺制作的一类光耦合器件,其关键技术包括波导结构的制作和器件与传输线路的耦合。目前广泛采用的制作介质光波导的方法主要是在铌酸锂($LiNbO_3$)等衬底材料上,以薄膜沉积、光刻、扩散等工艺形成波导结构。图4-9所示为矩形波导简图。

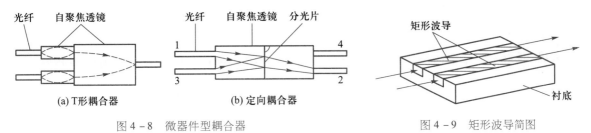

图 4 - 8 微器件型耦合器   图 4 - 9 矩形波导简图

四、光耦合器的特性参数

1. 插入损耗

插入损耗定义为指定输入端口 i 的输入光功率与指定输出端口 j 的输出光功率比值的对数,即

$$IL = 10\lg \frac{P_{\text{in}i}}{P_{\text{out}j}} \ (\text{dB}) \tag{4-1}$$

式中,IL 为插入损耗;$P_{\text{in}i}$ 为输入端口 i 的输入光功率;$P_{\text{out}j}$ 为输出端口 j 的输出光功率。

2. 附加损耗

附加损耗定义为所有输出端口的光功率总和相对于全部输入端口的光功率的减少值,该值以分贝表示的数学表达式为

$$EL = 10\lg \frac{P_{\text{i}}}{P_{\text{o}}} = 10\lg \frac{\sum_i P_{\text{in}i}}{\sum_j P_{\text{out}j}} \ (\text{dB}) \tag{4-2}$$

式中,EL 为附加损耗;$P_{\text{in}i}$ 为输入端口 i 的输入光功率;$P_{\text{out}j}$ 为输出端口 j 的输出光功率。

3. 分光比

分光比是光耦合器所特有的技术术语,定义为耦合器输出端口 j 的输出功

率相对输出总功率的百分比,它的数学表达式为

$$CR_j = \frac{P_{outj}}{\sum\limits_j P_{outj}} \times 100\% \qquad (4-3)$$

式中,CR_j 是输出端口 j 的分光比;P_{outj} 是输出端口 j 的输出光功率;$\sum\limits_j P_{outj}$ 是全部输出端口的输出总功率。

4. 隔离度

隔离度是输入端口 i 的输入光功率 P_{ini} 与由耦合器反射到输入端口 j 的光功率 P_{rj} 的比值,用分贝表示,有

$$DIR = 10\lg \frac{P_{ini}}{P_{rj}} \ (\text{dB}) \qquad (4-4)$$

式中,DIR 是隔离度;P_{ini} 是输入端口 i 的输入光功率;P_{rj} 是由耦合器反射到输入端口 j 的光功率。

知识引入
光隔离器与
光衰减器

PPT
光隔离器与
光衰减器

学习资料
光隔离器与
光衰减器

微课
光隔离器与
光衰减器

4.1.3 光隔离器

一、光隔离器的功能

光隔离器是一种光单向传输的非互易器件,它对正向传输光具有较低的插入损耗,而对反向传输光具有很大的衰减作用。也就是说,光隔离器是一种只允许光沿一个方向通过而在相反方向阻挡光通过的光无源器件。

光隔离器常被置于激光器或光放大器之后,用以抑制光传输系统中反射信号对器件的不良影响。

在光纤通信系统中,从半导体激光器后面相连接的光连接器端面和光纤近端或远端反射出来的光,若再次进入半导体激光器,将会使激光振荡产生不稳定现象,或者使激光器发出的光波长发生变化。对于采用直接调制 - 直接检测方式的高速率光纤通信系统,反射光会产生附加噪声,使系统性能恶化,所以要在半导体激光器输出端串接一个光隔离器。对于相干光纤通信系统,光隔离器更是不可缺少。在接有光纤放大器的光纤通信系统中,光纤放大器有源器件的两端应接入光隔离器,以避免有源器件由于端面的寄生腔体效应引起振荡。

二、光隔离器的分类

光隔离器的种类很多,按其构成材料可分为块状型、光纤型和波导型,按其外部结构可分为尾纤型、连接端口型和微型化型,按其偏振特性可分为偏振相关型和偏振无关型。

三、偏振相关型光隔离器的原理

偏振相关型光隔离器由起偏器、检偏器和旋光器三部分组成,如图 4 - 10 所示。其工作原理如图 4 - 11 所示。

假设入射光只是垂直偏振光,第一个偏振器的透振方向也在垂直方向,因此输入光能够通过第一个偏振器。紧接着第一个偏振器的是法拉第旋转器。法拉第旋转器由旋光材料制成,能使光的偏振态旋转一定角度,例如 45°,并且其旋

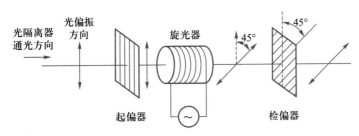

图 4 - 10　偏振相关型光隔离器的组成

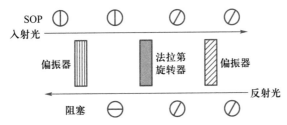

图 4 - 11　偏振相关型光隔离器的工作原理

转方向与光传播方向无关。法拉第旋转器后面跟着的是第二个偏振器。这个偏振器的透振方向在 45°方向上,因此经过法拉第旋转器旋转 45°后的光能够顺利地通过第二个偏振器。也就是说,光信号从左到右通过这些器件(即正方向传输)是没有损耗的(插入损耗除外)。

另一方面,假定在右边存在某种反射(比如接头的反射),反射光的偏振态也在 45°方向上,当反射光通过法拉第旋转器时再继续旋转 45°,此时就变成了水平偏振光。水平偏振光不能通过最左边的偏振器(第一个偏振器),于是就达到了隔离的效果。

四、光隔离器的特性参数

1. 插入损耗

插入损耗定义为输出光功率 P_o 与输入光功率 P_i 之比的分贝值,即

$$IL = -10\lg \frac{P_o}{P_i} \qquad (4-5)$$

2. 反向隔离度

反向隔离度表示光隔离器对反向传输光的衰减能力,即

$$IL_R = -10\lg \frac{P_{Ro}}{P_{Ri}} \qquad (4-6)$$

式中,P_{Ri} 为反射到起偏器的反射光功率;P_{Ro} 为透过起偏器的反射光功率。

3. 回波损耗

回波损耗定义为在光隔离器输入端测得的返回光功率与输入光功率的比值,即

$$RL = -10\lg \frac{P_{Ri}}{P_i} \qquad (4-7)$$

式中,P_i 为输入光功率。

4.1.4 光衰减器

光衰减器是用来稳定地、准确地减小信号光功率的无源光器件。光衰减器的功能是当光通过该器件时,使光强度达到一定程度的衰减。

按照光信号的衰减方式,光衰减器可分为固定光衰减器和可变光衰减器。按照光信号的传输方式,光衰减器可分为单模光衰减器和多模光衰减器。根据不同的光信号接口方式,光衰减器可分为尾纤式光衰减器和连接器端口式光衰减器。

一、光衰减器的工作方式

光衰减器按照工作原理主要可以分为三类:反射型光衰减器、耦合型光衰减器和吸收型光衰减器。

1. 反射型光衰减器

如图 4 - 12 所示,RL 为 $\lambda/4$ 自聚焦透镜,它可以把输入端面的点光源发出的光线在输出端面变成平行光,也可以把平行光转换成点光源。M 为镀了部分透射膜的平面镜。光透过平面镜时主要发生反射和透射。由膜层厚度的不同来改变反射量的大小,从而达到改变衰减量的目的。为了避免反射光的再入射影响衰减器性能的稳定性,光线不能垂直入射到平面镜上,需将两块平面镜按一定倾斜角对称地排列为八字形。

2. 耦合型光衰减器

耦合型光衰减器通过控制输入、输出光束对准偏差来改变耦合量的大小,从而改变耦合衰减量的大小,如图 4 - 13 所示。图中,L_1 和 L_2 是微透镜,其轴线分离距离为 d。通过改变 d 的大小来控制衰减量的大小。

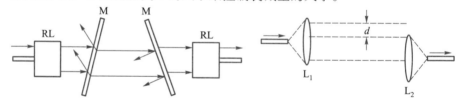

图 4 - 12　反射型光衰减器　　　　图 4 - 13　耦合型光衰减器

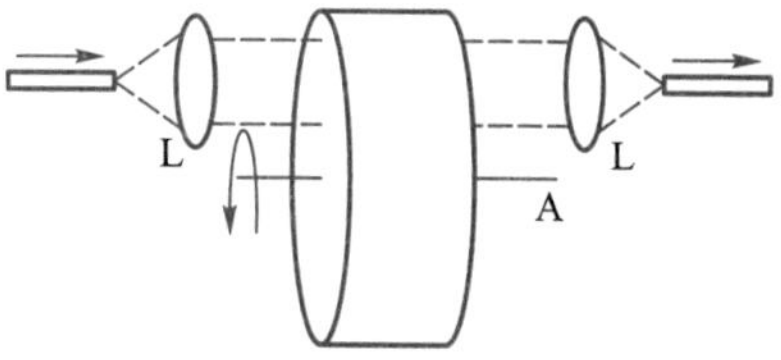

3. 吸收型光衰减器

吸收型光衰减器采用光学吸收材料制成衰减片,主要是吸收和透射光,其反射量很小,因此允许光纤垂直入射到衰减片上,简化了结构和工艺,减小了器件的体积和重量。这种衰减器具有长期稳定性。

如图 4 - 14 所示,A 为吸收片,其不同位置上的衰减量不等。旋转 A 可以连续衰减入射光。

图 4 - 14　吸收型衰减器

二、光衰减器的特性参数

1. 衰减量和插入损耗

固定光衰减器的衰减量实际上就是其插入损耗。可变光衰减器除了衰减量指标外,还有单独的插入损耗指标要求。普通可变光衰减器的插入损耗越小越好,最好低于 1 dB。

2. 衰减精度

通常,机械式光衰减器的衰减精度为其衰减量的±0.1 倍,衰减片式衰减器的衰减量取决于金属蒸发镀膜层的透过率和均匀性。

3. 回波损耗

光衰减器的回波损耗是指入射到光衰减器中的光能量和衰减器中入射光路反射出的光能量之比。高性能光衰减器的回波损耗一般为 40 dB。

4. 频谱特性

光衰减器在计量、定标等场合需要在一定的带宽范围内有较高的衰减精度,衰减谱线应具有较好的平坦性,因此光衰减器还有频谱特性的要求。

4.1.5　光波分复用器

光波分复用器是波分复用系统的核心部件,其功能是实现多波长信号合波或分波,分为光合波器和光分波器。光合波器是将多个光源不同波长的信号结合在一起,经一根光纤输出的光器件。反之,将同一根光纤送来的多个不同波长信号分解为个别波长,分别输出的光器件称为光分波器。光波分复用器是合波和分波两种功能的综合,如图 4 – 15 所示。

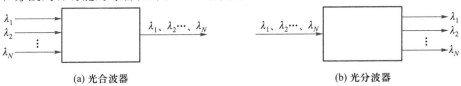

(a) 光合波器　　　　　　　　　　　　(b) 光分波器

图 4 – 15　光波分复用器

光波分复用器的特性参数如下。

一、插入损耗

插入损耗指光信号穿过波分复用器的某一特定光通道所引入的功率损耗。插入损耗与中心波长相对应,插入损耗越小越好。

二、波长隔离度/串音

波长隔离度/串音指某特定波长端口所测得的其他波长信号功率与该特定波长功率之比的对数。在系统应用中,要求隔离度越小越好。

三、回波损耗

回波损耗指从输入端口返回的光功率与同一个端口输入光功率之比的对数。

四、通道带宽和通道间隔

光波分复用器中需要传输多个波长的光信号,每个波长通道的带宽称为通道带宽。为保证各波长信号能无畸变复用和解复用,相邻波长信号之间的间隔即通道间隔要大。但通道间隔增大会降低复用和解复用的波长数目。从设计和制造考虑,通带带宽越窄,通道数越多,技术难度越大。

根据通道间隔的大小不同,可以将光波分复用器分为 3 类:稀疏型(通道数 2～5 波)、密集型(通道数 5～10 波)以及致密型(20～1 000 波以上)。

五、温度稳定性

温度稳定性指光波分复用器通道中心频率(波长)随温度变化产生的漂移。系统应用要求,在整个温度工作范围内,通道中心频率(波长)产生的漂移应远小于通道间隔。

任务实施

4.1.6 光纤连接器的分类

常见的光纤连接器有以下几种。

一、FC 型光纤连接器——圆形带螺纹

FC 型光纤连接器的外部加强方式是采用金属套,紧固方式为螺丝扣。最早,FC 型光纤连接器采用的插针对接端面是平面接触方式。此类光纤连接器结构简单,操作方便,容易制作,但光纤端面对微尘较为敏感,且容易产生菲涅尔反射,提高回波损耗性能较为困难。后来,对该类型光纤连接器做了改进,采用对接端面呈球面的插针(PC),而外部结构没有改变,使得插入损耗和回波损耗性能有较大幅度提高。

二、SC 型光纤连接器——卡接式方形

SC 型光纤连接器的外壳呈矩形,所采用的插针与耦合套筒的结构尺寸与FC 型光纤连接器完全相同,其中插针的端面多采用 PC 或 APC 型研磨方式,紧固方式采用插拔销闩式,不需要旋转。此类光纤连接器价格低廉,插拔操作方便,接入损耗波动小,抗压强度较高,安装密度高。

三、LC 型光纤连接器

LC 型光纤连接器采用操作方便的模块化插孔闩锁激励支撑。其所采用的插针和套筒的尺寸是普通 SC 型、FC 型等光纤连接器所用尺寸的一半,这样可提高光配线架中光纤连接器的密度。

四、ST 型光纤连接器

ST 型光纤连接器的外壳呈圆形,采用的插针与耦合套筒的结构及尺寸与FC 型光纤连接器完全相同,其中插针的端面多采用 PC 型或 APC 型研磨方式,紧固方式为螺丝扣。

五、MU 型光纤连接器

MU 型光纤连接器以 SC 型光纤连接器为基础,是单芯光纤连接器,优势是体积小,能实现高密度安装。

任务拓展

4.1.7 光波分复用器的分类

光波分复用器根据结构和工作方式不同,大体可以分为干涉滤波器型(例如多层介质薄膜型)、熔锥光纤耦合器型和光栅型(例如体型光栅型)三种,现分别介绍如下。

一、多层介质薄膜型光波分复用器

典型的多层介质薄膜型光波分复用器如图 4-16 所示。

这种器件依赖于从薄层束反射的许多光波之间的干涉效应。利用楔形玻璃镀 λ_1、λ_2、λ_3、λ_4 和 λ_5 滤光膜(即滤波器)。当 $\lambda_1 \sim \lambda_5$ 的光从同一根光纤输入时,首先 λ_1 通过滤波器输出,其余被反射,继而 λ_2 通过滤波器输出,以此类推,达到解复用的目的。这种结构中,透镜主要起构成平行光路的作用。根据器件的互易性,分别从 5 个端口输入的 5 个波长经过相反的过程可以复合后经一个端口输出,实现复用功能。

多层介质薄膜型光波分复用器具有通带顶部平坦,边缘陡峭,损耗低,隔离度高,偏振不敏感和温度稳定性高等优点。

二、熔锥光纤耦合器型光波分复用器

正如在光纤型耦合器中所述,熔锥式结构是将两根或两根以上除去涂覆层的光纤以一定的方式靠拢,在高温加热下熔融,同时向两侧拉伸,最终在加热区形成双锥体形式的特殊波导结构。

利用熔锥光纤耦合器的波长依赖性可以制作光波分复用器,其耦合长度随波长而异。随着拉伸长度的改变,不同的波长耦合比不同。当耦合长度达到一定数值时,波长就可实现分离。熔锥光纤耦合器型光波分复用器如图 4-17 所示。图 4-17 中,通过设计熔锥区的锥变和控制拉锥速度,使直通臂对波长 λ_1 的光有接近 100% 的输出,对波长 λ_2 的光输出接近于零;使耦合臂对波长 λ_2 的光有接近 100% 的输出,而对 λ_1 的光输出为零,这样就达到了分离 λ_1 和 λ_2 波长的作用。反之,根据耦合器的可逆性,λ_1 和 λ_2 波长的信号分别从直通臂和耦合臂输入时,则将两个波长信号合并后从一个端口输出。

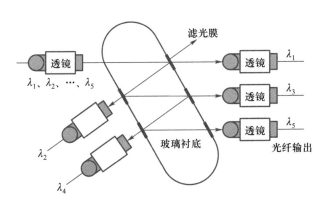

图 4-16 多层介质薄膜型光波分复用器

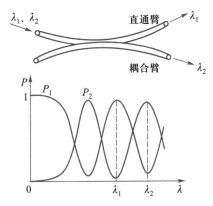

图 4-17 熔锥光纤耦合器型光波分复用器

熔锥光纤耦合器型光波分复用器的优点是插入损耗低,无需波长选择器件,十分简单,适于批量生产,并且有较好的光通路带宽/通路间隔比和温度稳定性。不足之处是尺寸很大,复用波长数少。通过串接多个熔锥光纤耦合器型光波分复用器的方法,可以改进隔离度并适当增加复用波长数。

三、体型光栅型光波分复用器

体型块状平面或曲面衍射光栅是简单的角色散元件,它能使入射的多波长

复合光信号以不同的角度反射(即色散),或将各个波长的信号汇聚成多波长复合光信号,从而实现多波长信号的复用和解复用。图 4 - 18 所示即为基于这种原理的体型块状光栅型光波分复用器。多波长光信号经光纤输入,经透镜聚焦在反射光栅上,利用反射光栅的衍射作用把各个波长分离,然后经透镜将各个波长的光信号聚焦在各自的光纤上,实现多波长信号的解复用。反之,可以实现各个波长信号的复用。

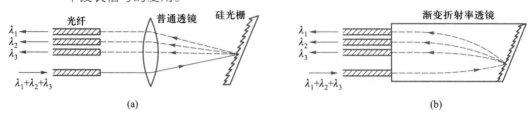

图 4 - 18　体型块状光栅型光波分复用器

体型光栅型光波分复用器具有优良的波长选择特性,通道间隔小,复用路数多。缺点是插入损耗较大,对偏振敏感。

任务二　光放大器

任务分析

光放大器是可以对微弱的光信号直接进行放大的有源光器件,其主要功能是放大光信号,以补偿光信号在传输过程中的衰减,增加传输系统的无中继距离。目前掺铒光纤放大器较为常用。本任务将学习掺铒光纤放大器的基本结构和工作原理,分析掺铒光纤放大器在不同场合下的应用。

知识基础

根据工作机理不同,光放大器可以分为以下三种。

一、半导体激光放大器

半导体激光放大器是一种光直接放大器,其工作原理与半导体激光器类似,同样利用能级跃迁的受激现象进行放大,只是半导体激光放大器没有谐振腔,目的是为了提高单位长度的增益。半导体激光放大器的优点是体积小,增益高,频带宽,可以对皮秒(ps)级的光脉冲进行放大。

二、掺稀土金属光纤放大器

光纤中掺杂少量稀土金属元素后,可以作为激活介质,进而构成光纤放大器。目前较为实用的掺稀土金属元素的光纤放大器有掺铒光纤放大器(EDFA)和掺镨光纤放大器(PDFA)。

三、非线性光学放大器

非线性光学放大器利用光纤中的非线性效应进行放大,即利用受激拉曼散射和受激布里渊散射现象进行放大。目前较为常见的是拉曼放大器和布里渊放大器。

4.2.1 掺铒光纤放大器(EDFA)介绍

一、EDFA 的特点

由于 EDFA 的突出优势,其已经成为高速大容量光纤通信系统中不可缺少的部分。EDFA 的主要特点包括以下几点。

① 工作波长处于 $1.53 \sim 1.56 \ \mu m$ 范围,与光纤最小损耗波长窗口一致。

② 对掺铒光纤进行激励所需要的泵浦光功率较低,仅需数十毫瓦。

③ 增益高,噪声低,输出功率高。

④ 连接损耗低。EDFA 是光纤型放大器,与光纤线路间的连接比较容易,连接损耗很低。

二、EDFA 的结构

1. EDFA 的结构和泵浦方式

按照泵浦光源输出能量是否和输入的光信号能量以同一方向注入掺铒光纤,EDFA 可有三种不同的结构方式,如图 4 – 19 所示。同向泵浦方式中,泵浦光源与输入光信号同向。反向泵浦方式中,泵浦光源与输入光信号反向。双向泵浦方式中,在掺铒光纤两侧分别放置泵浦光源。

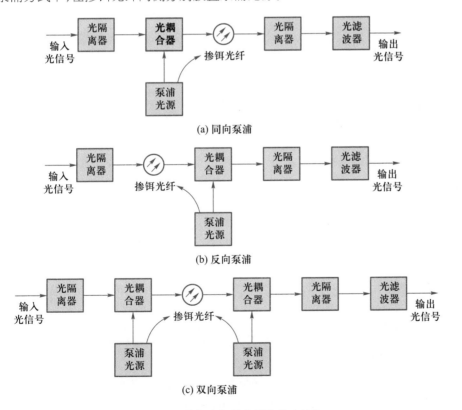

图 4 – 19 掺铒光纤放大器的基本结构

2. 基本结构

无论哪种泵浦方式,掺铒光纤放大器都包括了掺铒光纤、泵浦光源、光耦合器、光滤波器和光隔离器。

① 掺铒光纤。掺铒光纤是一段长度为 10 ~ 100 m 的石英光纤,纤芯中注入铒离子,浓度为 25 mg/kg。

② 泵浦光源。泵浦光源为半导体激光器,输出功率为 10 ~ 100 mW,工作波长为 0.98 μm 或 1.58 μm。

③ 光耦合器。光耦合器将信号光和泵浦光合在一起,通过掺铒光纤实现光放大。

④ 光滤波器。光滤波器滤除光放大器的噪声,降低噪声对系统的影响,提高系统信噪比。

⑤ 光隔离器。光隔离器的作用是抑制光反射,以确保光放大器工作稳定,保证光信号只能正向传输。

4.2.2 掺铒光纤放大器的工作原理

EDFA 之所以能放大光信号,简单地说,是在泵浦光源的作用下,在掺铒光纤中出现了粒子数反转分布,产生了受激辐射,从而使光信号得到放大。由于 EDFA 的核心放大元件是掺铒光纤,其具有细长的结构特点,因此有源区的能量密度较高,从而降低了对泵浦光功率的要求。

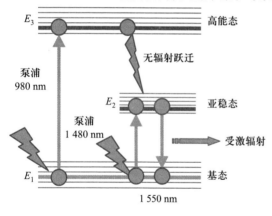

掺铒光纤可以做到光放大,其原理如图 4 - 20 所示。E_1 能级最低,称为基态;E_2 能级是亚稳态;E_3 能级最高,称为高能态。

在没有外部激励时,铒离子处于基态能级 E_1 的概率最大。当泵浦光的能量注入掺铒光纤时,处于基态的铒离子吸收能量后跃迁到高能态(E_3)。处于 E_3 能级的铒离子具有自发降低能量,跃迁回较低能级的运动趋势。保持泵浦光的持续激励,激发到 E_3 能级的大量铒离子自发跃迁回 E_2 能级并在该能级上停留较长时间。E_2 能级上的粒子数不断增加,从而在 E_2 和 E_1 之间形成粒子数反转,满足了

图 4 - 20 铒离子能级图

受激辐射光放大的必要条件。当输入光信号的光子能量恰好等于 E_2 和 E_1 的能级差时,大量处于亚稳态的粒子以受激辐射的形式跃迁回 E_1 能级,同时辐射出与输入光信号光子能量一致的大量光子,这样就实现了输入信号光的直接放大。

4.2.3 掺铒光纤放大器的特性参数

一、功率增益

功率增益反映掺铒光纤放大器的放大能力,定义为输出信号光功率 P_{out} 与输入信号光功率 P_{in} 之比,一般以分贝(dB)来表示,即

$$G = 10 \lg \frac{P_{out}}{P_{in}}$$

(4 - 8)

功率增益 G 与掺铒光纤长度、泵浦光功率都有关联。功率增益 G 与掺铒光纤长度的关系如图 4-21 所示。由图可见,初始状态时,功率增益 G 随着掺铒光纤长度的增加而上升,当光纤超过一定长度后,由于光纤本身的损耗,增益反而下降,因此存在一个可获得最佳增益的最佳长度。这个最佳长度是针对最佳增益而言的,没有考虑噪声等其他因素。

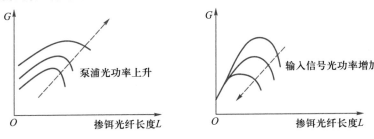

图 4-21　功率增益 G 与掺铒光纤长度的关系

二、增益饱和特性

功率增益 G 与泵浦光功率也有关联,由图 4-22 可见,随着泵浦光功率的增加,功率增益 G 也会增加。当泵浦光功率增加到一定程度时,功率增益 G 不再继续增加,这就是增益饱和特性。

三、输出信号光功率

从图 4-23 可以看出,当输入信号光功率较弱时,随着输入信号光功率增强,输出信号光功率增加较快;当输入信号光功率达到一定程度时,输出信号光功率保持平稳。不同的泵浦方式,对输出信号光功率也有影响。在相同的输入信号光功率下,同向泵浦的输出信号光功率最低,双向泵浦的输出信号光功率最高。

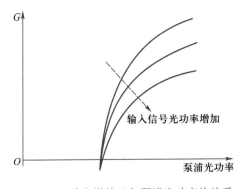

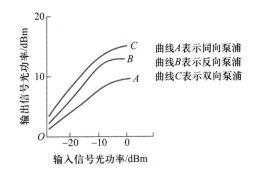

图 4-22　功率增益 G 与泵浦光功率的关系　　　图 4-23　EDFA 的输入信号光功率/输出信号光功率关系

四、噪声特性

掺铒光纤放大器的噪声主要来自其自发辐射。它与被放大的信号在光纤中一起传播、放大,在检测器中检测时便得到下列几种形式的噪声:自发辐射的散弹噪声,自发辐射的不同频率光波间的差拍噪声,信号光与自发辐射光间的差拍噪声,信号光的散弹噪声。信号光与自发辐射光间的差拍噪声是决定掺铒光纤放大器性能的主要因素。掺铒光纤放大器所产生的噪声在放大后使得信号的信噪比下降,造成对传输距离的限制。

任务实施

4.2.4 掺铒光纤放大器的应用

掺铒光纤放大器在光纤通信系统中的主要作用是延长通信中继距离,当它与波分复用技术结合时,可实现超大容量、超长距离传输。其在光纤通信系统中主要用作前置放大、功率放大和线路放大。

一、前置放大

如图 4 – 24(a)所示,前置放大指将 EDFA 设置于光接收机之前,可以把经光纤线路传输的微弱光信号进行放大,从而提高光接收机灵敏度。前置放大器一般工作在小信号状态,因此需要有较高的噪声性能和增益系数,不需要很高的输出信号光功率。

二、功率放大

如图 4 – 24(b)所示,功率放大指将 EDFA 设置于光发射机后,可以提高注入光纤的有效光功率,从而延长中继距离。需要注意的是,功率放大器可能会导致入纤功率大幅度提高,从而激发非线性效应,因此需要对功率放大器的输出光功率进行谨慎控制。

三、线路放大

如图 4 – 24(c)所示,线路放大指将 EDFA 设置于光纤链路中,对光信号进行在线放大。线路放大器是最常见的应用形式,广泛应用于长途和本地光通信系统中。

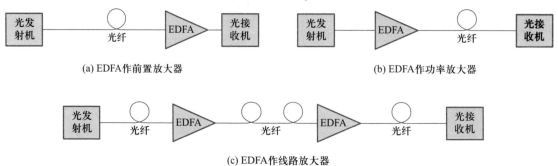

(a) EDFA作前置放大器   (b) EDFA作功率放大器

(c) EDFA作线路放大器

图 4 – 24 掺铒光纤放大器的应用

任务拓展

4.2.5 常见非线性光学放大器

非线性光学放大器的工作原理是利用光纤的非线性效应,对光纤注入泵浦光,使声子数目增加,当有信号激光通过此光纤时,其中的声子与光子相互作用,使得光子数量增大——放大了信号激光。

常见非线性光学放大器有拉曼放大器和布里渊放大器。

一、拉曼放大器

利用受激拉曼散射效应的放大器称为拉曼放大器,此类放大器能在 1 260～1 675 nm 波长段工作,具有广阔的频谱范围。拉曼放大器适合任何类型的光纤且成本较低。拉曼放大器可以采用同向、反向和双向泵浦(即激励源),增益带宽可达 6 THz。拉曼放大器可以单独使用,也可以用作分布式放大器,辅助掺铒光纤放大器进行信号放大。

二、布里渊放大器

利用受激布里渊散射效应的放大器称为布里渊放大器,这是一种高增益、低功率和窄带宽的光放大器。高增益和低功率放大性能使其可以用作接收机中的前置放大器,提高接收机灵敏度。

项目小结

1. 光纤连接器用于光纤与器件(设备)、器件(设备)与器件(设备)或光纤线路与光纤线路之间的连接。按光纤连接器的端面研磨形状,可以分为 PC 型、APC 型和 UPC 型。光纤连接器的特性参数有光学特性、互换性和重复性、抗拉强度、温度和插拔次数。

2. 光耦合器为光路服务,可以实现光的合路与分路。光耦合器主要有光纤型、微器件型和平面波导型。光耦合器的特性参数有插入损耗、附加损耗、分光比和隔离度。

3. 光隔离器是保证光单向传输的一种非互易器件。光隔离器的特性参数有插入损耗、反向隔离度和回波损耗。

4. 光衰减器是用来稳定地、准确地减小信号光功率的无源光器件。光衰减器的功能是当光通过该器件时,使光强度达到一定程度的衰减。光衰减器的特性参数有衰减量和插入损耗、衰减精度、回波损耗和频谱特性。

5. 光波分复用器能实现多波长信号合波或分波。光波分复用器根据结构和工作方式不同,大体可以分为干涉滤波器型、熔锥光纤耦合器型和光栅型三种。光波分复用器的特性参数有插入损耗、波长隔离度/串音、回波损耗、通道带宽和通道间隔以及温度稳定性。

6. 光放大器可以对光信号进行直接放大。光放大器可分为半导体激光放大器、掺稀土金属光纤放大器和非线性光学放大器。掺铒光纤放大器有同向泵浦、反向泵浦和双向泵浦三种结构,以及线路放大、前置放大和功率放大三种应用形式。掺铒光纤放大器的特性参数有功率增益、增益饱和特性、输出信号光功率和噪声特性等。

思考与练习

1. 光纤连接器的作用是什么?
2. 说明光纤连接器有哪些端面研磨方式。

3. 光放大器有哪几种类型?

4. 掺铒光纤放大器的泵浦方式有哪些?

5. 掺铒光纤放大器由哪些部件组成? 画图并说明各部分的作用。

6. 掺铒光纤放大器的三种应用形式是什么?

7. 掺铒光纤放大器的工作原理是怎么样的?

8. 简述偏振相关型光隔离器的工作原理。

9. 光波分复用器的作用是什么?

10. 光衰减器有哪些种类? 简述每种类型的工作原理。

11. 光耦合器的作用是什么?

SDH传输网设计篇

项目五
SDH技术原理认知

 知识目标

- 熟悉两种传输体制,掌握PDH和SDH各自的特点。
- 掌握SDH的帧结构。
- 掌握2 Mbit/s、34 Mbit/s、140 Mbit/s PDH信号复用进STM-N的步骤。
- 掌握映射与定位的过程。
- 掌握SDH开销字节的作用。
- 掌握SDH指针的作用。

 技能目标

- 掌握SDH帧结构的组成。
- 复述2 Mbit/s、34 Mbit/s、140Mbit/s PDH信号复用进STM-N的步骤。
- 掌握SDH常见开销字节的作用。

任务一　了解 SDH 传输体制

任务分析

SDH(Synchronous Digital Hierarchy,同步数字体系)是应用于光纤通信系统中的一种通信传输体制,SDH 的诞生解决了用户与核心网之间的接入"瓶颈"问题,同时提高了传输网上大量带宽的利用率。SDH 技术作为大容量数字光纤通信系统中的传输体制之一,在骨干网中被广泛采用,同时在接入网中,应用 SDH 技术可以将核心网中的巨大带宽优势和技术优势带入接入网领域,充分利用 SDH 同步复用、标准化的光接口、强大的网管能力、灵活的网络拓扑能力和高可靠性带来的好处,在接入网的建设发展中长期受益。那么,什么是 SDH 传输体制? 它有什么特点呢?

知识基础

5.1.1　PDH 技术引入

为了在同一信道中增加通信容量,也就是在同一信道中容纳更多的用户数量和信号类型,通常采用多路复用(复接)的方法来提高传输速率。目前,大容量的数字光纤通信系统均采用同步时分多路复用(TDM)技术,并且存在着两种传输体制:准同步数字体系(PDH)和同步数字体系(SDH)。下面首先介绍准同步数字体系。

一、什么是 PDH?

在进行复用时,如传输设备的各支路码位不同步,则在复用前必须调整各支路码速,使之严格相等,这样的复用体系称为准同步数字体系(Plesiochronous Digital Hierarchy,PDH)。

国际上主要有两大 PDH 复用体系:欧洲的 PCM 基群 30/32 路、2 Mbit/s 系列,日本/北美的 PCM 基群 24 路、1.5 Mbit/s 系列。我国采用欧洲的 PDH 复用体系,见表 5-1。

表 5-1　欧洲的 PDH 复用体系

速率等级	中继话路/个	速率/(Mbit/s)	速率等级	中继话路/个	速率/(Mbit/s)
基群(一次群)	30	2.048	四次群	1 920	139.264
二次群	120	8.448	五次群	7 680	564.992
三次群	480	34.368			

二、PDH 传输体制的缺陷

传统的 PDH 传输体制的缺陷主要体现在以下几个方面。

1. 接口方面

① PDH 只有地区性的电接口规范,没有统一的世界性标准。

现有的 PDH 制式共有三种不同的信号速率等级：欧洲系列、北美系列和日本系列。它们的电接口速率等级以及信号的帧结构、复用方式均不相同,因此造成了国际互通的困难,不适应当前通信的发展趋势。这三个系列 PDH 信号的电接口速率等级如图 5 - 1 所示。

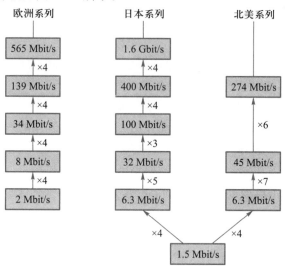

图 5 - 1　PDH 信号的电接口速率等级

② PDH 没有世界性统一的光接口规范。

为了完成设备对光路传输性能的监控,各厂家各自采用自行开发的线路码型。典型的例子是 mBnB 码。其中 mB 为信息码,nB 为冗余码,冗余码的作用是实现设备对线路传输性能的监控功能。

这使同一等级上光接口的信号速率大于电接口的标准信号速率,不仅增加了光通道的传输带宽要求,而且由于各厂家的设备在进行线路编码时,在信息码后加上不同的冗余码,导致不同厂家同一速率等级的光接口码型和速率也不一样,致使不同厂家的设备无法实现横向兼容,给组网应用、网络管理及互通带来困难。

2. 复用方式方面

在 PDH 体制中,只有 PCM 设备从 64 kbit/s 至基群速率的复用采用了同步复用方式,而其他各次群信号都采用"准同步复用"方式。

由于 PDH 采用异步复用方式,导致当低速信号复用到高速信号时,其在高速信号帧结构中的位置规律性差。也就是说,在高速信号中不能便捷地确认低速信号的位置,而这一点正是能否从高速信号中直接分支出低速信号的关键所在。PDH 采用异步复用方式,从 PDH 的高速信号中就不能直接地分支/插入(简称分/插)低速信号。

3. 运行管理维护方面

PDH 信号中用于运行管理维护(OAM)的开销字节较少,以至于在对线路进行性能监控时,还要通过在线路编码时加入冗余比特来完成。以 PCM 30/32 信号为例,其帧结构中仅有 TS0 时隙和 TS16 时隙中的比特是用于开销功能。这不利于对传输网的分层管理、性能监控、业务的实时调度、传输带宽的控制、告警分析和故障定位。

4. 网管方面

PDH 没有网管功能,更没有统一的网管接口,不利于形成统一的电信管理网。

鉴于以上缺陷,PDH 传输体制越来越不适应传输网的发展。

5.1.2 SDH 技术概述

最早提出 SDH(Synchronous Digital Hierarchy,同步数字体系)概念的是美国贝尔通信研究所,称为光同步网络(SONET)。它是高速、大容量光纤传输技术和高度灵活又便于管理控制的智能网技术的有机结合。其最初的目的是在光路上实现标准化,便于不同厂家的产品能在光路上互通,从而提高网络的灵活性。1988 年,国际电报电话咨询委员会(CCITT)接受了 SONET 的概念,重新命名为"同步数字体系(SDH)",使它不仅适用于光纤,也适用于微波和卫星传输的技术体制,并且使其网络管理功能大大增强。

知识引入
SDH 技术概述

PPT
SDH 技术概述

学习资料
SDH 概述

微课
SDH 技术概述

一、SDH 传输体制特点

SDH 传输体制是不同于 PDH 的全新一代传输体制,与 PDH 相比在技术体制上进行了根本变革和创新。

SDH 的核心理念是要从统一的国家电信网和国际互通的高度来组建数字通信网,它是构成综合业务数字网(ISDN),特别是宽带综合业务数字网(B − ISDN)的重要组成部分。

> **提示:怎样理解 SDH 的核心理念**
> 与传统的 PDH 体制不同,按 SDH 组建的网是一个高度统一的、标准化的、智能化的网络。它采用全球统一的接口以实现设备多厂家环境的兼容,在全程全网范围实现高效的、协调一致的管理和操作,实现灵活的组网与业务调度,实现网络自愈功能,提高网络资源利用率,由于维护功能的加强而大大降低设备的运行维护费用。

下面就 SDH 所具有的优越性,从以下几个方面进一步说明。

1. 接口方面

① 电接口方面。接口的规范化与否是决定不同厂家的设备能否互联的关键。SDH 体制对网络节点接口(NNI)进行了统一的规范。规范的内容有数字信号速率等级、帧结构、复用方法、线路接口、监控管理等。这就使 SDH 设备容易实现多厂家互联,也就是说在同一传输线路上可以安装不同厂家的设备,体现了横向兼容性。

SDH 体制有一套标准的信息结构等级,即有一套标准的速率等级。它基本的信号传输结构等级是同步传输模块 STM − 1,相应的速率是 155 Mbit/s;STM − N 是 SDH 第 N 个等级的同步传输模块,比特率是 STM − 1 的 N 倍($N = 4n = 1、4、16、\cdots$)。

提示：高等级的数字信号系列,例如 622 Mbit/s(STM-4)、2.5 Gbit/s(STM-16)等,可将基础速率等级的信息模块(例如 STM-1)通过字节间插同步复用而成,复用的个数是 4 的倍数。例如,STM-4 = 4×STM-1,STM-16 = 4×STM-4,STM-64 = 4×STM-16。

② 光接口方面。线路接口(光接口)采用世界性统一标准规范,SDH 信号的线路编码仅对信号进行扰码,不再进行冗余码的插入。

扰码的标准是世界统一的,这样对终端设备仅需通过标准的解扰码器就可与不同厂家 SDH 设备进行光口互联。

目前 ITU-T 正式推荐 SDH 光接口的统一码型为加扰的 NRZ 码。

2. 复用方式方面

① 低速 SDH 信号复用进高速 SDH 信号。

由于低速 SDH 信号是以字节间插方式复用进高速 SDH 信号帧结构中的,这样就使低速 SDH 信号在高速 SDH 信号帧中的位置是均匀的、有规律性的,也就是说是可预见的。这样就能从高速 SDH 信号,例如 2.5 Gbit/s(STM-16)中直接分/插出低速 SDH 信号,例如 155 Mbit/s(STM-1),这样就简化了信号的复接和分接,使 SDH 体制特别适合于高速大容量的光纤通信系统。

② 低速 PDH 信号复用进高速 SDH 信号。

由于 SDH 采用了同步复用方式和灵活的映射结构,可将 PDH 低速支路信号(例如 2 Mbit/s)复用进 SDH 信号的帧(STM-N)中去,这样使低速支路信号在 STM-N 帧中的位置也是可预见的,于是可以从 STM-N 信号中直接分/插低速支路信号,从而节省了大量的复接/分接设备(背靠背设备),增加了可靠性,减少了信号损伤,降低了设备成本和功耗等,使业务的上、下更加简便。

SDH 综合了软件和硬件的优势,实现了从低速 PDH 支路信号(如 2 Mbit/s)至 STM-N 之间的"一步到位"的复用,使维护人员仅靠软件操作就能便捷地实现灵活的实时业务调配。

SDH 的这种复用方式使数字交叉连接(DXC)功能更易于实现,使网络具有很强的自愈功能,便于网络运营者按需动态组网。

3. 运行维护方面

SDH 信号的帧结构中安排了丰富的用于运行管理维护(OAM)功能的开销字节,大大加强了网络的监控功能,也就是大大提高了维护的自动化程度。

SDH 中的开销字节占用整个帧结构所有带宽容量的 1/20,大大加强了 OAM 功能,有利于降低系统的维护费用。因此,SDH 系统的综合成本要比 PDH 系统的低,据估算约为 PDH 系统的 65.8%。

4. 兼容性方面

SDH 有很强的兼容性。SDH 网可以传送 PDH 业务,以及异步转移模式(ATM)信号、FDDI 信号等其他制式的信号所传送的新业务,如图 5-2 所示。

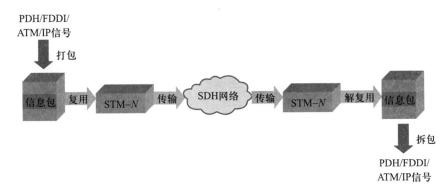

图5-2　SDH传送不同类型业务

> **提示：SDH 传输网怎样实现这种兼容性**
>
> 　　SDH 信号的基本传输模块（STM-1）可以容纳多种速率的 PDH 支路信号和其他的数字信号如 ATM、FDDI 等，从而体现了 SDH 的前向兼容性和后向兼容性。为了适应 ATM、IP 等新业务传输的需要，SDH 专门设计有 STM-N 级联等应用方式，从而保证 SDH 上述兼容得以实现。

> **提示：SDH 怎样容纳各种制式的信号**
>
> 　　很简单，只需把各种制式的信号（支路）从网络界面（始点）处映射复用进 STM-N 信号的帧结构中，在 SDH 传输网络边界（终点）处再将它们解复用/分离出来即可，这样就可以在 SDH 传输网上传输各种制式的数字信号了。

二、SDH 技术缺陷

1. 频带利用率低

由于在 SDH 的 STM-N 帧中加入了大量的开销字节，因此增强了系统的可靠性，提升了运行维护管理的自动化，但是同时也增加了传输速率。在传输同样有效信息的情况下，SDH 信号所占用的带宽宽。

2. 指针调整机理复杂

指针的作用就是时刻指示低速信号的位置，以便在"拆包"时能正确地拆分出所需的低速信号，保证 SDH 从高速信号中直接分支低速信号功能的实现。通过指针机理，SDH 体制可以"一步到位"地从高速信号（例如 STM-1）中直接下低速信号（例如 2 Mbit/s），省去了逐级复用/解复用的过程。指针技术是 SDH 体系的一大特色。

但是指针功能的实现增加了系统的复杂性。最重要的是使系统产生 SDH 特有的一种抖动——由指针调整引起的结合抖动。这种抖动多发于网络边界处（SDH/PDH），其频率低，幅度大，会导致低速信号在分支拆离后传输性能劣化，且难于滤除。

3. 软件的大量使用对系统安全性的影响

SDH 的一大特点是 OAM 的自动化程度高，这意味着软件在系统中占用相当大的比重。一方面，这使系统很容易受到计算机病毒的侵害，特别是在计算机病毒无处不在的今天。另一方面，网络层上人为的错误操作、软件故障对系统的影响也是致命的。也就是说,SDH 系统对软件的依赖性很大,这样 SDH 系统运行的安全性就成了很重要的课题。

SDH 体制尽管还有这样那样的缺陷,但它已在传输网的发展中显露出了强大的生命力。因此,传输网从 PDH 过渡到 SDH 已成了一个不可逆转的必然趋势。

知识引入
SDH 帧结构

PPT
SDH 帧结构

学习资料
SDH 帧结构

微课
SDH 帧结构

5.1.3 SDH 的帧结构

为了便于实现支路信号的同步复用、交叉连接(DXC)、分/插和交换,也就是为了方便地从高速信号中直接上/下低速支路信号,STM - N 信号帧结构的安排应尽可能使支路低速信号在一帧内均匀、有规律的分布。因此,ITU - T 规定了 STM - N 的帧是以字节(8 bit)为单位的矩形块状帧结构,如图 5 - 3 所示。

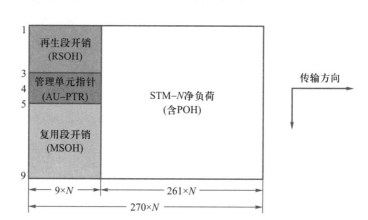

图 5 - 3 STM - N 帧结构图

由图 5 - 3 可见,STM - N 的信号是 9 行×270 × N 列的帧结构。此处的 N 与 STM - N的 N 相一致,取值范围为 1、4、16、…,表示此信号由 N 个 STM - 1 信号通过字节间插复用而成。由此可知,STM - 1 信号的帧结构是 9 行×270 列的块状帧,由 N 个 STM - 1 信号通过字节间插复用成 STM - N 信号时,仅仅是将 STM - 1 信号的列按字节间插复用,行数恒定为 9 行不变。

提示: 这个块状帧如何在线路上进行传输

信号在线路上串行传输时是逐个比特(bit)进行的,STM - N 信号的传输也遵循按比特的传输方式。SDH 信号帧传输的原则是:按帧结构的顺序从左到右、从上到下逐个字节,并且逐个比特地传输,传完一行再传下一行,传完一帧再传下一帧。

提示: ITU - T 规定,对于任何级别的 STM - N 帧,帧频都是 8 000 帧/s,也就是帧的周期为恒定的 125 μs。

STM - 1 传送速率的计算:270(每帧 270 列)×9(共 9 行)×8(每个字节 8 bit)×8 000(每秒 8 000 帧)bit/s = 155 520 kbit/s = 155.520 Mbit/s。

帧周期的恒定使 STM-N 信号的速率有其规律性。例如,STM-4 信号的传输速率恒定等于 STM-1 信号传输速率的 4 倍,STM-16 恒定等于 STM-1 的 16 倍。而 PDH 中的 E2 信号速率不等于 E1 信号速率的 4 倍。SDH 信号的这种规律性所带来的好处是可以便捷地从高速 STM-N 码流中直接分/插出低速支路信号,这就是 SDH 按字节同步复用的优越性。SDH 速率等级见表 5-2。

表 5-2　SDH 速率等级

信号结构	STM-1	STM-4	STM-16	STM-64
速率/(Mbit/s)	155.520	622.080	2 488.320	9 953.280

由图 5-3 可见,STM-N 的帧结构由三部分组成:段开销[SOH,包括再生段开销(RSOH)和复用段开销(MSOH)]、管理单元指针(AU-PTR)、信息净负荷(payload)。

下面分述这三大部分的功能。

一、信息净负荷

信息净负荷是在 STM-N 帧结构中存放将由 STM-N 传送的各种用户信息码块的地方。

信息净负荷区相当于 STM-N 这辆运货车的车厢,车厢内装载的货物就是经过打包的低速信号——待运输的货物。为了实时监测货物(打包的低速信号)在传输过程中是否有损坏,在将低速信号打包的过程中加入了监控开销字节——通道开销(POH)字节。POH 作为净负荷的一部分与信息码块一起装载在 STM-N 这辆货车上在 SDH 网中传送,它负责对打包的货物(低阶通道)进行通道性能监视、管理和控制。

二、段开销

段开销(SOH)是为了保证信息净负荷正常传送所必须附加的网络运行管理维护(OAM)字节。例如,段开销可对 STM-N 这辆运货车中的所有货物在运输中是否有损坏进行监控;而通道开销(POH)的作用是当车上有货物损坏时,通过它来判定具体是哪一件货物出现损坏。也就是说,SOH 完成对货物整体的监控,POH 完成对某一件特定货物的监控。当然,SOH 和 POH 还有一些其他管理功能。

再生段开销在 STM-N 帧中的位置是第 1~3 行的第 1~9×N 列,共 3×9×N 字节;复用段开销在 STM-N 帧中的位置是第 5~9 行的第 1~9×N 列,共 5×9×N 字节。

三、管理单元指针

管理单元指针(AU-PTR)位于 STM-N 帧中第 4 行的 9×N 列,共 9×N 字节。

　　提示:AU-PTR 起什么作用
　　前面说过 SDH 能够从高速信号中直接分/插出低速支路信号(例如 2 Mbit/s),为什么会这样呢?这是因为低速支路信号在高速 SDH 信号帧中的位置有预见性,也就是有规律性。预见性的实现就在于 SDH 帧结构中的指针字节功能。AU-PTR 就是用来指示信息净负荷的第一个字节在 STM-N 帧内准确位置的指示符,以便接收端能根据这个位置指示符的值(指针值)准确分离信息净负荷。

指针有两种,即 AU – PTR 和 TU – PTR(支路单元指针),分别进行高阶 VC(这里指 VC – 4)和低阶 VC(这里指 VC – 12)在 AU – 4 和 TU – 12 中的定位。具体的位置描述如下。

1. AU – PTR 的位置

AU – PTR 的位置在 STM – 1 帧的第 4 行的第 1 ~ 9 列,共 9 字节,用以指示 VC – 4 的首字节 J1 在 AU – 4 净负荷的具体位置,以便接收端能据此准确分离 VC – 4。

2. TU – PTR 的位置

TU – PTR 的位置位于 TU – 12 复帧的 4 个开销字节处(V1、V2、V3、V4)。TU – 12 指针用以指示 VC – 12 的首字节(V5)在 TU – 12 净负荷中的具体位置,以便接收端能准确分离出 VC – 12。TU – 12 指针为 VC – 12 在 TU – 12 复帧内的定位提供了灵活的方法。

任务实施

5.1.4 PDH 复用问题分析

在 PDH 体制中,只有 PCM 设备从 64 kbit/s 至基群速率的复用采用了同步复用方式,而其他各次群信号都采用准同步复用方式,也就是不能从高速信号中直接分/插低速信号。

问题 1:如何从 140 Mbit/s 信号中分/插 2 Mbit/s 信号?

分析:从高速信号中分/插低速信号要逐级进行。不能从 140 Mbit/s 信号中直接分/插 2 Mbit/s 信号。

解决方案如图 5 – 4 所示。

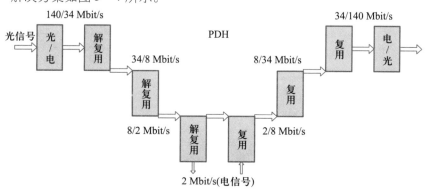

图 5 – 4 从 140 Mbit/s 信号分/插 2 Mbit/s 信号示意图

图 5 – 4 说明,在从 140 Mbit/s 信号分支出 2 Mbit/s 信号的过程中,使用了大量的背靠背设备。通过三级解复用设备,才从 140 Mbit/s 信号中分出 2 Mbit/s 低速信号;再通过三级复用设备,才将 2 Mbit/s 低速信号复用到 140 Mbit/s 信号中。一个 140 Mbit/s 信号可复用进 64 个 2 Mbit/s 信号,若在此处仅仅从 140 Mbit/s 信号中上/下一个 2 Mbit/s 信号,也需要全套的三级复用和解复用设备。这样不仅增加了设备的体积、成本和功耗,还降低了设备的可靠性。

问题2：从高速信号中分/插低速信号对传输性能有哪些影响？

分析：由于低速信号分/插到高速信号要通过层层的复用和解复用过程,这样就会在复用/解复用过程中给信号带来损伤,使传输性能劣化。在大容量长距离传输时,此种缺陷是不能容忍的。

5.1.5　STM-16段开销的监控作用实现

问题：STM-16中段开销的监控作用实现方式是怎样的？

分析：段开销又分为再生段开销(RSOH)和复用段开销(MSOH),可分别对相应的段层进行监控。段,其实也相当于一条大的传输通道,RSOH和MSOH的作用也就是对这一条大的传输通道进行监控。RSOH和MSOH的区别在于监控的范围不同。

作用实现：在STM-16中,RSOH监控的是STM-16整体的传输性能,而MSOH则是监控STM-16信号中每一个STM-1的性能情况。

任务拓展

5.1.6　SDH的监控和定位机制

问题：以2 Mbit/s低速信号插入STM-4信号为例,分析总结SDH帧的监控和定位机制的实现过程。

分析：2 Mbit/s低速信号复用进STM-4信号过程中的监控由通道开销〔POH,包括低阶通道开销(LPOH)和高阶通道开销(HPOH)〕、复用段开销(MSOH)和再生段开销(RSOH)完成;而定位则由支路单元指针(TU-PTR)和管理单元指针(AU-PTR)实现。

任务二　掌握 SDH 的复用结构和步骤

任务分析

根据ITU-T的建议定义,SDH是为不同速率数字信号的传输提供相应等级的信息结构,包括复用方法、映射结构,以及相关的同步技术组成的一个技术体制。如果将PDH支路信号(例如2 Mbit/s、34 Mbit/s、140 Mbit/s)复用成SDH信号STM-N,试着分析并总结需要经过哪些步骤。

知识基础

5.2.1　SDH的复用概述

SDH的复用包括两种情况：一种是由STM-1信号复用成STM-N信号；另一种是由PDH支路信号(例如2 Mbit/s、34 Mbit/s、140 Mbit/s)复用成SDH信号STM-N。

知识引入
SDH复用
原理

PPT
SDH复用
原理

学习资料
SDH复用
原理

微课
SDH复用
原理

第一种情况在前面已有所提及,复用主要通过字节间插的同步复用方式来完成,复用的基数是4,即$4 \times STM-1 \rightarrow STM-4, 4 \times STM-4 \rightarrow STM-16$。在复用过程中保持帧频不变(8 000 帧/s),这就意味着高一级的$STM-N$信号是低一级的$STM-N$信号速率的4倍。在进行字节间插复用过程中,各帧的信息净负荷和指针字节按原值进行字节间插复用,而段开销则ITU-T另有规范。在同步复用形成的$STM-N$帧中,$STM-N$的段开销并不是由所有低阶$STM-N$帧中段开销间插复用而成,而是舍弃了某些低阶帧中的段开销。关于各级$STM-N$帧中段开销的细节,将在下一任务中讲述。

5.2.2 PDH 支路信号复用进 STM–N 信号

第二种情况就是将各级 PDH 支路信号复用进 $STM-N$ 信号中。

SDH 网的兼容性要求 SDH 的复用方式既能满足异步复用(例如将 PDH 支路信号复用进 $STM-N$),又能满足同步复用(例如 $STM-1 \rightarrow STM-4$),而且能方便地由高速 $STM-N$ 信号分/插出低速信号,同时不造成较大的信号时延和滑动损伤,这就要求 SDH 需采用自己独特的一套复用步骤和复用结构。在这种复用结构中,通过指针调整定位技术来取代 125 μs 缓存器,用以校正支路信号频差和实现相位对准。各种业务信号复用进 $STM-N$ 帧的过程都要经历映射(相当于信号打包)、定位(伴随着指针调整)、复用(相当于字节间插复用)三个步骤。

ITU-T 规定了一整套完整的映射复用结构(也就是映射复用路线),通过这些路线可将 PDH 三个系列的数字信号以多种方法复用成 $STM-N$ 信号。ITU-T规定的 SDH 映射复用结构如图 5-5 所示。

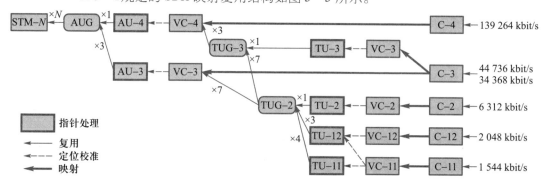

图 5-5 SDH 映射复用结构

从图 5-5 中可以看到,此复用结构包括了一些基本的复用单元,包括 C(容器)、VC(虚容器)、TU(支路单元)、TUG(支路单元组)、AU(管理单元)、AUG(管理单元组),这些复用单元的数字表示与此复用单元相应的信号级别。在图中,从一个有效负荷到 $STM-N$ 的复用路线不是唯一的,有多条路线(也就是说有多种复用方法)。例如,2 Mbit/s 的信号有两条复用路线,也就是说可用两种方法复用成 $STM-N$ 信号。须说明,8 Mbit/s 的 PDH 支路信号是无法复用成 $STM-N$ 信号的。

尽管一种信号复用成 SDH 的 $STM-N$ 信号的路线有多种,但我国的光同步传输网技术体制规定了以 2 Mbit/s 信号为基础的 PDH 系列作为 SDH 的有效负荷,并选用 AU-4 的复用路线,其结构如图 5-6 所示。

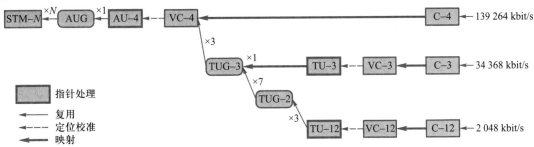

图 5-6　我国的 SDH 基本复用映射结构

下面分别讲述 140 Mbit/s、34 Mbit/s、2 Mbit/s 的 PDH 信号是如何复用进 STM-N 信号中的。

一、140 Mbit/s 复用进 STM-N 信号

首先将 140 Mbit/s 的 PDH 信号经过正码速调整(比特填充法)适配进 C-4,C-4 是用来装载 140 Mbit/s 的 PDH 信号的标准信息结构。经 SDH 复用的各种速率的业务信号都应首先通过码速调整适配装进一个与信号速率级别相对应的标准容器:2 Mbit/s—C-12、34 Mbit/s—C-3、140 Mbit/s—C-4。容器的主要作用就是进行速率调整。140 Mbit/s 的信号装入 C-4 也就相当于将其打了个包封,使 139.264 Mbit/s 信号的速率调整为标准的 C-4 速率。C-4 信息结构如图 5-7 所示。

为了能够对 140 Mbit/s 的通道信号进行监控,在复用过程中要在 C-4 的块状帧前加上一列通道开销字节(高阶通道开销 VC-4 POH),此时信号构成 VC-4 信息结构,如图 5-8 所示。

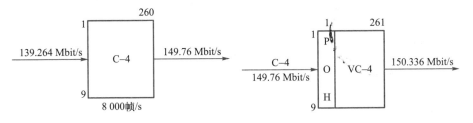

图 5-7　C-4 信息结构　　　　图 5-8　VC-4 信息结构

在将 C-4 打包成 VC-4 时,要加入 9 个开销字节,它们位于 VC-4 帧的第 1 列,这时 VC-4 的帧结构就成了 9 行×261 列。STM-N 的帧结构中,信息净负荷为 9 行×261×N 列,当为 STM-1 时,即为 9 行×261 列,VC-4 其实就是 STM-1 帧的信息净负荷。将 PDH 信号经打包形成 C(容器),再加上相应的通道开销而形成 VC(虚容器)这种信息结构,这整个过程就称为“映射”。

信息被“映射”进入 VC 之后,就可以往 STM-N 帧中装载了。装载的位置是其信息净负荷区。在装载 VC 的时候会出现这样一个问题,当被装载的 VC-4 速率和装载它的载体 STM-1 帧的速率不一致时,就会使 VC-4 在

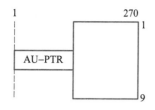

图 5 - 9   AU - 4 信息结构

STM - 1帧净荷区内的位置"浮动"。那么,在接收端怎样才能正确分离出VC - 4信息包呢? SDH采用在VC - 4前附加一个管理单元指针(AU - PTR)来解决这个问题。此时信息包由 VC - 4 变成了管理单元 AU - 4 这种信息结构,如图 5 - 9 所示。

管理单元(AU)为高阶通道层和复用段层提供适配功能,它由高阶 VC 和 AU 指针组成。AU 指针的作用是指明高阶 VC 在 STM - N 帧中的位置,也就是说指明 VC 信息包在 STM - N 车箱中的具体位置。通过指针的作用,允许高阶 VC 在 STM - N 帧内浮动,也就是说允许 VC - 4和 AU - 4 有一定的频差和相差。尽管 VC - 4 在信息净负荷区内"浮动",但是 AU - PTR 本身在 STM - N 帧内的位置是在段开销的中间。这就保证了接收端能准确地找到 AU - PTR,进通过 AU 指针定位VC - 4的位置,并从 STM - N 帧信号中分离出 VC - 4。

一个或多个在 STM - N 帧内占用固定位置的 AU - 4 组成 1 个 AUG(管理单元组)。

将 AU - 4 加上相应的段开销(SOH)合成完整的 STM - 1 帧信号,而后 N 个 STM - 1 信号通过字节间插复用形成 STM - N 帧信号。

二、34 Mbit/s 复用进 STM - N 信号

PDH 的 34 Mbit/s 的支路信号先经过码速调整将其适配到标准容器 C - 3 中,然后加上相应的通道开销,形成 VC - 3,此时的帧结构是 9 行×85 列。为了便于接收端辨认 VC - 3,以便能将它从高速信号中直接拆离出来,在 VC - 3 的帧前面加了 3 个字节(H1 ~ H3)的指针——TU - PTR(支路单元指针)。注意,AU - PTR 是 9 个字节,而 TU - 3 的指针仅占 H1、H2、H3 这 3 个字节,如图 5 - 10所示。此时的信息结构是支路单元 TU - 3(与 VC - 3 相应的信息结构),它提供低阶通道层(例如 VC - 3)和高阶通道层之间的桥梁,也就是说,它是高阶通道(高阶 VC)拆分成低阶通道(低阶 VC)或低阶通道复用成高阶通道的中间过渡信息结构。

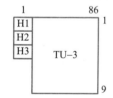

图 5 - 10   TU - 3 信息结构

那么,支路单元指针起什么作用呢? TU - PTR 用于指示低阶 VC 的首字节在支路单元(TU)中的具体位置。

图 5 - 10 中的 TU - 3 的帧结构有点残缺,应将其缺口部分补上,即填充哑信息(R),从而形成图 5 - 11 所示的信息结构,它就是 TUG - 3 支路单元组。

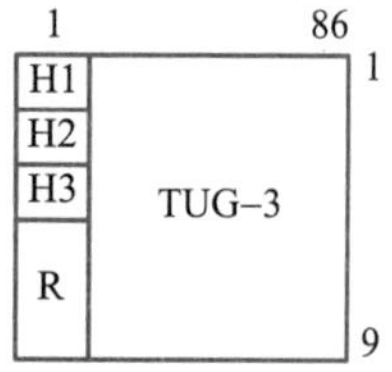

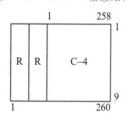

图 5 - 11   TUG - 3 信息结构

3 个 TUG - 3 通过字节间插复用方式,复合成 C - 4 信息结构,复合的结果如图 5 - 12 所示。

因为 TUG - 3 是 9 行×86 列的信息结构,所以 3 个 TUG - 3 通过字节间插复用方式复合后的信息结构是 9 行 ×258 列的块状帧结构,而 C - 4 是 9 行 ×260 列的块状帧结构,于是可在 3×TUG - 3 的合成结构前面加 2 列填充比特,使其成为 C - 4 信息结构。

图 5 - 12   C - 4 信息结构

这时剩下的工作就是将 C - 4 装入 STM - N 中了,过程同前面所讲的将 140 Mbit/s 信号复用进 STM – N 信号的过程类似：C – 4→VC – 4→AU – 4→ AUG→STM – N。在此就不再复述了。

三、2 Mbit/s 复用进 STM – N 信号

2 Mbit/s 速率的支路信号映射复用进 STM – N 的映射方式在我国有两种。当前运用得最多的是异步映射方式,与 34/140 Mbit/s 相比,它也是 PDH 信号映射复用进 STM – N 最复杂的一种方式。

将异步的 2 Mbit/s PDH 信号经过正/零/负速率调整装载到标准容器 C – 12 中,为了便于速率的适配采用了复帧的概念,即将 4 个 C – 12 基帧组成一个复帧。C – 12 的基帧帧频也是 8 000 帧/s,其复帧的帧频就成了 2 000 帧/s。

为了在 SDH 网的传输中能实时监测任一个 2 Mbit/s 通道信号的性能,需将 C – 12 再加上相应的通道开销(低阶),使其成为 VC – 12(虚容器)的信息结构。此处,LP – POH(低阶通道开销)是加在每个基帧左上角的缺口上的,一个复帧有一组低阶通道开销,共 4 个字节：V5、J2、N2、K4。它们分别加在上述 4 个缺口处。因为 VC 在 SDH 传输系统中是一个独立的实体,因此对 2 Mbit/s 业务的调配都是以 VC – 12 为单位的。

一组通道开销监测的是整个一个复帧在网络上传输的状态,一个 C1 – 2 复帧循环装载的是 4 帧 PCM30/32 的信号,因此,一组 LP – POH 监控和管理的是 4 帧 PCM30/32 信号的传输。

为了使接收端能正确定位 VC – 12 的帧,在 VC – 12 复帧的 4 个缺口上再加上 4 个字节(V1 ~ V4)的开销,这就形成了 TU – 12 信息结构(完整的 9 行 ×4 列)。V1 ~ V4 就是 TU – PTR,它指示复帧中第一个 VC – 12 的首字节在 TU – 12 复帧中的具体位置。

3 个 TU – 12 经过字节间插复用合成 TUG – 2,此时的帧结构是 9 行 ×12 列。

7 个 TUG – 2 经过字节间插复用合成 TUG – 3 信息结构。注意,7 个 TUG – 2 合成的信息结构是 9 行 ×84 列,为满足 TUG – 3 信息结构(9 行 × 86 列),则需在 7 个 TUG – 2 合成的信息结构前加入 2 列固定填充比特,如图 5 – 13 所示。

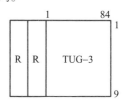

图 5 – 13 TUG – 3 信息结构

TUG – 3 信息结构再复用进 STM – N 中的步骤与前面所讲的一样,此处不再复述。

从 2 Mbit/s 复用进 STM – N 信号的复用步骤可以看出,3 个 TU – 12 复用成一个 TUG – 2,7 个 TUG – 2 复用成 1 个 TUG – 3,3 个 TUG – 3 复用成 1 个 VC – 4,1 个 VC – 4 复用成 1 个 STM – 1,也就是说,2 Mbit/s 的复用结构是 3 ×7 ×3 结构。由于复用的方式是按字节间插,所以在一个 VC – 4 中的 63 个 VC – 12 的排列方式不是顺序排列。头一个 TU – 12 的序号和紧跟其后的 TU – 12 的序号相差 21。计算同一个 VC – 4 中不同位置 TU – 12 序号的公式为：

(VC – 12序号) = (TUG – 3 编号) + [(TUG – 2 编号) – 1] ×3 + [(TU – 12 编号) – 1] ×21。TU – 12 的位置在 VC – 4 帧中相邻,是指两个 TU – 12 的 TUG – 3 编号相同,TUG – 2 编号相同,而 TU – 12 编号相差为 1。上述公式在用 SDH 传输分析仪进行相关测试时会用到。

注意：此处的编号是指 VC－4 帧中的位置编号。TUG－3 编号范围为 1～3；TUG－2 编号范围为 1～7；TU－12 编号范围为 1～3。TU－12 编号是指本 TU－12 是 VC－4 帧中 63 个 TU－12 按复用先后顺序的第几个 TU－12。VC－4 中 TUG－3、TUG－2、TU－12 的排列结构如图 5－14 所示。

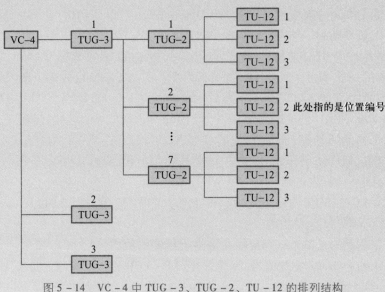

图 5－14　VC－4 中 TUG－3、TUG－2、TU－12 的排列结构

支持级联的 SDH 传输设备可以将几个 C－4 级联，再复用映射成高速率的 STM－N 信号。

什么是级联呢？在实际应用中，可能需要传送大于单个 C－4 容量的净负荷，此时可以将若干个 AU－4 结合形成一个 AU－4－Xc（Xc 为 C－4 的 X 倍），则若干个 AU－4 的结合就称为级联。而 TU 级的级联原理同 AU 级的级联类似，为了获得大于 C－2 而小于 C－3 的中间容量，将若干个 TU－2 结合起来形成 TU－2－mc，即 m 个 TU－2，以满足所需容量。

以上讲述了我国所使用的 PDH 数字系列复用到 STM－N 帧中的方法和步骤，对这方面的内容希望读者可以加深理解，以利于今后提高维护设备的能力，并为深入学习 SDH 原理打下基础。

任务实施

5.2.3　复用步骤

分析以上介绍过的将低速 PDH 支路信号复用成 STM－N 信号的过程，总结出其中经历了 3 种不同步骤：映射、定位、复用。

一、映射

映射（mapping）是一种在 SDH 网络边界处（例如 SDH/PDH 边界处）将支路信号适配进虚容器的过程。例如，将各种速率（140 Mbit/s、34 Mbit/s、2 Mbit/s 和 45 Mbit/s）PDH 支路信号先经过码速调整，分别装入到各自相应的标准容器

C 中,再加上相应的通道开销,形成各自相应的虚容器 VC 的过程,称为映射。映射的逆过程称为去映射或解映射。

为了适应各种不同的网络应用情况,有异步、比特同步、字节同步三种映射方法。

1. 异步映射

异步映射是一种对映射信号的结构无任何限制(信号有无帧结构均可),也无须与网络同步(例如 PDH 信号与 SDH 网不完全同步),利用码速调整将信号适配进 VC 的映射方法。在映射时,通过比特填充形成与 SDH 网络同步的 VC 信息包;在解映射时,去除这些填充比特,恢复出原信号的速率,也就是恢复出原信号的定时。因此说,低速信号在 SDH 网中传输有定时透明性,即在 SDH 网边界处收发两端的此信号速率相一致(定时信号相一致)。

此种映射方法可从高速信号(STM – N)中直接分/插出一定速率级别的低速信号(例如 2 Mbit/s、34 Mbit/s、140 Mbit/s)。因为映射的最基本的不可分割单位是这些低速支路信号,所以分/插出来的低速信号的最低级别也就是相应的这些速率级别的支路信号。

目前我国实际应用情况是:2 Mbit/s 和 34 Mbit/s PDH 支路信号都采用正/零/负码速调整的异步映射方法;45 Mbit/s 和 140 Mbit/s 则都采用正码速调整的异步映射方法。

2. 比特同步映射

比特同步映射对支路信号的结构无任何限制,但要求低速支路信号与网同步,无须通过码速调整即可将低速支路信号装入相应的 VC。注意,VC 时刻都是与网同步的。原则上讲,此种映射方法可从高速信号中直接分/插出任意速率的低速信号,因为在 STM – N 信号中可精确定位到 VC。由于此种映射是以比特为单位的同步映射,那么在 VC 中可以精确地定位到所要分/插的低速信号具体的那一个比特的位置上,这样理论上就可以分/插出所需的那些比特,由此根据所需分/插的比特不同,可上/下不同速率的低速支路信号。异步映射将低速支路信号定位到 VC 一级后就不能再深入细化地定位了,所以拆包后只能分出 VC 相应速率级别的低速支路信号。

比特同步映射类似于将以比特为单位的低速信号(与网同步)复用进 VC 中,在 VC 中每个比特的位置是可预见的。

目前我国实际应用情况是:不采用比特同步映射方法。

3. 字节同步映射

字节同步映射是一种要求映射信号具有字节为单位的块状帧结构,并与网同步,无须任何速率调整即可将信息字节装入 VC 内规定位置的映射方式。在这种情况下,信号的每一个字节在 VC 中的位置是可预见的(有规律性),也就相当于将信号按字节间插方式复用进 VC 中,那么从 STM – N 中可直接下 VC,而在 VC 中由于各字节位置的可预见性,于是可直接提取指定的字节出来。所以,此种映射方式就可以直接从 STM – N 信号中上/下 64 kbit/s 或 N×64 kbit/s 的低速支路信号。

目前我国实际应用情况是:只在少数将 64 kbit/s 交换功能也设置在 SDH 设备中时,2 Mbit/s 信号才采用锁定模式的字节同步映射方法。

最后,尚须强调指出,PDH 各级速率的信号和 SDH 复用中的信息结构的一一对应关系:2 Mbit/s—C – 12—VC – 12—TU – 12,34 Mbit/s—C – 3—VC – 3—TU – 3,140 Mbit/s—C – 4—VC – 4—AU – 4。通常在指 PDH 各级速率的信号时,也可用相应的信息结构来表示,例如用 VC – 12 表示 PDH 的 2 Mbit/s 信号。

二、定位

定位(alignment)是一种当支路单元或管理单元适配到它的支持层帧结构时,将帧偏移量收进支路单元或管理单元的过程。它依靠 TU – PTR 或 AU – PTR 功能来实现。定位校准总是伴随指针调整事件同步进行的。

三、复用

复用(multiplex)是一种使多个低阶通道层的信号适配进高阶通道层[例如 TU – 12(×3)→TUG – 2(×7)→TUG – 3(×3)→VC – 4],或把多个高阶通道层信号适配进复用段层[例如 AU – 4(×1)→AUG(×N)→STM – N]的过程。复用的基本方法是将低阶信号按字节间插后再加上一些填充比特和规定的开销形成高阶信号,这就是 SDH 的复用。在 SDH 映射复用结构中,各级信号都取了特定的名称,如 TU – 12、TUG – 2、VC – 4 和 AU – 4 等。复用的逆过程称为解复用。

任务拓展

5.2.4 速率适配

在 SDH 复用过程中,C – 12 采用复帧仅仅是为了实现速率适配吗?

C – 12 采用复帧不仅是为了码速调整,更重要的是为了适应低阶通道(VC – 12)开销的安排。

若 E1 信号的速率是标准的 2.048 Mbit/s,那么装入 C – 12 时正好是每个基帧装入 32 字节(256 bit)的有效信息。但当 E1 信号的速率不是标准速率 2.048 Mbit/s时,那么装入每个 C – 12 的平均比特数就不是整数。例如,若 E1 速率是 2.046 Mbit/s,那么将此信号装入 C – 12 基帧时平均每帧装入的比特数是(2.046×10^6 bit/s)/(8 000 帧/s)= 255.75 bit 有效信息,比特数不是整数,因此无法进行装入。若此时取 4 个基帧为一个复帧,那么正好一个复帧装入的比特数为(2.046×10^6 bit/s)/(2 000 帧/s)= 1 023 bit,可在前三个基帧每帧装入 256 bit(32 字节)的有效信息,在第 4 帧装入 255 bit 的有效信息,这样就可将此速率的 E1 信号完整地适配进 C – 12 中去。其中第 4 帧中所缺少的一个比特是填充比特。C – 12 基帧结构是 34 字节的带缺口的块状帧,4 个基帧组成一个复帧,C – 12 复帧结构和字节安排如图 5 – 15 所示。

一个 C – 12 复帧共有 4×(9×4 – 2)字节 = 136 字节 = 127W + 5Y + 2G + 1M + 1N =(1023I + S1 + S2)+ 3C1 + 49R + 8O = 1 088 bit,其中 C1、C2 分别为负、正调整控制比特,而 S1、S2 分别为负、正调整机会比特。当 C1C1C1 = **000** 时,S1 为信息比特 I;而当 C1C1C1 = **111** 时,S1 为填充比特 R。同样,当 C2C2C2 = **000**

时，S2 = I；而当 C2C2C2 = **111** 时，S2 = R。由此实现了速率的正/零/负调整。

	Y	W	W		G	W	W		G	W	W		M	N	W
W	W	W	W	W	W	W	W	W	W	W	W	W	W	W	W
W	第一个C-12 基帧结构 9×4-2=32W +2Y		W	W	第二个C-12 基帧结构 9×4-2=32W +1Y+1G		W	W	第三个C-12 基帧结构 9×4-2=32W +1Y+1G		W	W	第四个C-12 基帧结构 9×4-2 =31W+1Y+ 1M+1N		W
W	W	W	W	W	W	W	W	W	W	W	W	W	W	W	W
W	W	W	W	W	W	W	W	W	W	W	W	W	W	W	W
W	W	W	W	W	W	W	W	W	W	W	W	W	W	W	W
W	W	W	W	W	W	W	W	W	W	W	W	W	W	W	W
W	W	W	W	W	W	W	W	W	W	W	W	W	W	W	W
W	W	Y		W	W	Y		W	W	Y		W	W	Y	

每格为1字节(8 bit)，各字节的比特类别：

W=IIIIIIII　　Y=RRRRRRRR　　G=C1C2OOOORR

M=C1C2RRRRRS1　　N=S2IIIIIII

I：信息比特　　R：塞入比特　　O：开销比特

C1：负调整控制比特　S1：负调整机会比特　C1=**0**　S1=I　C1=**1**　S1=R*

C2：正调整控制比特　S2：正调整机会比特　C2=**0**　S2=I　C2=**1**　S2=R*

R*表示调整比特，在接收端去映射时，应忽略调整比特的值，复帧周期为125×4 μs=500 μs

图 5-15　C-12 复帧结构和字节安排

C-12 复帧可容纳有效信息负荷的允许速率范围是

$$\text{C-12 复帧}_{max} = (1\ 024 + 1) \times 2\ 000)\ \text{bit/s} = 2.050\ \text{Mbit/s}$$

$$\text{C-12 复帧}_{min} = (1\ 024 - 1) \times 2\ 000\ \text{bit/s} = 2.046\ \text{Mbit/s}$$

也就是说，当 E1 信号适配进 C-12 时，只要 E1 信号的速率范围在 2.046 ~ 2.050 Mbit/s 内，就可以将其装载进标准的 C-12 容器中，即可以经过码速调整将其速率调整成标准的 C-12 速率 2.176 Mbit/s。

因此可知，传输时定帧也好，信令也好，都用不了那么多带宽。4 个帧组成复帧，可以共用一个定帧字节和信令字节，这样每个复帧只需要一个定帧字节和信令字节即可，其余空闲下来的字节（带宽）就可以用来传输别的有用信号了。

任务三　掌握 SDH 开销字节的作用

任务分析

开销是开销字节或比特的统称，是指 STM-*N* 帧结构中除了承载业务信息（净荷）以外的其他字节。开销用于支持传输网的运行管理维护（OAM）。开销的功能是实现 SDH 的分层监控管理。

如 A 站点往 B 站点传输 1 个 STM－N 帧,B 站点如何通过开销字节定位该 STM－N 帧? 考虑传输过程中可能出现的情况。

知识引入
SDH 段开销

PPT
SDH 段开销

学习资料
SDH 段开销

微课
SDH 再生段
开销

微课
SDH 复用段
开销

知识基础

5.3.1 什么是开销

SDH 的 OAM 可分为段层和通道层监控。其中,段层监控又分为再生段层和复用段层监控,通道层监控又分为高阶通道层和低阶通道层监控。由此实现了对 STM－N 分层的监控。例如对 2.5 Gbit/s 系统的监控,再生段开销对整个 STM－16 帧信号监控,复用段开销则可对其中 16 个 STM－1 的任一个进行监控,高阶通道开销再将其细化成对每个 STM－1 中 VC－4 的监控,低阶通道开销又将对 VC－4 的监控细化为对其中 63 个 VC－12 中的任一 VC－12 进行监控,由此实现了对从 2.5 Gbit/s 级别到 2 Mbit/s 级别的多级监控和管理。

5.3.2 段开销字节

一、STM－1 的段开销

STM－N 帧的段开销位于帧结构的(1~9)行×(1~9N)列(其中第 4 行为 AU－PTR 除外)。下面先以 STM－1 信号为例来讲述段开销各字节的用途。对于 STM－1 信号,段开销包括位于帧中的(1~3)行×(1~9)列的 RSOH 再生段开销和位于(5~9)行×(1~9)列的 MSOH 复用段开销,如图 5－16 所示。

△ 为与传输媒质有关的特征字节(暂用)
× 为国内使用保留字节
* 为不扰码国内使用字节
所有未标记字节将来国际标准确定(与媒质有关的应用、附加国内使用和其他用途)

图 5－16　STM－1 段开销字节

图 5－16 中给出了再生段开销和复用段开销在 STM－1 帧中的位置。它们的区别是什么呢? 区别在于监控的范围不同,RSOH 对应一个大的范围——STM－N,即对每个再生段实行监管;MSOH 对应这个大的范围中的一个小的范围——STM－1,即对每个复用段实行监管。

1. 定帧字节：A1 和 A2

定帧字节的作用是识别帧的起始点，以便接收端能与发送端保持帧同步。接收 SDH 码流的第一步是必须在收到的信号流中正确地选择分离出各个 STM－N 帧，也就是先要定位每个 STM－N 帧的起始位置在哪里，然后再在各帧中识别相应的开销和净荷的位置。A1、A2 字节就能起到定帧的作用，通过它，接收端可从信息流中定位、分离出 STM－N 帧，再通过指针定位找到帧中的某一个 VC 信息包。

STM－N 信号在线路上传输要经过扰码，主要是便于接收端能提取线路定时信号，但为了在接收端能正确地定位帧头 A1、A2，不能将 A1、A2 扰码。为兼顾这两种需求，于是 STM－N 信号对段开销第一行所有字节上的 1 行 ×9N 列（不仅包括 A1、A2 字节）不扰码，而进行透明传输，STM－N 帧中的其余字节进行扰码后再上线路传输。这样既便于提取 STM－N 信号的定时，又便于接收端分离 STM－N 信号。

2. 再生段踪迹字节：J0

J0 字节被用来重复地发送段接入点标识符，以便使接收端能据此确认与指定的发送端处于持续连接状态。在同一个运营者的网络内，该字节可为任意字符；而在不同两个运营者的网络边界处，设备接收、发送两端的 J0 字节相同才能匹配。通过 J0 字节可使运营者提前发现和解决故障，缩短网络恢复时间。

3. 数据通信通路（DCC）字节：D1～D12

SDH 的特点之一就是具有自动的 OAM 功能，可通过网管终端对网元进行命令的下发、数据的查询，完成 PDH 系统所无法完成的业务实时调配、告警故障定位、性能在线测试等功能。那么，这些用于 OAM 的数据是放在哪儿传输的呢？用于 OAM 功能的数据信息——下发的命令、查询上来的告警性能数据等，都是通过 STM－N 帧中的 D1～D12 字节传送的，即用于 OAM 功能的所有数据信息都是通过 STM－N 帧中的 D1～D12 字节所提供的 DCC 信道传送的。DCC 作为 ECC（嵌入式控制通路）的物理层，在网元之间传输 OAM 信息，构成 SDH 管理网（SMN）的传送通路。

D1～D12 中，D1～D3 字节是再生段数据通路（DCCR），速率为 3×64 kbit/s = 192 kbit/s，用于在再生段终端间传送 OAM 信息；D4～D12 字节是复用段数据通路（DCCM），速率为 9×64 kbit/s = 576 kbit/s，用于在复用段终端间传送 OAM 信息。

DCC 通道速率共 768 kbit/s，它们为 SDH 网络管理提供了强大的专用数据通信通路。

4. 公务联络字节：E1 和 E2

E1 和 E2 可分别提供一个 64 kbit/s 的公务联络语音通道，语音信息放于这两个字节中传输。

E1 属于 RSOH，用于再生段的公务联络；E2 属于 MSOH，用于复用段终端间直达的公务联络。

5. 使用者通路字节: F1

F1 提供速率为 64 kbit/s 的数据/语音通路,保留给使用者(通常指网络提供者)用于特定维护目的的公务联络,或可通 64 kbit/s 专用数据。

6. 比特间插奇偶校验 8 位码(BIP - 8)字节: B1

B1 字节用于再生段层误码监测(B1 位于再生段开销中的第 2 行第 1 列)。

假设某信号帧由 4 个字节 A1 = **00110011**、A2 = **11001100**、A3 = **10101010**、A4 = **00001111** 组成,那么将这个帧进行 BIP - 8 奇偶校验的方法是以 8 bit 为一个校验单位(1 字节),将此帧分成 4 组(每个字节为一组,因 1 字节为 8 bit 正好是一个校验单元),按图 5 - 17 所示的方式摆放整齐。

	A1	00110011
	A2	11001100
BIP–8	A3	10101010
	A4	00001111
	B	01011010

图 5 - 17　BIP - 8 奇偶校验示意图

依次计算每一列中 1 的个数,若为奇数,则在得数(B)的相应位填 **1**,否则填 **0**,即 B 的相应位的值可使 A1、A2、A3、A4 摆放的块中相应列 1 的个数为偶数。这种校验方法就是 BIP - 8 奇偶校验,实际上是偶校验,因为保证的是 **1** 的个数为偶数。B 的值就是将 A1、A2、A3、A4 进行 BIP - 8 校验所得的结果。

B1 字节的工作机理如下:发送端对本帧(第 N 帧)加扰后的所有字节进行 BIP - 8 偶校验,将结果放在下一个待扰码帧(第 $N + 1$ 帧)中的 B1 字节。接收端将当前待解扰帧(第 N 帧)的所有比特进行 BIP - 8 校验,所得的结果与下一帧(第 $N + 1$ 帧)解扰后的 B1 字节的值相**异或**比较。若这两个值不一致则**异或**结果为 **1**,根据出现多少个 **1**,则可监测出第 N 帧在传输中出现了多少个误码块;若**异或**结果为 **0**,则表示该帧无误码。

注意:高速信号的误码性能是用误码块来反映的,因此 STM - N 信号的误码情况实际上是误码块的情况。从 BIP - 8 校验方式可看出,校验结果的每一位都对应一个比特块,例如图 5 - 17 中的一列比特,因此 B1 字节最多可从一个 STM - N 帧检测出传输中所发生的 8 个误码块(BIP - 8 的结果共 8 位,每位对应一列比特——一个块)。

思考:如果某站点检测到 B1 误码,它会不会向下游传递该误码?

7. 比特间插奇偶校验 $N \times 24$ 位(BIP - $N \times 24$)字节: B2

B2 字节的工作机理与 B1 类似,只不过它检测的是复用段层的误码情况。1 个 STM - N 帧中只有 1 个 B1 字节,而 B2 字节是对 STM - N 帧中每一个 STM - 1 帧的传输误码情况进行监测,STM - N 帧中有 $N \times 3$ 个 B2 字节,每 3 个 B2 字节对应一个 STM - 1 帧。

B2 字节的工作机理如下:发送端 B2 字节对前一个待扰的 STM - 1 帧中除了 RSOH(RSOH 包括在 B1 对整个 STM - N 帧的校验中)的全部比特进行 BIP - 24 计算,结果放于下一帧待扰 STM - 1 帧的 B2 字节位置。接收端对当前解扰后 STM - 1 帧中除了 RSOH 的全部比特进行 BIP - 24 校验,其结果与下一个 STM - 1 帧解扰后的 B2 字节相**异或**,根据**异或**结果中 **1** 的个数来判断该 STM - 1 在 STM - N 帧的传输过程中出现了多少个误码帧。在发送端写完 B2 字节后,相应的 N 个 STM - 1 帧按字节间插复用成 STM - N 信号(有 $3N$ 个 B2),在接收端先将 STM-N 信号分解成 N 个 STM-1 信号,再校验这 N 组 B2 字节。

8. 复用段远端误码块指示(B5-FEBBE)字节:M1

M1 字节是个对告信息,由接收端回送给发送端。M1 字节用来传送接收端由 B2 所检出的误块数,并在发送端当前性能管理中上报 B5-FEBBE(B2 远端背景误码块),以便发送端据此了解接收端的收信误码情况。

9. 自动保护倒换(APS)通路字节:K1、K2(b1~b5)

K1、K2(b1~b5)用于传送自动保护倒换信息,使设备能在故障时进行自动切换,使网络业务得以自动恢复(自愈),它专门用于复用段自动保护倒换。

K1 和 K2(b1~b5)提供的是网络保护方式,在四纤双向复用段保护链中,其基本工作原理可简述如下:当某工作通路出故障后,下游端会很快检测到故障,并利用上行方向的保护光纤送出 K1 字节,K1 字节包含有故障通路编号。上游端收到 K1 字节后,将本端下行工作通路的光纤桥接到下行保护光纤,同时利用下行方向的保护光纤送出保护字节 K1、K2(b1~b5),其中 K1 字节作为倒换要求,K2(b1~b5)字节作为证实。下游端收到 K2(b1~b5)字节后对通道编号进行确认,并最后完成下行方向工作通路和下行方向保护光纤在本端的桥接,同时按照 K1 字节要求完成上行方向工作通路和上行方向保护光纤在本端的桥接。为了完成双向倒换的要求,下游端经上行方向保护光纤送出 K2(b1~b5)字节。上游端收到 K2(b1~b5)字节后将执行上行方向工作通路和上行方向保护光纤在本端的桥接,从而将两根工作通路光纤几乎同时倒换至两根保护光纤,以完成自动保护倒换。

以上处理过程由设备自动完成。

10. 复用段远端失效指示(MS-RDI)字节:K2(b6~b8)

这 3 个比特用于表示复用段远端告警的反馈信息,是由接收端(信宿)回送给发送端(信源)的反馈信息,表示接收端检测到接收方向的故障或正收到复用段告警指示信号。也就是说,当接收端收信劣化时回送给发送端 MS-RDI 告警信号,以使发送端知道接收端的状况。

若收到的 K2 的 b6~b8 为 **110**,则表示对端检测到缺陷的告警(MS-RDI);若收到的 K2 的 b6~b8 为 **111**,则表示本端收到告警指示信号(MS-AIS),此时要向对端发送 MS-RDI 信号,即在发往对端的信号帧 STM-N 的 K2 的 b6~b8 置入 **110** 值。

11. 同步状态字节:S1(b5~b8)

SDH 复用段开销利用 S1 字节的 b5~b8 表示 ITU-T 的不同时钟质量级别,使设备能据此判定接收的时钟信号的质量,以此决定是否切换时钟源,即切换到较高质量的时钟源上。S1 字节如图 5-18 所示,S1(b5~b8)的值越小,表示相应的时钟质量级别越高。

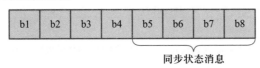

图 5-18　S1 字节的内容示意图

这4个比特有16种不同编码,可以表示16种不同的同步质量等级,见表5-3。

表5-3 同步状态消息编码列表

S1(b5~b8)	SDH 同步质量等级描述	S1(b5~b8)	SDH 同步质量等级描述
0000	同步质量不可知(现存同步网)	1000	G.812 本地局时钟信号
0001	保留	1001	保留
0010	G.811 时钟信号	1010	保留
0011	保留	1011	同步设备定时源(SETS)
0100	G.812 转接局时钟信号	1100	保留
0101	保留	1101	保留
0110	保留	1110	保留
0111	保留	1111	不应用作同步

12. 与传输媒质有关的特征字节:△

△字节专用于具体传输媒质的特殊功能,例如用单根光纤进行双向传输时,可用此字节来实现辨明信号方向的功能。

13. 国内使用保留字节:×

所有未标记的字节的用途待由将来的国际标准确定。

二、STM-N 的段开销

N个STM-1帧通过字节间插复用成STM-N帧,段开销究竟是怎样进行复用的呢?按字节间插复用时,各STM-1帧AU-4中的所有字节原封不动地按字节间插复用方式复用,而段开销的复用虽说类似,却另有专门规定。也就是说,段开销的复用并非是简单的交错间插,除段开销中的A1、A2、B2字节是按字节交错间插复用进入STM-4外,其他开销字节要经过终结处理,再重新插入STM-4相应的开销字节中。图5-19所示为STM-4帧的段开销结构图。

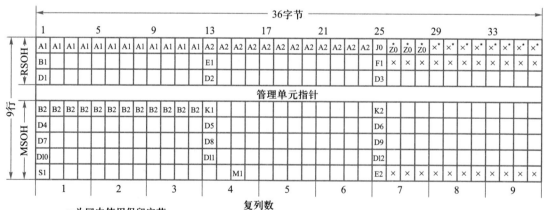

× 为国内使用保留字节

* 为不扰码国内使用字节

所有未标记字节待将来国际标注确定(与媒质有关的应用、附加国内使用和其他用途)

图5-19 STM-4帧的段开销结构图

在 STM – N 中只有 1 个 B1 字节,而有 $N \times 3$ 个 B2 字节(因为 B2 为 BIP – 24 检验的结果,故每个 STM – 1 帧有 3 个 B2 字节,$3 \times 8 = 24$ 位)。STM – N 帧中有 D1 ~ D12 字节各 1 个;E1、E2 字节各 1 个;M1 字节 1 个;K1、K2 字节各 1 个。图 5 – 20 所示为 STM – 16 帧的段开销结构图。

A1	A1	A1	A1	A1	A1	A2	A2	A2	A2	A2	A2	J0 C1	Z0* C1	×*		×*		×*		×*		
B1						E1						F1		×	×	×	×	×	×	×	×	
D1						D2						D3										
管理单元指针																						
B2	B2	B2	B2	B2	B2	K1						K2										
D4						D5						D6										
D7						D8						D9										
D10						D11						D12										
S1												E2		×	×	×	×	×				

M1	…	

× 为国内使用保留字节
* 为不扰码国内使用字节
所有未标记字节待将来国际标准确定(与媒质有关的应用、附加国内使用和其他用途)。
Z0 待将来国际标准确定

图 5 – 20　STM – 16 帧的段开销结构图

5.3.3　通道开销字节

段开销负责段层的 OAM 功能,而通道开销负责的是通道层的 OAM 功能,这就是 SDH 的分层管理。

通道开销又分为高阶通道开销(HP – POH)和低阶通道开销(LP – POH)。在本书中,高阶通道开销是指对 VC – 4 级别的通道进行监测,可对 140 Mbit/s 在 STM – N 帧中的传输情况进行监测;低阶通道开销是指完成 VC – 12 通道级别的 OAM 功能,也就是监测 2 Mbit/s 在 STM – N 帧中的传输性能。

一、高阶通道开销

高阶通道开销的位置在 VC – 4 帧中的第 1 列,共 9 字节,如图 5 – 21 所示。

1. 高阶通道踪迹字节:J1

AU – PTR 指针指的是 VC – 4 的起点在 AU – 4 中的具体位置,即 VC – 4 首字节的位置,以使接收端能据此 AU – PTR 的值准确地在 AU – 4 中分离出 VC – 4。J1 正是 VC – 4 的首字节,那么 AU – PTR 所指向的正是 J1 字节的位置。

J1 字节的作用与 J0 字节类似,它用来重复发送高阶通道接入点标识符,使该通道接收端能据此确认与指定的发送端处于持续连接状态(该通道处于持续连接状态)。要求也是接收、发送两端的 J1 字节相匹配即可。当然,J1 字节可按需要进行设置、更改。

2. 高阶通道误码监视(BIP – 8)字节:B3

利用 BIP – 8 原理,B3 字节负责监测 VC – 4 在传输中的误码性能,即监测

J1	高阶通道踪迹字节
B3	高阶通道误码监视(BIP-8)字节
C2	高阶通道信号标记字节
G1	通道状态字节
F2	高阶通道使用者通路字节
H4	位置指示字节
F3	高阶通道使用者通路字节
K3	自动保护倒换(APS)通路备用字节
N1	网络运营者字节

VC-3或VC-4

图 5-21 高阶通道开销结构图

140 Mbit/s 信号在传输中的误码性能。其监测机理与 B1、B2 相类似,只不过 B3 是对 VC-4 帧进行 BIP-8 校验。

3. 高阶通道信号标记字节: C2

C2 用来指示 VC 帧的复接结构和信息净负荷的性质,如通道是否已装载、所载业务种类和它们的映射方式。例如,C2 = 00H 表示这个 VC-4 通道未装载信号,这时要往这个 VC-4 通道的净负荷 TUG-3 中插全 **1** 码(TU-AIS),设备会出现高阶通道未装载告警:VC4-UNEQ。C2 = 02H 表示 VC-4 所装载的净负荷是按 TUG 结构的复用路线复用来的,我国的 2 Mbit/s 复用进 VC-4 采用的是 TUG 结构。C2 = 15H 表示 VC-4 的负荷是 FDDI(光纤分布式数据接口)格式的信号。C2 字节编码规定见表 5-4。

表 5-4 C2 字节编码规定

C2 的 8 bit 编码	十六进制码字	含 义
00000000	00	未装载信号或监控的未装载信号
00000001	01	装载非特定净负荷
00000010	02	TUG 结构
00000011	03	锁定的 TU
00000100	04	34.368 Mbit/s 和 44.736 Mbit/s 信号异步映射进 C-3
00010010	12	139.264 Mbit/s 信号异步映射进 C-4
00010011	13	ATM 映射
00010100	14	MAN(DQDB)映射
00010101	15	FDDI
11111110	FE	O.181 测试信号映射
11111111	FF	VC-AIS(仅用于串接)

4. 通道状态字节：G1

G1 用来将通道终端状态和性能情况回送给 VC-4 通道源设备,从而允许在通道任一端或通道中任一点对整个双向通道的状态和性能进行监视。G1 字节实际上传送对告信息,即由接收端发往发送端的回传信息,使发送端能据此了解接收端接收相应 VC-4 通道信号的情况。G1 字节各比特安排如图 5-22 所示。

FEBBE				RDI	保留		备用
1	2	3	4	5	6	7	8

图 5-22 G1 字节各比特安排

b1～b4 回传给发送端由 B3(BIP-8)检测出的 VC-4 通道的误块数,也就是 B3-FEBBE。当接收端收到 AIS(告警指示信号),误码超限,J1、C2 失配时,由 G1 字节的 b5 回送发送端一个 VC4-RDI(高阶通道远端缺陷指示),使发送端了解接收端接收相应 VC-4 的状态,以便及时发现和定位故障。G1 字节的 b6 和 b7 留作保留比特。如果不用,应将其置为 **00** 或 **11**;如果使用,由产生 G1 字节的路径源端自行处理,建议采用表 5-5 中的代码和解释。

表 5-5 G1(b5～b7)代码和解释

b5	b6	b7	意义	引发条件
0	**0**	**0**	无远端缺陷	无缺陷
0	**0**	**1**	无远端缺陷	无缺陷
0	**1**	**0**	远端净荷缺陷	LCD[1]
0	**1**	**1**	无远端缺陷	无缺陷
1	**0**	**0**	远端缺陷	AIS、LOP、TIM、UNEQ(或 PLM、LCD)[2]
1	**0**	**1**	远端服务器缺陷	AIS、LOP[3]
1	**1**	**0**	远端连接缺陷	TIM、UNEQ
1	**1**	**1**	远端缺陷	AIS、LOP、TIM、UNEQ(或 PLM、LCD)[2]

注：① LCD 是目前唯一定义的净荷缺陷,仅用于 ATM 设备。
　　② 按旧建议的设备可以用 LCD 或 PLM 作为引发条件。
　　③ 远端服务器缺陷由 ITU-T G.783 建议的服务器信号失效规定。
　　④ 表中缩语的含义：AIS——告警指示信号;LCD——信元图案丢失;LOP——指针丢失;PLM——净荷失配;TIM——路径识别失配;UNEQ——未装载信号。

5. 高阶通道使用者通路字节：F2 和 F3

F2 和 F3 字节提供通道单元间的公务通信(与净负荷有关),目前很少使用。

6. 位置指示字节：H4

H4 字节指示有效负荷的复帧类别和净负荷的位置。例如,作为 TU-12 复帧指示字节或 ATM 净负荷进入一个 VC-4 时的信元边界指示器。

只有当 PDH 的 2 Mbit/s 信号复用进 VC-4 时,H4 字节才有意义。因为 2 Mbit/s 的信号装进 C-12 时是以 4 个基帧组成一个复帧的形式装入的,那么在接收端为了准确定位分离出 E1 信号,就必须知道当前的基帧是复帧中的第几个基帧。H4 字节就用于指示当前的 TU – 12(VC – 12/C – 12) 是当前复帧的第几个基帧,起着位置指示的作用。

H4 字节的范围是 01H ~ 04H,若在接收端收到的 H4 不在此范围内,则接收端会产生一个 TU15 – LOM(支路单元复帧丢失告警)。

7. 自动保护倒换(APS)通路备用字节: K3

K3 字节的 b1 ~ b4 用于传送高阶通道保护倒换指令。

8. 网络运营者字节: N1

N1 字节用于实现高阶通道的串联连接监视(TCM)功能。

二、低阶通道开销

低阶通道开销指的是 VC – 12 中的通道开销,当然它监控的是 VC – 12 通道级别的传输性能,也就是监控 2 Mbit/s 的 PDH 信号随 STM – N 帧传输的情况。

低阶通道开销放在 VC – 12 的什么位置上呢? 图 5 – 23 显示了一个 VC – 12 的复帧结构,由 4 个 VC – 12 基帧组成,低阶 POH 就位于每个 VC – 12 基帧的首字节,一组低阶通道开销共有 4 个字节: V5、J2、N2、K4。

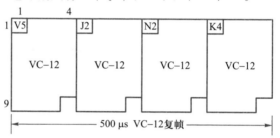

图 5 – 23　低阶通道开销结构图

1. 通道状态和信号标记字节: V5

V5 是 TU – 12 复帧的第一个字节,TU – PTR 指示的是 VC – 12 复帧的起点在 TU – 12 复帧中的具体位置,也就是 V5 字节在 TU – 12 复帧中的具体位置。

V5 具有误码检测、信号标记和 VC – 12 通道状态显示等功能,因此 V5 字节具有高阶通道开销 G1 和 C2 两个字节类似的功能。V5 字节的结构见表 5 – 6。

若接收端通过 BIP – 2 检测到误码块,则在本端性能事件 V5 – BBE(V5 背景误码块)中显示由 BIP – 2 检测出的误块数。同时由 V5 的 b3 回送给发送端V5 – FEBBE(V5 远端误块指示),这时可在发送端的性能事件 V5 – FEBBE 中显示相应的误块数。V5 的 b8 是 VC – 12 通道远端缺陷指示,当接收端收到 TU – 12 的 AIS 信号或信号失效条件时,回送给发送端一个 VC15 – RDI(低阶通道远端缺陷指示)信号。

当失效条件持续期超过了传输系统保护机制设定的门限时,缺陷转变为故障,这时发送端通过 V5 的 b4 回送给发送端 VC15 – RFI(低阶通道远端失效指示)信号,表示发送端、接收端相应 VC – 12 通道的接收出现故障。

表 5-6 VC-12 POH(V5)的结构

误码监测 (BIP-2)		远端误块指示 (FEBBE)	远端失效指示 (RFI)	信号标记 (Signal Lable)			远端缺陷指示 (RDI)
1	2	3	4	5	6	7	8
误码监测: 传送比特间插奇偶校验码 BIP-2。b1 的设置应使上一个 VC-12 复帧内所有字节的全部奇数比特的奇偶校验为偶数。b2 的设置应使全部偶数比特的奇偶校验为偶数		远端误块指示: BIP-2 检测到误码块就向 VC-12 通道源发 1,无误码则发 0	远端失效指示: 有故障发 1,无故障发 0	信号标记: 表示净负荷装载情况和映射方式。3 bit 共 8 个二进制值: 000 未装载 VC 通道 001 已装载 VC-12 通道,但未规定有效负载 010 异步浮动映射 011 比特同步浮动 100 字节同步浮动 101 预留 110 O.181 测试信号 111 VC-AIS			远端缺陷指示(相当于以前的 FERF):接收失效则发 1,接收成功则发 0

b5~b7 提供信号标记功能,只要收到的值不是 0 就表示 VC-12 通道已装载,即 VC-12 容器不是空载。若 b5~b7 为 000,表示 VC-12 未装载。这时收端设备出现 VC15-UNEQ(低阶通道未装载)告警,注意此时下插全 0 码(不是全 1 码 AIS)。若接收、发送两端 V5 的 b5~b7 不匹配,则接收端出现 VC15-SLM(低阶通道信号标记失配)告警。

2. VC-12 通道踪迹字节:J2

J2 的作用类似于 J0、J1,它被用来重复发送内容——由接收、发送两端商定的低阶通道接入点标识符,使接收端能据此确认与发送端在此通道上处于持续连接状态。

3. 网络运营者字节:N2

N2 字节用于实现低阶通道的串联连接监视(TCM)功能。

4. 自动保护倒换通道:K4

K4 字节的 b1~b4 用于通道保护;b5~b7 是增强型低阶通道远端缺陷指示,见表 5-7;b8 为备用。

表 5-7 K4(b5~b7)代码和解释

b5	b6	b7	意 义	引发条件
0	0	0	无远端缺陷	无缺陷
0	0	1	无远端缺陷	无缺陷
0	1	0	远端净荷缺陷	LCP、PLM
0	1	1	无远端缺陷	无缺陷
1	0	0	远端缺陷	AIS、LOP、TIM、UNEQ(或 SLM)

续表

b5	b6	b7	意　义	引发条件
1	**0**	**1**	远端服务器缺陷	AIS、LOP
1	**1**	**0**	远端连接缺陷	TIM、UNEQ
1	**1**	**1**	远端缺陷	AIS、LOP、TIM、UNEQ（或 SLM）

5.3.4　SDH 的指针

一、指针的作用

指针的作用就是定位,通过定位使接收端能准确地从 STM – N 码流中拆离出相应的 VC,进而通过拆 VC、C 的包封分离出 PDH 低速信号,即能实现从 STM – N 信号中直接分支出低速支路信号的功能。

何谓定位? 定位是一种将帧偏移信息收进支路单元或管理单元的过程,即以附加于 VC 上的指针(或管理单元指针)指示和确定低阶 VC 帧的起点在 TU 净负荷中(或高阶 VC 帧的起点在 AU 净负荷中)的位置。在发生相对帧相位偏差使 VC 帧起点"浮动"时,指针值亦随之调整,从而始终保证指针值准确跟踪指示 VC 帧起点位置。对于 VC – 4,AU – PTR 指的是 J1 字节的位置;对于 VC – 12, TU – PTR 指的是 V5 字节的位置。TU 或 AU 指针可以为 VC 在 TU 或 AU 帧内的位置提供一种灵活、动态的定位方法。因为 TU 或 AU 指针不仅能够容纳 VC 和 SDH 在相位上的差别,而且能够容纳两者在速率上的差别。

指针有 AU – PTR 和 TU – PTR 两种,分别进行高阶 VC(这里指 VC – 4)和低阶 VC(这里指 VC – 12)在 AU – 4 和 TU – 12 中的定位。下面分别讲述其工作机理。

二、AU – PTR(管理单元指针)

AU – PTR 的位置在 STM – 1 帧的第 4 行第 1 ~ 9 列,共 9 字节,用以指示 VC – 4 的首字节 J1 在 AU – 4 净负荷的具体位置,以便接收端能据此准确分离 VC – 4,如图 5 – 24 所示。

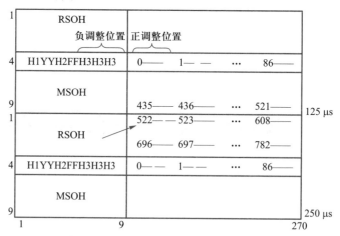

图 5 – 24　AU – PTR 在 STM – 1 帧中的位置

从图 5 – 24 中可看到,AU – PTR 由 H1YYH2FFH3H3H3 共 9 字节组成,Y = **1001SS11**,其中 S 比特未规定具体的值,F = **11111111**。指针的值放在 H1、H2 两字节的后 10 个比特中。AU – 4 的指针调整,每调整 1 步为 3 字节,表示每当指针值改变 1,VC – 4 在净荷区中的位置就向前或往后跃变 3 字节。

为了便于定位 VC – 4 在 AU – 4 净负荷中的位置,给每个调整单位赋予一个位置值。规定将紧跟 H3 字节的 3 字节单位设为 0 位置,然后依次后推。这样,一个 AU – 4 净负荷区就有 261 × 9/3 = 783 个位置,而 AU – PTR 指的就是 J1 字节所在 AU – 4 净负荷的某一个位置的值。显然,AU – PTR 的范围是 0 ~ 782。

三、TU – PTR(支路单元指针)

TU – 12 指针用以指示 VC – 12 的首字节(V5)在 TU – 12 净负荷中的具体位置,以便接收端能准确分离出 VC – 12。TU – 12 指针为 VC – 12 在 TU – 12 复帧内的定位提供了灵活的方法。TU – 12 PTR 由 V1、V2、V3 和 V4 共 4 字节组成。TU – PTR 的位置位于 TU – 12 复帧的 4 个开销字节处(V1、V2、V3、V4),如图 5 – 25 所示。

70	71	72	73	105	106	107	108	0	1	2	3	35	36	37	38
74	75	76	77	109	110	111	112	4	5	6	7	39	40	41	42
78	第一个C–12基帧结构 9×4–2=32W +2Y		81	113	第二个C–12基帧结构 9×4–2=32W +1Y+1G		116	8	第三个C–12基帧结构 9×4–2=32W +1Y+1G		11	43	第四个C–12基帧结构 9×4–1=31W +1Y+1M+1N		46
82			85	117			120	12			15	47			50
86			89	121			124	16			19	51			54
90			93	125			128	20			23	55			58
94			97	129			132	24			27	59			62
98			101	133			136	28			31	63			66
102	103	104	V1	137	138	139	V2	32	33	34	V3	67	68	69	V4

图 5 – 25　TU – 12 指针位置和偏移量编号

在 TU – 12 净负荷中,从紧邻 V2 的那一字节起,从 0 开始,以每个字节为一个调整单位,依次按其相对于最后一个 V2 字节的偏移量给予编号,例如 0、1、2 等,总共有 0 ~ 139 个偏移编号(指针值)。VC – 12 帧的首字节(V5)位于某一偏移编号位置,该编号对应的二进制值即为 TU – 12 指针值。

TU – 12 PTR 中的 V3 字节为负调整机会字节(位置),V3 后随的那个字节为正调整机会字节,V4 为保留字节。指针值置于 V1、V2 字节中的后 10 个比特中,V1、V2 字节的 16 个比特的功能与 AU – PTR 的 H1、H2 字节的 16 个比特的功能完全相同。指针值用于指示 V2 字节与 VC – 12 首字节的偏移量。计算偏移量时,指针字节 V1 ~ V4 是不在计数以内的。

TU – PTR 的调整单位为每步 1 字节,指针值的范围为 0 ~ 139。若连续 8 帧收到无效指针或 NDF(新数据标识),则设备的接收端即出现 TU15 – LOP(支路单元指针丢失)告警,并下插 AIS 告警信号。

任务实施

5.3.5 开销字节的应用

通过前面的知识学习可以知道,如 A 站点往 B 站点传输 1 个 STM – N 帧,B 站点可通过 A1、A2 字节定位该 STM – N 帧。接下来结合传输过程中可能出现的情况,来看 B 站点通过 A1、A2 字节定位帧的过程。

A1、A2 有固定的值,也就是有固定的比特图案,A1 为 **11110110**(F6H),A2 为 **00101000**(28H)。接收端检测信号流中的各个字节,当发现连续出现 3N 个 A1(F6H),又紧跟着出现 3N 个 A2(28H)字节时(在 STM – 1 帧中 A1 和 A2 字节各有 3 个),就断定现在开始收到一个 STM – N 帧,接收端通过定位每个 STM – N帧的起点,来区分不同的 STM – N 帧,以达到分离不同帧的目的。

如果传输过程出现问题,连续 5 帧(625 μs)以上收不到正确的 A1、A2 字节,即连续 5 帧以上无法判别定帧字节(区分出不同的帧),那么接收端即进入帧失步状态,产生帧失步告警(OOF);若 OOF 持续 3 ms,则进入帧丢失状态,设备产生帧丢失告警(LOF),即向下游方向发送 AIS 信号,整个业务中断。在 LOF 状态下,若接收端连续 1 ms 以上又收到正确的 A1、A2 字节,那么设备回到正常工作的定帧状态(IF)。

任务拓展

5.3.6 指针调整

一、AU – PTR 的指针调整

当 VC – 4 的速率(帧频)高于 AU – 4 的速率(帧频)时,此时将 3 个 H3 字节(一个调整步长)的位置用来存放信息;紧跟着 FF 两字节的 3 个 H3 字节所占的位置称为负调整位置。那么,这时下一个 VC – 4 在下一个 AU – 4 净荷中的位置就向前跳动了 1 步(3 字节),随着指针值减少 1,实现了 1 次指针负调整。当指针值等于 0 时,再减 1 即为 782。

当 VC – 4 的速率低于 AU – 4 速率时,可在净荷区内靠着 3 个 H3 字节处再插入 3 字节的填充比特,填充伪随机信息。这个可插入 3 字节填充比特的位置称为正调整位置。这时 VC – 4 的首字节就要向后串 1 个步长(3 字节),于是下一个 VC – 4 在下一个 AU – 4 净荷中的位置就往后跳动了 1 步(3 字节)。随着指针值增加 1,实现了 1 次指针正调整。当指针值等于 782 时,再加 1 即为 0。

AU – PTR 的范围是 0 ~ 782,否则为无效指针值,当接收端连续 8 帧收到无效指针值时,设备即产生 AU4 – LOP 告警(AU 指针丢失),触发 AU4 – AIS 告警,并往下插送 AIS 告警信号 TU15 – AIS。

二、TU – PTR 的指针调整

TU – PTR 的指针调整和指针解读方式类似于 AU – PTR。

任务四　掌握 SDH 常见网络拓扑结构

任务分析

知识引入

SDH 网络的
常见网元

网络如图 5 - 26 所示,若仅使用 E1 字节作为公务联络字节,A、B、C、D 四网元是否均可互通公务,为什么? 若仅使用 E2 字节作为公务联络字节,A、B、C、D 四网元的公务连通情况又会如何?

图 5 - 26　网络示意图

PPT

SDH 网络的
常见网元

学习资料

SDH 网络的
常见网元

微课

SDH 网络的
常见网元

完成本任务的前提是必须了解不同网元的特点及功能,以及 E1、E2 开销字节的作用。

知识基础

5.4.1　SDH 网络的常见网元

SDH 传输网是由不同类型的网元设备通过光缆线路连接组成的,通过不同的网元完成 SDH 网的传送功能:上/下业务、交叉连接业务、网络故障自愈等。下面介绍 SDH 网络中常见网元的特点和基本功能。

一、TM

TM(终端复用器)位于网络的终端站点上,例如一条链的两个端点上,它是具有两个侧面的设备。其作用为在链形网的端站,把 PDH/SDH 支路信号复用成 SDH 线路信号,或反之,如图 5 - 27 所示。

下面以 STM - 1 信号等级为例,说明 TM 的功能和特点。

STM - 1 TM 的主要任务是将 PDH 各低速支路信号,如 1.5 Mbit/s、2 Mbit/s、34 Mbit/s、45 Mbit/s、140 Mbit/s 和 SDH 的 155 Mbit/s 电信号,纳入 STM - N 帧结构中,并经电(光)转换为 STM - 1 光线路信号,如图 5 - 28 所示。同时,TM 也完成上述过程的逆过程。

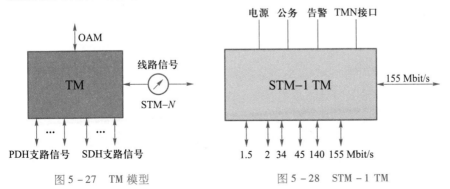

图 5 - 27　TM 模型　　　　　　　图 5 - 28　STM - 1 TM

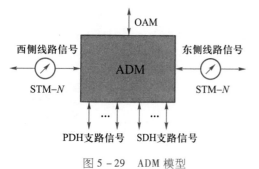

图 5 - 29　ADM 模型

二、ADM

ADM(分/插复用器)用于 SDH 传输网络的转接站点处,例如链的中间节点或环上节点,是 SDH 网上使用最多、最重要的一种网元设备,它是一种具有三个侧面的设备,如图 5 - 29 所示。ADM 设在网络的中间局站,完成直接上/下电路功能。

由图 5 - 29 可知,ADM 有两个线路侧面和一个支路侧面。两个线路侧面分别各接一侧的光缆(每侧收/发共两根光纤),为了描述方便,将其分为西向、东向两侧线路端口。ADM 的一个支路侧面连接的都是支路端口,这些支路端口信号都是从线路侧 STM - N 中分支得到的和将要插入到 STM - N 线路码流中去的"落地"业务。因此,ADM 的作用是将低速支路信号交叉复用进东向或西向线路上去,或从东侧或西侧线路端口接收的线路信号中拆分出低速支路信号。另外,还可将东向、西向线路侧的 STM - N 信号进行交叉连接。

ADM 是 SDH 最重要的一种网元设备,它可等效成其他网元,即能完成其他网元设备的功能。例如,一个 ADM 可等效成两个 TM。

下面以 STM - 4 信号等级为例,说明 ADM 的功能和特点。STM - 4 ADM 除了完成与 TM 一样的信号复用和解复用功能外,最主要是还能完成两侧线路信号间,以及线路信号与支路信号间的交叉连接,如图 5 - 30 所示。例如,接入的 2 Mbit/s 系列支路信号和 1.5 Mbit/s 系列支路信号可以分别复用并连接到东向、西向的 STM - 4 信号中。另外,东向和西向的 STM - 4 信号也可以互连。

三、REG

REG(再生中继器,再生器)设在网络的中间局站,目的是延长传输距离,但不能上/下电路业务,如图 5 - 31 所示。

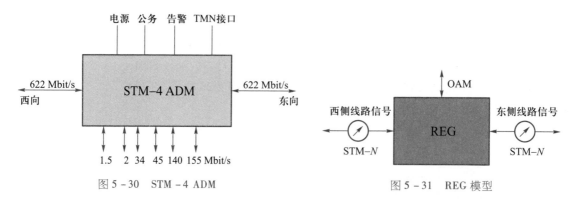

图 5 - 30　STM - 4 ADM　　　　　　图 5 - 31　REG 模型

REG 的最大特点是不上/下(分/插)电路业务,只放大或再生光信号。SDH 光传输网中的再生中继器有两种:一种是纯光的再生中继器,主要对光信号进行功率放大以延长光传输距离;另一种是用于脉冲再生整形的电再生中继器,主要通过光/电转换、电信号抽样、判决、再生整形、电/光转换,以消除积累的线路噪声,保证线路上传送信号波形的完好性。

REG 的作用是将西、东两侧的光信号经 O/E、抽样、判决、再生整形、E/O 在东侧或西侧发出。实际上,REG 与 ADM 相比仅少了支路端口的侧面,所以 ADM 若不上/下本地业务电路时,完全可以等效为一个 REG。

单纯的 REG 只需处理 STM-N 帧中的 RSOH,且不需要交叉连接功能(西/东直通即可),而 ADM 和 TM 因为要将低速支路信号分/插到 STM-N 中,所以不仅要处理 RSOH,而且还要处理 MSOH。另外,ADM 和 TM 都具有交叉复用能力(有交叉连接功能),因此用 ADM 来等效 REG 有点大材小用。

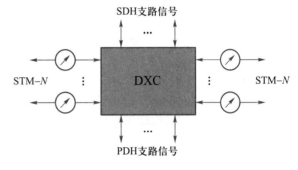

图 5-32 DXC 模型

四、DXC

DXC(数字交叉连接设备)完成的主要是 STM-N 信号的交叉连接功能。它是一个多端口器件,实际上相当于一个交叉矩阵,完成各个信号间的交叉连接,是兼有同步复用、分插、交叉连接、网络的自动恢复与保护等多项功能的 SDH 设备,如图 5-32 所示。

5.4.2 SDH 网络的物理拓扑

网络的物理拓扑泛指网络的形状,也就是网络节点和传输线路的几何排列,它反映了网络节点在物理上的连接性。网络的效能、可靠性、经济性在很大程度上都与具体的网络结构有关。

SDH 网络的基本物理拓扑结构主要有以下几种。

一、链形

将通信网中的所有节点串联起来,并使首尾两个节点开放,就形成了链形拓扑,如图 5-33(a)所示。在这种拓扑结构中,为了使两个非相邻节点之间完成连接,其间的所有节点都应完成连接。链形拓扑是 SDH 设备早期应用的比较经济的网络拓扑形式。这种结构无法应付节点和链路失效问题,生存性较差。

二、星形(枢纽形)

将通信网中的一个特殊的枢纽节点与其余所有节点相连,而其余所有节点之间不能直接相连时,就形成了星形拓扑,如图 5-33(b)所示。在这种拓扑结构中,除了枢纽节点之外的任意两节点间的连接都是通过枢纽节点进行的,枢纽节点为经过的信息流进行路由选择并完成连接功能。这种网络拓扑可以由枢纽节点将多个光纤终端连接成一个统一的网络,进而实现综合的带宽管理。

三、树形

将点到点拓扑单元的末端节点连接到几个特殊节点时就形成了树形拓扑,如图 5-33(c)所示。树形拓扑可以看成是链形拓扑和星形拓扑的结合。这种拓扑结构适合于广播式业务,但存在瓶颈问题和光功率预算限制问题,也不适于提供双向通信业务。

四、环形

将通信网中的所有节点串联起来,而且首尾相连,没有任何节点开放时,就形成了环形拓扑,如图5-33(d)所示。将链形网的首尾两个开放节点相连,就形成了环形网。在环形网中,为了完成两个节点之间的连接,这两个节点之间的所有节点都应完成连接功能。这种网络拓扑的最大优点是具有很高的生存性,这对现代大容量光纤网络是至关重要的,因而环形网在SDH网中受到特殊的重视。

五、网孔形

将通信网的许多节点直接互连就形成了网孔形拓扑,如图5-33(e)所示。如果所有的节点都直接互连,则称为理想网孔形拓扑。在非理想网孔形拓扑中,没有直接相连的两个节点之间需要经由其他节点的连接功能才能实现连接。网孔形结构不受节点瓶颈问题和失效的影响,两节点间有多种路由可选,可靠性很高,但结构复杂,成本较高,适用于业务量很大的干线网。

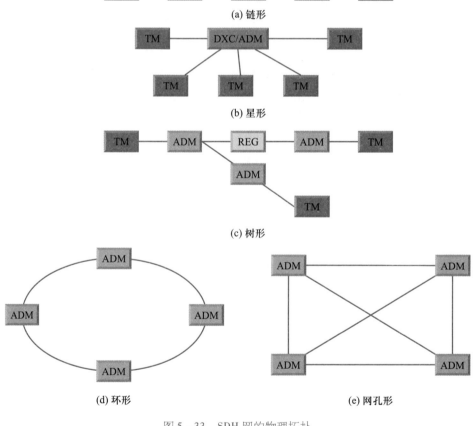

图5-33 SDH网的物理拓扑

这五种SDH网络拓扑结构都各有特点,在网中都有可能获得不同程度的应用。网络拓扑的选择应考虑网络的高生存性,网络配置简单,网络结构适于新业务的引进等。实际生活应用中不同环境适用的拓扑结构也有所不同,如环形和星形拓扑结构多用于本地网(即接入网或用户网)中,有时也用链形拓扑;在市内局间中继网中采用环形和链形拓扑比较合适;而网孔形拓扑则适用于长途网。

任务实施

5.4.3 SDH 网络拓扑分析

通过前面知识的学习可以了解终端复用器(TM)、分/插复用器(ADM)、再生器(REG)和数字交叉连接设备(DXC)四种网元的功能,下面来看本次任务。

如图 5-26 所示,若仅使用 E1 字节作为公务联络字节,A、B、C、D 四网元均可互通公务,为什么呢?

这是因为终端复用器的作用是将低速支路信号分/插到 SDH 信号中,要处理 RSOH 和 MSOH,因此用 E1、E2 字节均可通公务。再生器的作用是实现信号的再生,只需处理 RSOH,因此用 E1 字节也可通公务。

若仅使用 E2 字节作为公务联络字节,那么就仅有 A、D 间可以通公务了,因为 B、C 网元为再生器,会让 MSOH 通过,但不处理 MSOH,也就不会处理 E2 字节。

任务拓展

5.4.4 SDH 网元应用

一、TM 在 SDH 网络中的应用

TM 主要用在点到点的网元设备和链形网的两个端点上,如图 5-34 和图 5-35所示。当然,TM 也经常应用在星形、树形、环带链的场合,作为 SDH 传输网络的端点。

图 5-34　点到点的应用　　　　　图 5-35　简单的链形网应用

在实际应用中,TM 也经常出现在如图 5-36 所示的环带链网中。

二、ADM 在 SDH 网络中的应用

ADM 在链形网、环形网和星形网中的应用十分广泛,如图 5-37、图5-38和图 5-39 所示。

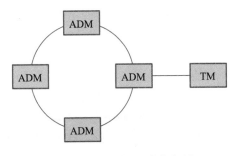

图 5-36　环带链网中的应用

图 5-37　链形网中的应用

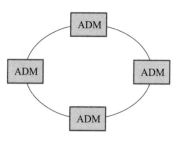

图 5 - 38　环形网中的应用

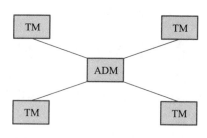

图 5 - 39　星形网中的应用

项目小结

1. SDH 技术特点

（1）接口方面

电接口方面。SDH 体制有一套标准的信息结构等级,即有一套标准的速率等级。它基本的信号结构等级是同步传输模块 STM - 1,相应的速率是 155 Mbit/s;STM - N 是 SDH 第 N 个等级的同步传输模块。

光接口方面。线路接口(光接口)采用世界性统一标准规范,SDH 信号的线路编码仅对信号进行扰码,不再进行冗余码的插入。

（2）复用方式方面

低速 SDH 信号复用进高速 SDH 信号是以字节间插方式复用。低速 PDH 信号复用进高速 SDH 信号则采用了同步复用方式和灵活的映射结构。

（3）运行维护方面

SDH 信号的帧结构中安排了丰富的用于运行管理维护(OAM)功能的开销字节,大大加强了网络的监控功能,也就是大大提高了维护的自动化程度。

（4）兼容性方面

SDH 有很强的兼容性。SDH 网可以传送 PDH 业务,以及异步转移模式(ATM)信号、FDDI 信号等其他制式的信号所传送的新业务。

2. SDH 的帧结构

ITU - T 规定了 STM - N 的帧是以字节(8 bit)为单位的矩形块状帧结构。STM - N 的帧结构由三部分组成:段开销［包括再生段开销(RSOH)和复用段开销(MSOH)］、管理单元指针(AU - PTR)、信息净负荷。

3. SDH 的复用过程

（1）由 STM - 1 信号复用成 STM - N 信号

复用主要通过字节间插的同步复用方式来完成,复用的基数是 4,即 4 × STM - 1→STM - 4,4 × STM - 4→STM - 16。在复用过程中保持帧频不变(8 000 帧/s),这就意味着高一级的 STM - N 信号是低一级的 STM - N 信号速率的 4 倍。在进行字节间插复用过程中,各帧的信息净负荷和指针字节按原值进行字节间插复用,而段开销则 ITU - T 另有规范。

（2）由 PDH 支路信号复用成 SDH 信号 STM – N

我国的光同步传输网技术体制规定了以 2 Mbit/s 信号为基础的 PDH 系列作为 SDH 的有效负荷,并选用 AU – 4 的复用路线。

4. SDH 的开销字节

STM – N 帧的段开销位于帧结构的（1 ~ 9）行 × （1 ~ 9N）列（其中第 4 行为 AU – PTR 除外）。

5. SDH 的常见网元

（1）TM（终端复用器）

TM 位于网络的终端站点上,例如一条链的两个端点上,它是具有两个侧面的设备。其作用为在链形网的端站,把 PDH/SDH 支路信号复用成 SDH 线路信号,或反之。

（2）ADM（分/插复用器）

ADM 用于 SDH 传输网络的转接站点处,例如链的中间节点或环上节点,是 SDH 网上使用最多、最重要的一种网元设备,它是一种具有三个侧面的设备。ADM 设在网络的中间局站,完成直接上/下电路功能。

（3）REG（再生中继器,再生器）

REG 设在网络的中间局站,目的是延长传输距离,但不能上/下电路业务。REG 的最大特点是不上/下（分/插）电路业务,只放大或再生光信号。

（4）DXC（数字交叉连接设备）

DXC 完成的主要是 STM – N 信号的交叉连接功能。它是一个多端口器件,实际上相当于一个交叉矩阵,完成各个信号间的交叉连接,是兼有同步复用、分插、交叉连接、网络的自动恢复与保护等多项功能的 SDH 设备。

思考与练习

1. 简述 140 Mbit/s 信号复用进 STM – 4 的过程。
2. 简述 SDH 帧结构开销中 B1、B2、B3 和 V5 字节的作用与区别。

项目六
SDH光传输设备认知

知识目标

- 熟悉常见SDH光传输设备结构。
- 掌握ZXMP S320硬件结构。
- 掌握ZXMP S320常用单板功能。

技能目标

- 认识常见SDH光传输设备。
- 能够根据SDH网络需求进行设备单板配置。

任务一　SDH 典型传输设备认知

知识引入

典型传输设
备介绍

PPT

典型传输设
备介绍

学习资料

典型传输设
备介绍

微课

典型传输设
备介绍

任务分析

ZXMP S320 是基于 SDH 的多业务节点设备,主要应用于城域网接入层,最大可提供四个 STM – 1 光方向和两个 STM – 4 光方向的组网能力,能够实现从 STM – 1 到 STM – 4 的平滑升级,以及数据业务和传统 SDH、PDH 业务的接入和处理。ZXMP S320 设备是以何种方式实现的呢?

知识基础

6.1.1　设备简介

ZXMP S320 设备主要具有以下特点。

一、高集成度设计

ZXMP S320 采用贴片元件和中兴通讯自主开发的全套 0.35 μm 超大规模 SDH 专用集成电路(ASIC)。设备具有高度的集成度,在高度仅为 4U 的 19 英寸 (1 英寸 = 2.54 cm)机箱内,实现了完备的 STM – 1/STM – 4 级别的 SDH 网元功能。

ZXMP S320 支持点到点、链形、环形、星形、网孔形组网。

二、灵活的安装方式和供电设计

ZXMP S320 提供 19 英寸标准机架式安装、台面式安装以及壁挂式安装方式,现场应用灵活方便。ZXMP S320 提供不同类型的电源单元,分别适用于直流 + 24 V 或 – 48 V 的一次电源,以适应不同的使用环境。为满足用户的特殊需求,ZXMP S320 还提供前出线组件和双电源连接盒,以支持前出线方式和双电源输入。

三、强大灵活的业务管理功能

ZXMP S320 可以实现群路到群路、群路到支路、支路到支路时隙的全交叉,可提供灵活的带宽管理,增强了设备的组网能力和网络业务的调度能力。

ZXMP S320 的电路结构采用背板 + 单板的实现方式。根据需求不同采用不同的单板配置,即可组成不同功能的设备,充分满足用户对组网、业务接口及容量的需要。

四、数据处理功能

1. FE 接口功能

ZXMP S320 可提供多路 FE(快速以太网)接口。FE 接口为符合 IEEE 802.3 规范的 10/100 Mbit/s 自适应接口,实现虚拟数据网(VDN)功能。

2. 低速率数据业务的接入

在城域光网络接入层可为用户提供符合 V.28、V.11 标准的低速率数据业务接口,同时可直接接入 2/4 线的模拟音频信号,最大限度地满足用户需求。

3. ATM 接口

ZXMP S320 提供 155 Mbit/s ATM 业务接口,支持 CBR、rtVBR、nrtVBR、UBR 四种业务类型,可以完成 ATM 业务的接入和信元交换,可实现 3∶1 的业务汇聚与收敛和 VP 保护环,实现 ATM 业务在城域光网络上的传输。

五、基于 SSM 的定时同步处理

ZXMP S320 有多个同步定时源可供选择,包括内部定时源、2 路 2 048 kbit/s 外部 BITS 信号、6 路由光线路信号提取的定时信号、4 路由 2 Mbit/s 支路信号提取的定时信号。

ZXMP S320 支持对同步状态字 S1 字节的处理,还可提供 2 路具有 SSM 功能的 2 048 kbit/s 时钟信号输出接口。

六、完善的保护机制和高可靠性

系统采用背板 + 单板的电路结构形式,可以实现部分单板的热备份。系统引入设备级单元保护和网络级业务保护的多层次保护机制。

七、良好的电磁兼容性(EMC)和操作安全性

在 ZXMP S320 的电路板设计、元器件选择、工艺结构设计以及设备标志设计过程中,充分考虑了设备的电磁兼容、操作安全、防火防爆等因素,使 ZXMP S320 设备具有规范的标志、良好的电磁兼容性能和安全性能。

八、丰富的接口功能

ZXMP S320 可以提供标准的 SDH 622.080 Mbit/s 光接口、155.520 Mbit/s 光接口(或电接口)和标准的 PDH 1.544 Mbit/s、2.048 Mbit/s、34.368 Mbit/s、44.736 Mbit/s 支路接口。

ZXMP S320 利用音频/数据接口板,通过 2 Mbit/s 通道或空闲开销字节可以实现音频/数据业务的传输,最多可提供 30 路 RS – 232/RS – 422/RS – 485 数据接口或 30 路 2/4 线音频接口。ZXMP S320 的勤务板上还直接提供 1 路 RS – 232 接口,利用开销字节实现数据传送。

ZXMP S320 利用 4 端口智能快速以太网板实现以太网业务处理功能,单板在用户侧提供 4 个 10/100 Mbit/s 自适应以太网接口,在系统侧提供 8 个系统端口。

ZXMP S320 利用 ATM 处理板实现 ATM 业务处理功能,单板在用户侧提供 4 个 155 Mbit/s ATM 光接口,在系统侧提供 2 个 155 Mbit/s 端口。

ZXMP S320 提供 2 个标准 2.048 Mbit/s 的 BITS 时钟输入接口,6 个 8 kbit/s 线路时钟输入基准和 5 路可选支路时钟输入基准;提供 2 个标准 2.048 Mbit/s 的外时钟输出接口,接口特性符合 G.703,帧结构符合 G.704。ZXMP S320 提供分级告警信号输出功能。

ZXMP S320 设备提供风扇监控功能,可以在网管软件中监控设备风扇的运行状态。此外,ZXMP S320 还特别提供 4 路告警开关量输入接口,接入相应的监控单元就可以在网管软件中实现对温度、火警、烟雾、门禁等机房环境的监控,可以实现对设备工作环境的远程监控。

九、强大易用的网管系统

ZXMP S320 可以纳入 ZXONM E300 网络管理系统进行管理。

ZXONM E300 网管系统具有网元管理层和部分网络管理层的功能,可以实现故障(维护)管理、性能管理、配置管理、安全管理和系统管理五大管理功能。

6.1.2 ZXMP S320 机械结构

ZXMP S320 设备结构组成如图 6 - 1 所示。

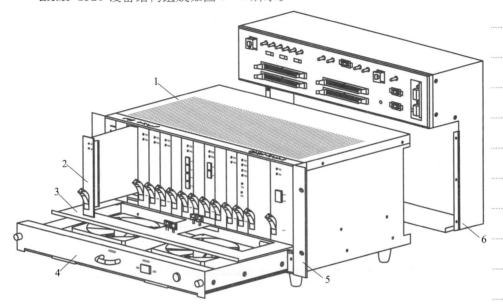

1—机箱;2—单板;3—尾纤托板;4—风扇单元;5—安装支耳;6—前出线组件

图 6 - 1 ZXMP S320 设备结构组成

ZXMP S320 的设计采用了大量的贴片元件和 ASIC 芯片,整个设备结构紧凑,体积小巧,设备安装灵活方便。ZXMP S320 设备由固定有后背板的机箱、插入机箱内的功能单板,以及一个可拆卸、可监控的风扇单元组成,单板与风扇单元间设有尾纤托板,作为引出尾纤的通道。

ZXMP S320 设备采用强制风冷散热设计,箱体采用不锈钢材料,单板面板采用铝合金材料,具有良好的导热性能和 EMC(电磁兼容)性能。

一、设备机箱

1. 外形尺寸

ZXMP S320 标准机箱的安装支耳固定在设备前面,机箱尺寸为 199.7 mm × 482.6 mm × 285.5 mm(高×宽×深),如图 6 - 2 所示。

2. 安装形式

① 放置于机房的防火材料桌面上或其他支撑防火材料平面上。

② 使用配套提供的壁挂安装支架安装在墙壁上。

③ 作为子架装入 19 英寸标准机架或专门设计的龙门架中。

二、单板结构

ZXMP S320 设备单板由面板、扳手、印制电路板(PCB)组成,如图 6 - 3 所示。

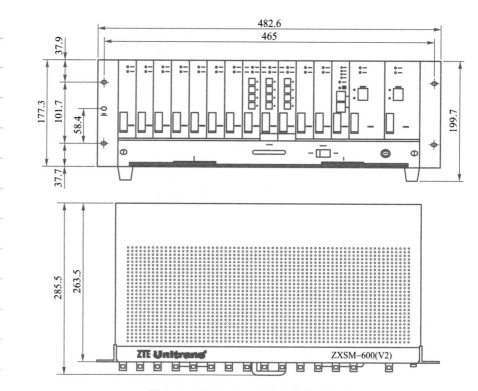

图 6 - 2　ZXMP S320 标准机箱外形尺寸

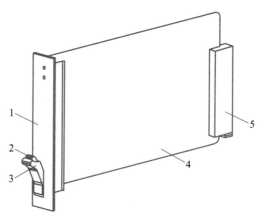

1—面板；2—锁定钮；3—扳手；4—PCB；5—背板连接插头

图 6 - 3　ZXMP S320 单板结构

三、风扇单元

ZXMP S320 设有一个可拆卸、可监控的风扇单元,其结构尺寸如图 6 - 4 所示。

风扇单元采取抽拉式设计,插入机箱底层,根据需要可以方便地拆卸下来进行维护和清理。风扇单元内装有两个散热风扇,在风扇单元底部加装有可拆卸的防尘滤网。在风扇组件面板上装有风扇开关、熔断器、拉手以及固定螺钉等。风扇单元通过一个插座与 ZXMP S320 设备后背板相连,其中包括供电电源

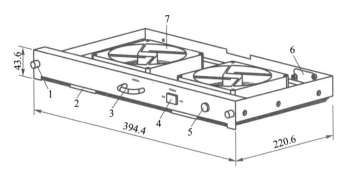

1—松不脱螺钉；2—防尘滤网；3—拉手；4—风扇开关；
5—熔断器；6—插头；7—风扇

图 6 - 4　ZXMP S320 风扇单元示意图

线和风扇监控线,风扇的运行状态和告警信息可以通过这个插座传送到网管进行监视。当风扇出现故障或停转时,网管软件监测到后会发出告警,提醒设备维护人员及时进行处理,以避免由于散热不良而引起设备工作故障。

> **注意**:为保证设备散热良好,设备运行期间严禁关闭风扇电源。在 ZXMP S320 设备运行过程中,风扇防尘滤网会吸附灰尘,因此需要定期对防尘滤网进行清洗,以免影响设备的通风散热。

四、接口说明

ZXMP S320 的 PDH 2/1.5 Mbit/s、34/45 Mbit/s 电支路出线均从设备后背板接口引出。尾纤由光板上的光接口引出,也可以经机箱内风扇单元上面的走线区顺延到机箱背板的尾纤过孔引出。数据、音频业务接口在各单板的面板上。设备背板的接口分布如图 6 - 5 所示。

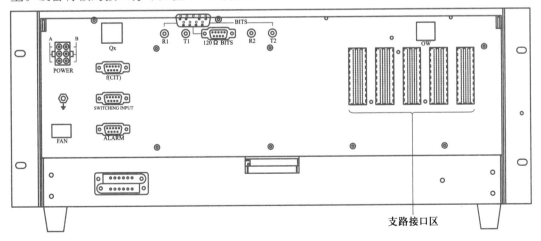

图 6 - 5　ZXMP S320 背板接口分布

ZXMP S320 背板的各个接口说明如下。

① POWER: - 48 V(+ 24 V)电源插座。

② Qx:以太网接口,RJ - 45 插座,SMCC(子网管理控制中心)的本地管理设备接口。

③ f(CIT)：操作员接口(Craft Interface Terminal)，符合 RS – 232C 规范，采用 DB9 插座，可以接入本地维护终端(LMT)对设备进行监控。

④ SWITCHING INPUT：开关量输入接口，采用 DB9 插座，能接收 4 组 TTL 电平标准开关量作为监控告警输入，可将温度、火警、烟雾、门禁等告警信号传送到网管中进行监视。

⑤ ALARM：告警输出接口，采用 DB9 插座，用于连接用户提供的告警箱，输出设备的告警信息。

⑥ BITS：BITS 接口区，各插座定义如下。

R1：第一路 BITS 输入接口，采用非平衡 75 Ω 同轴插座。

T1：第一路 BITS 输出接口，采用非平衡 75 Ω 同轴插座。

120 Ω BITS：平衡 120 Ω BITS 接口，采用 DB9 插座，提供两路输入接口、两路输出接口。

R2：第二路 BITS 输入接口，采用非平衡 75 Ω 同轴插座。

T2：第二路 BITS 输出接口，采用非平衡 75 Ω 同轴插座。

⑦ OW：勤务话机接口，采用 RJ – 11 插座，用于连接勤务电话机。

⑧ 支路接口区：采用 5 组插座，配合支路插座板，提供最多 63 路 2 Mbit/s 或 64 路 1.5 Mbit/s 信号接口，带支路保护的 34/45 Mbit/s 接口也由这个接口区提供。

6.1.3 系统总体结构

ZXMP S320 采用模块化设计，将整个系统划分为不同的单板，每个单板包含特定的功能模块，各个单板通过机箱内的背板总线相互连接。这样就可以根据不同的组网需求，选择不同的单板配置来构成满足不同功能要求的网元设备，不仅提高了设备配置应用的灵活性，同时也提高了系统的可维护性。

注意：在实际应用中，根据所能提供的 SDH 光接口最高速率等级不同，ZXMP S320 设备可分为两种应用方式：STM – 1 级别应用和 STM – 4 级别应用。对这两种应用形式，系统的工作原理是一致的，但由于 STM – 1 级别应用时采用单独的交叉板提供交叉功能，而 STM – 4 级别应用时采用包含在 STM – 4 光接口板内的最新高可靠性的交叉矩阵，从而使得在两种级别应用时设备的硬件结构及单板配置有所不同。

任务实施

6.1.4 设备实现方式

ZXMP S320 设备采用后背板 + 单板插件的实现方式，每种单板上承载图 6 –6 中所示的功能单元，各种单板之间通过后背板相互连接，实现多种业务功能。

ZXMP S320 设备的 SDH 接口可实现 STM – 1、STM – 4 两种接口速率，由 SDH 光/电接口板实现。SDH 接口可作为设备的群路或支路接口，完成接口的电/光转换和光/电转换，接收数据和时钟恢复，发送数据成帧。

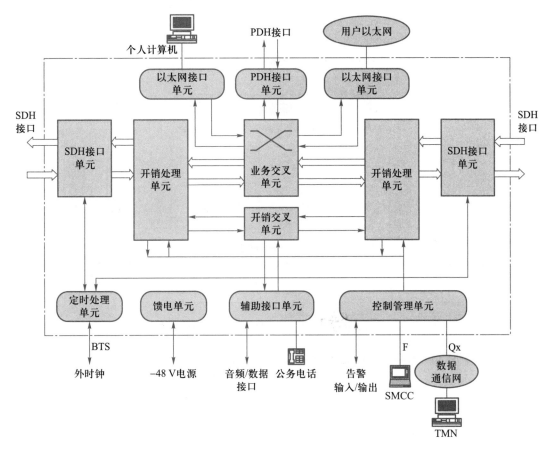

图 6-6 ZXMP S320 系统工作原理图

而 PDH 接口用于实现设备的局内接口,包括 E1、T1、E3、DS3 等 PDH 电接口,由各种支路接口板实现。PDH 接口单元完成电信号的异步映射/去映射后将信号送入交叉单元。

任务拓展

6.1.5 信号处理流程

一、ZXMP S320 设备的信号处理流程

如图 6-6 所示,在 ZXMP S320 设备中,PDH 支路接口信号经过接口匹配以及适配、映射后,转换为 VC-4 或 VC-3 SDH 标准净荷总线信号,在交叉矩阵内完成各个线路方向和各个接口的业务交叉。

以太网接口信号经过封包、无阻塞交换,映射为 VC-12 信号,通过虚级联方式映射为 VC-4 净荷总线信号送入交叉矩阵。

在群路方向完成开销字节的处理,实现 APS 协议处理、ECC 的提取和插入、公务字节传递等,并可通过开销交叉实现开销字节的传递。

时钟信号可以由线路信号提取,也可由外同步接口接入的外时钟源提供,并且支持 2 Mbit/s 支路时钟作为定时基准,系统时钟的选择由时钟处理单元进行。

二、ZXMP S320 的工作原理

ZXMP S320 的工作原理如图 6 − 7 所示。

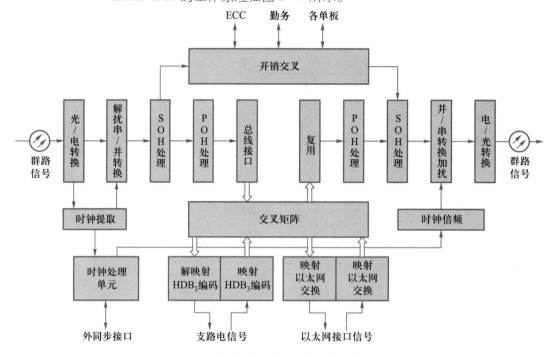

图 6 − 7　ZXMP S320 工作原理

在 ZXMP S320 设备中,SDH 接口、PDH 接口、以太网接口信号经过各自的接口处理后,转换为 VC − 4 或 VC − 3 SDH 标准净荷总线信号。其中,以太网接口信号只可转换为 VC − 4 总线信号,在业务交叉单元完成各个线路方向和各个接口的业务交叉。在开销处理单元分离段开销与净荷数据后,将部分开销字节合成一条 HW 总线,与来自辅助接口单元的 HW 总线一起进入开销交叉单元,实现各个方向的开销字节直通、上下和读写。定时处理单元在整个业务流程中将系统时钟分配至各个单元,确保网络设备的同步运行。控制管理单元处理承载网元控制信息的开销字节,经开销处理单元提取网元运行信息,下发网元控制、配置命令。

图 6 − 6 中各个功能单元的具体说明如下。

1. 定时处理单元

定时处理单元由时钟板(SCB)实现,为设备提供系统时钟,实现网络同步。

定时处理单元的时钟源可有多种选择:跟踪外部定时基准(BITS);锁定某一方向的线路或支路时钟;在可用参考定时基准发生故障的情况下进入保持或自由振荡模式。定时处理单元可以依据定时基准的状态信息实现定时基准的自动倒换。定时处理单元还能够为其他设备提供标准的参考基准输出。

2. 控制管理单元

控制管理单元由网元控制板(NCP)实现,完成网元设备的配置与管理,并通过 ECC 实现网元间消息的收发和传递。控制管理单元提供与后台网管的多种接口,通过此单元可以上报和处理设备的运行、告警信息,下发网管对网元设备

的控制、配置命令,实现对传输网络的集中网管。

3. SDH 接口单元

ZXMP S320 设备的 SDH 接口可实现 STM – 1、STM – 4 两种接口速率,由 SDH 光/电接口板实现。SDH 接口可作为设备的群路或支路接口,完成接口的电/光转换和光/电转换、接收数据和时钟恢复、发送数据成帧。

4. 开销处理单元

开销处理单元在 ZXMP S320 设备中主要由各个 SDH 接口板及勤务板 (OW)完成。开销处理单元用于分离 SDH 帧结构中的段开销和净荷数据,实现开销插入和提取,并对开销字节进行相应的处理。

5. 业务交叉单元

业务交叉单元是 ZXMP S320 设备的核心功能单元,由交叉板(CSB)或全交叉光接口板完成。业务交叉单元完成 AU – 4、TU – 3、TU – 12、TU – 11 等业务信号的交叉连接,是群路接口与支路接口之间业务信号的连接纽带。业务交叉单元还负责倒换处理、通道保护等功能。

6. 开销交叉单元

开销交叉单元由勤务板(OW)实现,完成段开销中的 E1 字节、E2 字节、F1 字节以及一些未定义的开销字节间的交换功能。通过开销交叉单元,可以将开销字节送入其他段开销继续传输,也可以实现网元的辅助功能。

7. PDH 接口单元

PDH 接口用于实现设备的局内接口,包括 E1、T1、E3、DS3 等 PDH 电接口,由各种支路接口板实现。PDH 接口单元完成电信号的异步映射/去映射后将信号送入交叉单元。

8. 以太网接口单元

以太网接口单元实现 10/100 Mbit/s 以太网接口,由 4 端口智能快速以太网板 (SFE4)实现,用于以太网数据的透明传送以及以太网数据向 SDH 数据的映射。

9. 辅助接口单元

辅助接口由音频板和数据板实现,利用开销字节提供辅助的传输通道,实现语音和数据传输。

10. 馈电单元

馈电单元完成一次电源的保护、滤波和分配,为设备的各个单元提供工作电源。

任务二　ZXMP S320 设备组网设计

任务分析

ZXMP S320 设备由于单板配置不同,尤其是接口板的配置差异,设备的传输能力也会不同。通常需要根据传输网络需求,对 ZXMP S320 设备进行配置。

本任务:某区域设置适合数量的站点组成传输速率为 STM-1 的传输网络。传输网络要求:A1、C1 站点间可以传输 1 个 2 Mbit/s 业务,B1、C1 站点间可以传输 1 个 34 Mbit/s 业务。

要求对网络拓扑进行设计,并对各个站点给出单板配置方案,其中站点供电电压为 -48 V,上/下 15 个 2 Mbit/s 业务,可通公务。

这里首先需要掌握每个单板的原理和功能,才能对设备进行正确配置。

知识引入

常用单板
介绍

知识基础

6.2.1 单板列表

ZXMP S320 系统包括的单板及接口板的名称、代号见表 6-1。

表 6-1 单板及接口板名称、代号

序号	名 称	代号	代 号 含 义
1	-48 V 电源板	PWA	Power Board -48 V
2	+24 V 电源板	PWB	Power Board +24 V
3	系统时钟板	SCB	System Clock Board
4	STM-1 光接口板(AU-4)	OIB1	Optical Interface Board STM-1(AU-4)
5	ETSI 映射结构 2 Mbit/s 支路板	ET1	Electrical Tributary board E1(ETSI)
6	通用 E1/T1 支路板	ET1G	Electrical Tributary General board T1/E1
7	34 Mbit/s 支路板	ET3E	Electrical Tributary board E3
8	45 Mbit/s 支路板	ET3D	Electrical Tributary board DS3
9	网元控制处理板	NCP	Netcell Control Processor
10	背板	MB1	Mother Board STM-1
11	交叉板	CSB	Cross Switch Board
12	勤务板	OW	OrderWire bcard
13	STM-1 电接口板(以后提供)	EIB1	Electrical Interface Board STM-1
14	2 线音频板	AIB2	Audio Intarface Board 2 line
15	4 线音频板	AIB4	Audio Intarface Board 4 line
16	RS-232 数据板	DIA	Data Interface board A
17	RS-422 数据板	DIB	Data Interface borad B(RS-422)
18	RS-485 数据板	DIC	Data Interface board C(RS-485)
19	STM-1 光接口板(AU-3)	OIB	Optical Interface Board STM-1
20	支路插座板 A	ETA	Electrical Tributary board E1 socket A
21	支路插座板 B	ETB	Electrical Tributary board E1 socket B
22	支路插座板 C	ETC	Electrical Tributary board E1 socket C

续表

序号	名　称	代号	代号含义
23	支路插座板 D	ETD	Electrical Tributary board E1 socket D
24	支路倒换板 A	TSA	Tributary Switch board A
25	T3/E3 支路倒换板	TST	Tributary Switch board of T3	E3
26	V. 35 数据接口板	V35D	V. 35 Data user intarface board
27	全交叉 STM – 4 光接口板	O4CS	Optical intarface board STM – 4（AU – 4）of Cross Switch
28	全交叉 STM – 1 光接口板（以后提供）	O1CS	Optical interface board STM – 1 of Cross Switch
29	音频接口板	AI	Audio Interface board
30	数据接口板	DI	Data Interface board
31	4 端口智能快速以太网板	SFE4	Smart Fast Ethernet 4
32	双电源板	DPB	Dual – Power Board
33	前出线转接板	FCB	Front Cable Board

6.2.2　单板介绍

一、电源板（PWA、PWB、PWC）

1. 功能描述

电源板主要提供各单板的工作电源即二次电源，一块电源板相当于一个小功率的 DC/DC 变换器，能为 ZXMP S320 设备内的各个单板提供其运行所需的 + 3.3 V、+ 5 V、– 5 V 和 – 48 V 直流电源。为满足不同的供电环境，ZXMP S320 提供 PWA、PWB 和 PWC 三种电源板，分别适用于一次电源为 – 48 V、+ 24 V 和 ~ 220 V 的情况。为提高系统供电的可靠性，ZXMP S320 设备支持电源板的热备份工作方式。

2. 板外形图

电源板外形示意图如图 6 – 8 所示。

PPT

常用单板
介绍

学习资料

常用单板介绍

微课

常用单板介绍

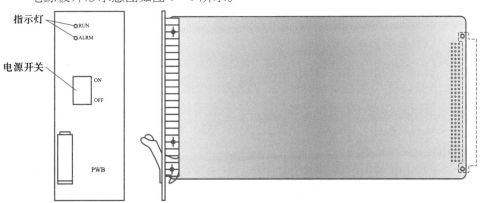

图 6 – 8　电源板外形示意图

3. 指示说明

电源板的面板上设有两个状态指示灯,由上到下分别标识为 RUN 和 ALRM,用于指示本板的工作状态。其中,RUN 是运行指示灯,为绿色,长亮表示本板正常运行;ALRM 是告警指示灯,为红色,本板有告警时长亮,并随告警的消失而熄灭。当设备接入一次电源后,电源板开关未接通时,ALRM 指示灯长亮,即安装电源板但未打开面板上的电源开关被视为告警。

二、网元控制处理板(NCP)

1. 功能描述

NCP 是一种智能型的管理控制处理单元,内嵌实时多任务操作系统,实现 ITU – TG. 783 建议规定的同步设备管理功能(SEMF)和消息通信功能(MCF)。

NCP 在网络管理结构中的位置如图 6 – 9 所示。

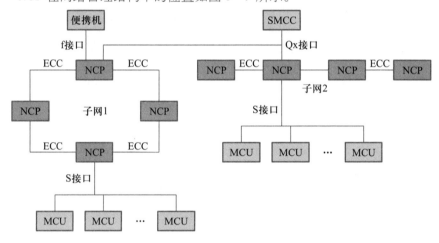

图 6 – 9 ZXMP S320 网络管理结构示意图

NCP 作为整个系统的网元级监控中心,向上连接子网管理控制中心 (SMCC),向下连接各单板管理控制单元(MCU),收发单板监控信息,具备实时处理和通信能力。NCP 完成本端网元的初始配置,接收和分析来自 SMCC 的命令,通过通信口对各单板下发相应的操作指令,同时将各单板的上报消息转发网管。NCP 还控制本端网元的告警输出和监测外部告警输入,可以强制各单板进行复位。

NCP 提供的接口和功能如下。

(1) S 接口

S 接口是 NCP 与系统时钟板、勤务板、光板、交叉板及各种电支路板等单板通信的接口。NCP 通过 S 接口给各单板管理控制单元(MCU)下达配置命令,并采集各单板的性能和告警信息。ZXMP S320 NCP 的 S 接口采用 TTL 电平的 UART 主从多机通信方式。

(2) ECC 通道

ECC 是 SDH 网元之间交流信息的通道,它利用 SDH 段开销中的 DCC(D1 ~ D3 字节)作为 ECC 的物理通道,数据链路层采用 HDLC 协议,工作在同步方式,通信速率为 192 kbit/s。

（3）Qx 接口

Qx 是满足 10Base – T/100Base – TX 的以太网标准接口,符合 TCP/IP 协议。它是网元与子网管理控制中心（SMCC）的通信接口。NCP 通过 Qx 接口可向 SMCC 上报本网元及所在子网的告警和性能,并接收 SMCC 给本网元及所在子网下达的各种命令。

（4）f 接口

f 接口是网元与本地管理终端（LMT,通常是便携机）之间的通信接口,一般为工程维护人员使用。通过 f 接口可以为 NCP 配置初始数据,也可以连接本地网元的监视终端。f 接口满足 RS – 232 电气特征,通信速率为 9 600 bit/s。

（5）外部告警输入接口

NCP 可接入告警输入开关量,开关量接通/断开对应的告警状态可以通过网管进行设定。当系统采用双电源输入时,NCP 可对每组电源进行故障监控。

（6）单板复位

NCP 为本端网元的所有 MCU 提供复位信号,SMCC 可以通过 NCP 硬件复位 MCU。

2. 板外形图

NCP 外形示意图如图 6 – 10 所示。

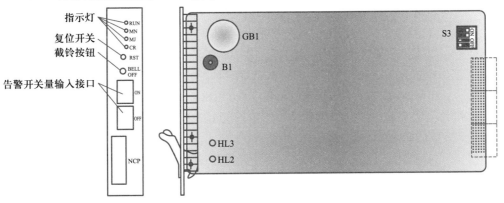

图 6 – 10　NCP 外形示意图

3. 指示说明

NCP 面板上共设有 4 个状态指示灯,由上到下分别标识为 RUN、MN、MJ 和 CR。这些指示灯可以反映本端网元的工作状态,其含义分别如下。

RUN 是运行指示灯,为绿色。长亮表示等待配置数据;1 s 闪烁 1 次表示 NCP 正常运行且已有网管主机登录和管理;1 s 闪烁 2 次表示系统正常运行,但没有网管主机登录。

MN 是一般告警指示灯,为黄色,本端网元有一般告警时长亮,并随告警的消失而熄灭。

MJ 是主要告警指示灯,为红色,本端网元有主要告警时长亮,并随告警的消失而熄灭。

CR 是严重告警指示灯,为红色,本端网元有严重告警时长亮,并随告警的消失而熄灭。

NCP 的 PCB 上设有 HL2、HL3 两个指示灯和一个蜂鸣器 B1。HL2 和 HL3 分别作为 NCP 上以太网口的数据收、发指示;B1 用于存在告警时,发出声音提醒用户,其告警音可以通过面板上的截铃按钮关闭或打开。

三、系统时钟板(SCB)

1. 功能描述

SCB 的主要功能是为 SDH 网元提供符合 ITU – TG. 813 规范的时钟信号和系统帧头,同时也提供系统开销总线时钟及帧头,使网络中各节点网元时钟的频率和相位都控制在预先确定的容差范围内,以便使网内的数字流实现正确有效的传输和交换,避免数据因时钟不同步而产生滑动损伤。

SCB 设有 2 个标准 2.048 Mbit/s 的 BITS 时钟输入接口、6 个 8 kbit/s 线路时钟输入基准和 5 路可选支路时钟输入基准,根据各时钟基准源的告警信息以及时钟同步状态信息(SSM)完成时钟基准源的保护倒换。SCB 还设有 2 个标准 2.048 Mbit/s 的外时钟输出接口,可提供两路时钟源基准信号输出,接口特性符合 G. 703,帧结构符合 G. 704。为提高系统同步定时的可靠性,SCB 支持双板热备份工作方式。

2. SCB 工作模式

SCB 在实现时钟同步、锁定等功能的过程中有以下工作模式。

① 快捕方式:指从 SCB 选择基准时钟源到锁定基准时钟源的过程。

② 跟踪方式:指 SCB 已经锁定基准时钟源的工作方式,这也是 SCB 的正常工作模式之一,此时 SCB 可以跟踪基准时钟源的微小变化并与其保持同步。

③ 保持方式:当所有定时基准丢失后,SCB 进入保持方式,SCB 利用定时基准信号丢失前所存储的最后频率信息作为其定时基准来工作,保持方式的保持时间为 24 h。

④ 自由运行方式:当设备丢失所有的外部定时基准,而且保持方式的时间结束后,SCB 的内部振荡器工作于自由振荡方式,为系统提供定时基准。

3. 板外形图

SCB 外形示意图如图 6 – 11 所示。

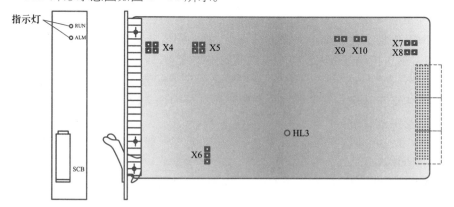

图 6 – 11 SCB 外形示意图

4. 指示说明

SCB 面板上设有两个状态指示灯,由上到下分别标识为 RUN 和 ALM,用于指示本板的工作状态。其中,RUN 是运行指示灯,为绿色,1 s 闪烁 1 次表示本板正常运行;ALM 是告警指示灯,为红色,本板有告警时长亮,并随告警的消失而熄灭。SCB 的 PCB 上还设有一个 HL3 指示灯,为绿色,亮时表示该 SCB 正向背板输出时钟。

四、勤务板(OW)

1. 功能描述

OW 利用 SDH 段开销中的 E1 字节和 E2 字节提供两条互不交叉的语音通道,一条用于再生段(E1),一条用于复用段(E2),从而实现各个 SDH 网元之间的语音联络。

OW 采用 PCM 语音编码,使用双音频信令,能够通过网管软件中的设定实现点到点、点到多点、点到组、点到全线的呼叫和通话。利用 SDH 段开销中的 F1 字节为用户提供一个标准的 RS – 232C 同向数据接口,可以实现 SDH 网元间的点到点数据传送。

OW 还包含开销交叉功能,可完成 6 个光口的空闲开销与支路音频/数据板的 HW 总线进行 36×36 的 64 kbit/s 全交叉。

2. 板外形图

OW 外形示意图如图 6 – 12 所示。

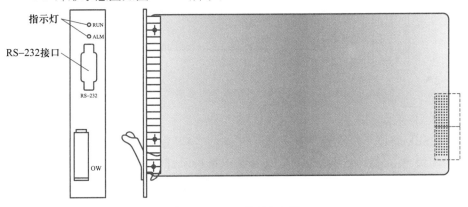

图 6 – 12　OW 外形示意图

3. 指示说明

OW 面板上设有两个状态指示灯,由上到下分别标识为 RUN 和 ALM,用于指示本板的工作状态。其中,RUN 是运行指示灯,为绿色,1 s 闪烁 1 次表示本板正常运行;ALM 是告警指示灯,为红色,本板有告警时长亮,并随告警的消失而熄灭。

五、增强型交叉板(CSBE)

1. 功能描述

CSBE 在系统中主要完成信号的交叉调配和保护倒换等功能,实现上/下业务及带宽管理。

CSBE 位于光线路板和支路板之间,具有 8×8 个 AU-4 容量的空分交叉能力和 1 008×1 008 TU-12/1 344×1 344 TU-11 容量的低阶交叉能力,可以对 2 个 STM-4 光方向、4 个 STM-1 光方向和 1 个支路方向的信号进行低阶全交叉,实现 VC-4、VC-3、VC-12、VC-11 级别的交叉连接功能,完成群路到群路、群路到支路、支路到支路的业务调度,并可实现通道和复用段业务的保护倒换功能。

在通道保护配置时,CSBE 可以自行根据支路告警完成倒换;在复用段保护配置时,CSBE 可以根据光线路板传送的倒换控制信号完成倒换。为提高系统的可靠性,ZXMP S320 设备支持 CSBE 的热备份工作方式。

CSBE 的主备用倒换状态可以利用网管软件进行设定,包括闭锁、强制倒换、人工倒换和自然倒换四种状态。

2. 板外形图

CSBE 外形示意图如图 6-13 所示。

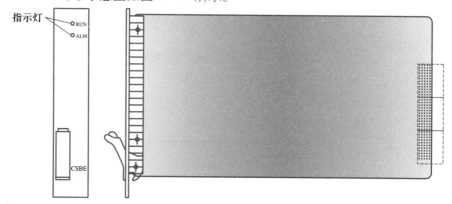

图 6-13　CSBE 外形示意图

3. 指示说明

CSBE 面板上设有两个状态指示灯,由上到下分别标识为 RUN 和 ALM,用于指示本板的工作状态。其中,RUN 是运行指示灯,为绿色,1 s 闪烁 1 次表示本板正常运行;ALM 是告警指示灯,为红色,本板有告警时长亮,并随告警的消失而熄灭。

六、STM-1 光接口板(OIB1)

1. 功能描述

OIB1 对外提供 1 路或 2 路 STM-1 标准光接口,实现 VC-4 到 STM-1 之间的开销处理和净负荷传递,完成 AU-4 指针处理和告警检测等功能。

提供 1 路光接口的 OIB1 表示为 OIB1S,提供 2 路光接口的 OIB1 表示为 OIB1D。为满足不同的传输距离等工程需求,OIB1 可提供 S-1.1、L-1.1、L-1.2 等多种光接口收发模块。对于 OIB1 的型号描述需要包含上述信息,例如,OIB1DS-1.1 表示提供 2 路 S-1.1 标准光接口的 STM-1 光接口板。

OIB1 上光接口适用的光纤连接器类型为 SC/PC 型。

2. 板外形图

OIB1D 外形示意图如图 6 – 14 所示。

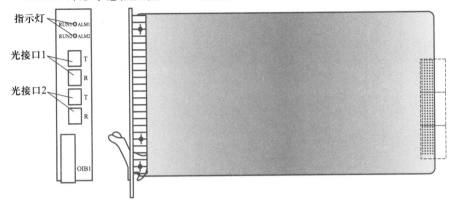

图 6 – 14 OIB1D 外形示意图

3. 指示说明

OIB1 面板上为每个光口设有一个可变颜色的线路状态指示灯。

OIB1D 面板上设有两个指示灯,由上至下分别标识为 RUN1 ALM1 和 RUN2 ALM2,分别对应于光接口 1 和光接口 2 的线路工作状态。

OIB1S 面板上只有一个指示灯,标识为 RUN1 ALM1。

当指示灯为绿色、1 s 闪烁 1 次时,表示本板正常运行;当指示灯为红色、1 s闪烁 1 次时,表示对应光路有告警。

七、全交叉 STM – 4 光接口板(O4CS)

1. 功能描述

O4CS 对外提供 1 路或 2 路 STM – 4 光接口,完成 STM – 4 光路/电路物理接口转换、时钟恢复与再生、复用/解复用、段开销处理、通道开销处理、支路净荷指针处理以及告警监测等功能。O4CS 具有 8 × 8 个 AU – 4 容量的空分交叉能力和 1 008 × 1 008 TU – 12/1 344 × 1 344 TU – 11 容量的低阶交叉能力,可以对 2 个 STM – 4 光方向、4 个 STM – 1 光方向和 1 个支路方向的信号进行低阶全交叉。O4CS 根据支路告警完成通道倒换功能,根据 APS 协议完成复用段保护功能。O4CS 将本板上 2 路 STM – 4 光接口传送来的 ECC 开销信号进行处理后复合为一组扩展 ECC 总线传送给 NCP。

提供 1 路光接口的 O4CS 表示为 O4CSS,提供 2 路光接口的 O4CS 表示为 O4CSD。为满足不同的传输距离等工程需求,O4CS 可提供 I. 4、S – 4.1、L – 4.1、L – 4.2 等多种光接口收发模块。对于 O4CS 的型号描述需要包含上述信息,例如,O4CSDS – 4.1 表示提供 2 路 S – 4.1 标准光接口的全交叉 STM – 4 光接口板。

O4CS 上光接口适用的光纤连接器类型为 SC/PC 型。

2. 板外形图

O4CSD 外形示意图如图 6 – 15 所示。

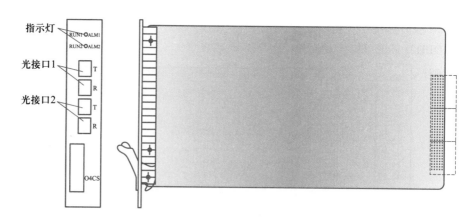

图 6 – 15　O4CSD 外形示意图

3. 指示说明

O4CSD 面板上为每个光口设置了一个可变颜色的线路状态指示灯,由上至下分别标识为 RUN1 ALM1 和 RUN2 ALM2,对应于光接口 1 和光接口 2 的线路工作状态。当指示灯为绿色、1 s 闪烁 1 次时,表示本板正常运行;当指示灯为红色、1 s 闪烁 1 次时,表示对应光路或本板有告警。

八、全交叉 STM – 1 光接口板(O1CS)

O1CS 与 O4CS 一样最多可以对外提供 2 个光接口,完成光路/电路物理接口转换、时钟恢复与再生、复用/解复用、段开销处理、通道开销处理、支路净荷指针处理以及告警监测等功能。

O1CS 能提供 13 × 13 AU – 4 容量的低阶交叉能力。O1CS 与 O4CS 的主要区别就是 O1CS 提供的光接口为 STM – 1 级别的光接口,其功能、原理和面板指示等都可参照 O4CS 的说明,这里不再重复叙述。

九、电支路板(ET1、ET1G、ET3)

1. 功能描述

(1) ET1 单板

ET1 可以完成 8 路或 16 路 E1 信号(2 Mbit/s)经 TUG – 2 至 VC – 4 的映射和去映射,支路信号的对外连接通过背板接口区连接相应型号的支路插座板实现。ET1 从 E1 支路信号抽取时钟并供系统同步定时使用。ET1 完成对本板 E1 支路信号的性能和告警分析并上报,但对支路信号的内容不进行任何处理。在配置支路倒换板后,可以实现 ET1 支路板的 $1:N(N \leqslant 4)$ 保护。

根据 ET1 每板支路数目和接口阻抗不同,ET1 板提供以下型号供用户选择。

- ET1 – 75:提供 16 路 75 Ω E1 信号接口。
- ET1 – 120:提供 16 路 120 Ω E1 信号接口。
- ET1 – 75E:提供 8 路 75 Ω E1 信号接口
- ET1 – 120E:提供 8 路 120 Ω E1 信号接口。

(2) ET1G 单板

ET1G 可以完成 E1 信号(2 Mbit/s)或 T1 信号(1.5 Mbit/s)经 TUG – 2 至

VC - 4 的映射和去映射,支路信号的对外连接通过背板接口区连接相应型号的支路插座板实现。ET1G 可以由 E1/T1 支路抽取时钟信号并供系统同步定时使用。ET1G 完成对本板 E1/T1 支路信号的性能和告警分析并上报,但对支路信号的内容不进行任何处理。在配置支路倒换板后,可以实现 ET1G 支路板的 1:N ($N \leqslant 4$) 保护。

根据 ET1G 每板的支路信号和接口形式不同,ET1G 板提供以下型号供用户选择。

- ET1G - T1:提供 16 路 T1 信号接口。
- ET1G - E1:提供 16 路 E1 信号接口,采用 75 Ω 非平衡接口时表示为 ET1G - NE1,采用 120 Ω 平衡接口时表示为 ET1G - BE1。

（3）ET3 单板

ET3 兼容 E3 信号(34 Mbit/s)和 DS3 信号(45 Mbit/s),通过设置可以选择支持 E3 或 DS3 支路信号接口,对应于 E3 信号的 ET3 型号表示为 ET3E,对应于 DS3 信号的 ET3 型号表示为 ET3D。

ET3 可以完成 1 路 E3 信号或 DS3 信号经 TUG - 3 至 VC - 4 的映射和去映射,支路信号的对外连接通过背板接口区连接相应型号的支路插座板实现。ET3 完成对本板 E3/DS3 支路信号的性能和告警分析并上报,但对支路信号的内容不进行任何处理。在配置支路倒换板 TST 或 TSA 后,可以实现 ET3 支路板的 1:N ($N \leqslant 3$) 保护。

2. 板外形图

ET1 外形示意图如图 6 - 16 所示。

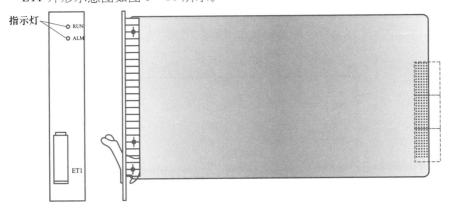

图 6 - 16　ET1 外形示意图

3. 指示说明

电支路板的面板上设有两个指示灯,由上至下分别标识为 RUN 和 ALM,用于指示本板的工作状态。其中,RUN 是运行指示灯,为绿色,1 s 闪烁 1 次,表示本板正常运行;ALM 是告警指示灯,为红色,本板有告警时长亮,并随告警的消失而熄灭。

十、支路倒换板

1. 功能描述

支路倒换板与备用支路板共同实现对支路板的 1:N ($N \leqslant 4$) 保护,保证某一块主用支路板掉电或拔板时不影响正常业务。根据保护的主用支路板形式和信号接口类型不同,支路倒换板可分为 TSA 和 TST 两种,分别说明如下。

① TSA:E1/T1/E3/DS3 支路倒换板,兼容 E1/T1 支路信号输出时的平衡式输出(120 Ω、100 Ω)和非平衡式输出(75 Ω),采用 64 芯插座,最大容量为 63E1/64T1,非平衡输出支路倒换板表示为 TSAN,平衡输出支路倒换板表示为 TSAB。TSA 用于 E3/DS3 支路信号输出,采用同轴插座,可提供 3 路 E3/DS3 非平衡式输出(75 Ω)。

② TST:T3/E3 支路倒换板,用于 T3/E3 支路信号输出,采用 75 Ω 非平衡 BNC 同轴插座。

2. 板外形图

TSA 支路倒换板外形示意图如图 6 - 17 所示,TST 支路倒换板外形示意图如图 6 - 18 所示。

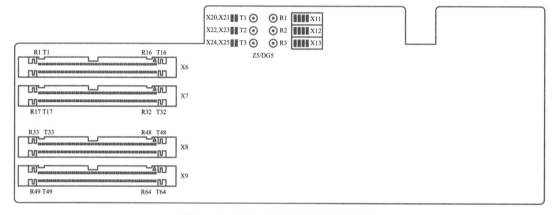

图 6 - 17　TSA 支路倒换板外形示意图

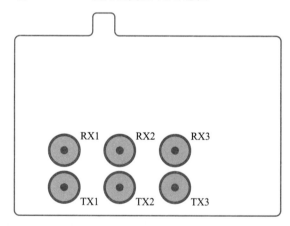

图 6 - 18　TST 支路倒换板外形示意图

任务实施

一、拓扑图设计

这里考虑站点之间的业务传输,将网络拓扑设计为环形,如图 6 - 19 所示。

二、配置方案

对图 6 – 19 中各个站点给出单板配置方案，站点供电电压为 – 48 V，上/下 15 个 2 Mbit/s 业务，可通公务。

单板配置方案如图 6 – 20 所示。

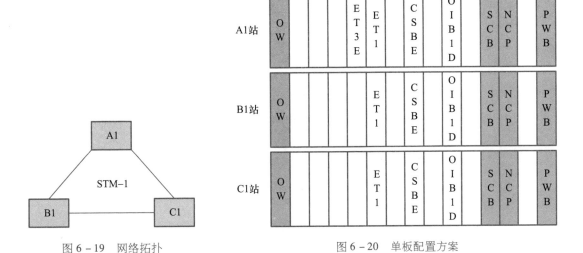

图 6 – 19　网络拓扑

图 6 – 20　单板配置方案

任务拓展

6.2.3　单板配置方案

某区域设置适合数量的站点组成传输速率为 STM – 4 的传输网络，传输任务不变，此时网络拓扑设计改为如图 6 – 21 所示。单板配置方案则如图 6 – 22 所示。

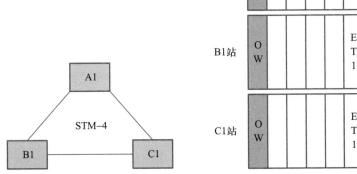

图 6 – 21　拓展任务网络拓扑

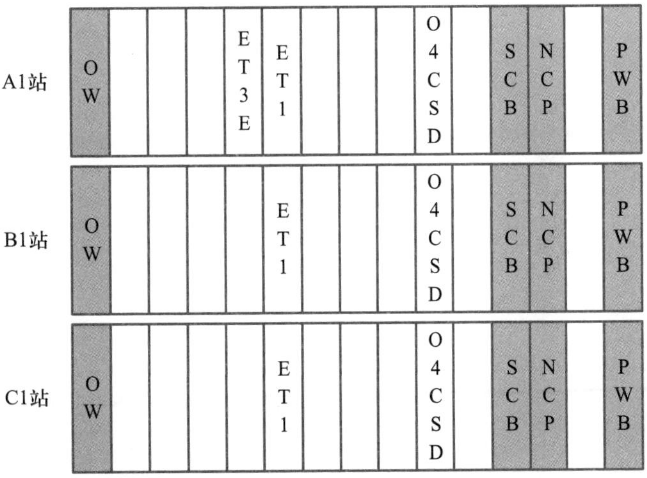

图 6 – 22　拓展任务单板配置方案

项目小结

1. ZXMP S320 设备单板由面板、扳手、印制电路板(PCB)组成。

2. ZXMP S320 背板的接口有 POWER、Qx、f(CIT)、SWITCHING INPUT、ALARM、BITS、OW 和支路接口区。

3. 电源板(PWA、PWB、PWC)主要提供各单板的工作电源即二次电源,一块电源板相当于一个小功率的 DC/DC 变换器,能为 ZXMP S320 设备内的各个单板提供其运行所需的 +3.3 V、+5 V、-5 V 和 -48 V 直流电源。

4. 网元控制处理板(NCP)是一种智能型的管理控制处理单元,内嵌实时多任务操作系统,实现 ITU-TG.783 建议规定的同步设备管理功能(SEMF)和消息通信功能(MCF)。

NCP 作为整个系统的网元级监控中心,向上连接子网管理控制中心(SMCC),向下连接各单板管理控制单元(MCU),收发单板监控信息,具备实时处理和通信能力。NCP 提供的接口和功能如下。

① S 接口:NCP 通过 S 接口给各单板管理控制单元(MCU)下达配置命令,并采集各单板的性能和告警信息。

② ECC 通道:ECC 是 SDH 网元之间交流信息的通道,它利用 SDH 段开销中的 DCC(D1~D3 字节)作为 ECC 的物理通道,工作在同步方式,通信速率为 192 kbit/s。

③ Qx 接口:NCP 通过 Qx 接口可向 SMCC 上报本网元及所在子网的告警和性能,并接收 SMCC 给本网元及所在子网下达的各种命令。

④ f 接口:f 接口是网元与本地管理终端(LMT,通常是便携机)之间的通信接口,一般为工程维护人员使用。通过 f 接口可以为 NCP 配置初始数据,也可以连接本地网元的监视终端。

⑤ 外部告警输入接口:NCP 可接入告警输入开关量,开关量接通/断开对应的告警状态可以通过网管进行设定。当系统采用双电源输入时,NCP 可对每组电源进行故障监控。

⑥ 单板复位:NCP 为本端网元的所有 MCU 提供复位信号,SMCC 可以通过 NCP 硬件复位 MCU。

5. 系统时钟板(SCB)的主要功能是为 SDH 网元提供符合 ITU-TG.813 规范的时钟信号和系统帧头,同时也提供系统开销总线时钟及帧头。在 SCB 实现时钟同步、锁定等功能的过程中有快捕、跟踪、保持、自由运行四种工作模式。

6. 勤务板(OW)利用 SDH 段开销中的 E1 字节和 E2 字节提供两条互不交叉的语音通道,一条用于再生段(E1),一条用于复用段(E2),从而实现各个 SDH 网元之间的语音联络。

7. 增强型交叉板(CSBE)在系统中主要完成信号的交叉调配和保护倒换等功能,实现上/下业务及带宽管理。CSBE 的主备用倒换状态可以利用网管软件进行设定,包括闭锁、强制倒换、人工倒换和自然倒换四种状态。

8. STM－1 光接口板(OIB1)对外提供 1 路或 2 路 STM－1 标准光接口,实现 VC－4 到 STM－1 之间的开销处理和净负荷传递,完成 AU－4 指针处理和告警检测等功能。提供 1 路光接口的 OIB1 表示为 OIB1S,提供 2 路光接口的 OIB1 表示为 OIB1D。

9. 全交叉 STM－4 光接口板(O4CS)对外提供 1 路或 2 路 STM－4 光接口,完成 STM－4 光路/电路物理接口转换、时钟恢复与再生、复用/解复用、段开销处理、通道开销处理、支路净荷指针处理以及告警监测等功能。

10. 全交叉 STM－1 光接口板(O1CS)与 O4CS 一样最多可以对外提供 2 个光接口,完成光路/电路物理接口转换、时钟恢复与再生、复用/解复用、段开销处理、通道开销处理、支路净荷指针处理以及告警监测等功能。

11. 电支路板(ET1、ET1G、ET3)。

① ET1 单板:ET1 可以完成 8 路或 16 路 E1 信号(2 Mbit/s)经 TUG－2 至 VC－4的映射和去映射。

② ET1G 单板:ET1G 可以完成 E1 信号(2 Mbit/s)或 T1 信号(1.5 Mbit/s)经 TUG－2 至 VC－4 的映射和去映射。

③ ET3 单板:ET3 兼容 E3 信号(34 Mbit/s)和 DS3 信号(45 Mbit/s),对应于 E3 信号的 ET3 型号表示为 ET3E,对应于 DS3 信号的 ET3 型号表示为 ET3D。

12. 支路倒换板与备用支路板共同实现对支路板的 $1:N(N\leqslant 4)$ 保护,保证某一块主用支路板掉电或拔板时不影响正常业务。

技能训练

试着完成以下传输任务要求:A、B 站间可以传输 3 个 34 Mbit/s 业务;B、E 站点间可以传输 5 个 2 Mbit/s 业务;A、E 站点间可以传输 1 个 34 Mbit/s 业务,网络传输速率为 STM－4。按要求完成网络拓扑设计。在网络拓扑图的基础上,完成每个站点的单板配置。

项目七

SDH业务组网应用

知识目标

- 熟悉SDH网管体系结构、软件组成、接口和特点。
- 熟悉各种常用拓扑形状的特点和应用场景。
- 掌握SDH业务组网的流程。

技能目标

- 掌握SDH网管软件的使用方法。
- 掌握单板配置操作方法。
- 掌握组网配置操作方法。
- 掌握业务配置操作方法。

任务一 网管软件使用

知识引入
网管介绍

PPT
网管介绍

学习资料
网管介绍

微课
网管介绍

任务分析

完成 SDH 设备和业务配置,需要用到网管软件。SDH 网管软件有一系列产品,如 ZXONM E100/E300/E400/E500/N100。

① ZXONM E100,基于 Windows 平台的网元层网管系统,主要管理的设备对象包括 ZXSM－150、ZXSM－600、ZXSM－150S、ZXMP S310、ZXMP S320、ZXMP S360 等。

② ZXONM E300,基于 Windows 和 Unix 平台的网元层网管系统,主要管理的设备对象包括 ZXMP S200/320/325/360/380/385/390 以及 ZXMP M600/800 和 ZXWM M900 等。

③ ZXONM E400,基于 Windows NT 的网元层网管系统,主要管理 DWDM 产品。

④ ZXONM E500,基于 Unix 平台的网元层网管系统,主要管理 DWDM 产品。

⑤ ZXONM N100,基于 Windows 和 Unix 平台的网络层网管系统,可管理 SDH 和 DWDM 设备,并可对其他网管提供 CORBA、Q3 等接口。

ZXMP S320 设备可以使用 ZXONM E300 网管软件。网管软件的结构如何? 分哪些层次? 有哪些接口?

知识基础

ZXMP S320 采用 ZXONM E300 网管软件,实现设备硬件系统与传输网络的管理和监视,协调传输网络的工作。

7.1.1 网管软件层次结构

ZXONM E300 网管软件采用四层结构,分别为设备层、网元层、网元管理层和子网管理层,并向网络管理层提供 Corba 接口,如图 7 - 1 所示。

一、设备层

设备层(MCU)负责监视单板的告警和性能状况,接收网管系统命令,控制单板实现特定的操作。

二、网元层

网元层(NE)在网管系统为 Agent,执行对单个网元的管理职能,在网元上电初始化时对各单板进行配置处理,正常运行状态下负责监控整个网元的告警、性能状况,通过网关网元(GNE)接收网元管理层(Manager)的监控命令并进行处理。

三、网元管理层

网元管理层包括 Manager(管理者)、GUI(用户界面)和 LCT(本地维护终端),用于控制和协调多个网元设备的运行。

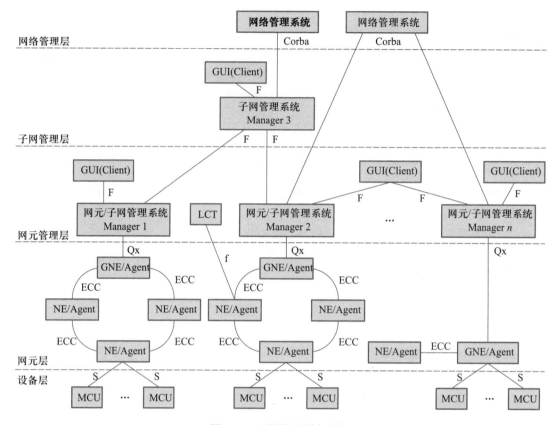

图 7 - 1 网管软件层次结构

网元管理层的核心为 Manager(或 Server),可同时管理多个子网,控制和协调网元设备。

GUI 提供图形用户界面,将用户管理要求转换为内部格式命令下发至 Manager。

LCT 通过控制用户权限和软件功能部件实现 GUI 和 Manager 的一种简单合成,提供弱化的网元管理功能,主要用于本地网元的开通维护。

四、子网管理层

子网管理层的组成结构和网元管理层类似,对网元的配置、维护命令通过网元管理层的网管间接实现。子网管理系统通过管理系统给网元下发控制命令,网元将命令的执行结果通过网元管理系统反馈给子网管理系统。子网管理系统可以为网络管理层提供 Corba 接口,传递子网监控指令和运行信息。

7.1.2 网管软件组成结构及接口

一、组成结构

ZXONM E300 网管软件的组成结构如图 7 - 2 所示,包括 GUI、Manager、DB 和 Agent 四部分。

Manager(管理者):也称为 Server(服务器)。

GUI(用户界面):也称为 Client(客户端),GUI 基本上不保存动态的网管数据,这些数据在 GUI 使用时通过 Manager 从数据库中提取。

DB(数据库)：主要完成界面和管理功能模块的信息查询,配置、告警等信息的存储,数据一致性的处理。

Agent(网元)：位于网元层。Agent 运行于 NCP 外,GUI、Manager 和 DB 均可运行在 HP、SUN 或 PC 平台上。

网管软件采用 Client/Server(客户/服务器)方式实现。从图 7-2 中可以看出以下几点。

① GUI 和 Manager 之间,GUI 是客户端,Manager 是服务器端。

② Manager 和 DB 之间,Manager 是客户端,DB 是服务器端。

③ Manager 和 Agent 之间,Manager 是客户端,Agent 是服务器端。

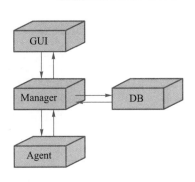

图 7-2 网管软件组成结构

客户端向服务器端发送请求,服务器端接收请求,处理分析后做出相应的响应。

二、接口

网管软件各接口的位置如图 7-1 所示,各接口的名称及说明见表 7-1。

表 7-1 网管软件接口

接口名称	接 口 说 明
Qx 接口	Agent 与 Manager 的接口,即网元控制处理板(NCP)与 Manager 程序在计算机的接口,遵循 TCP/IP 协议
F 接口	GUI 与 Manager、子网管理层 Manager 与网元管理层 Manager 的接口,遵循 TCP/IP 协议
f 接口	Agent 与 LCT 的接口,即 NCP 与维护终端的接口,维护终端安装有相应的网管软件,遵循 TCP/IP 协议
S 接口	Agent 与 MCU 的接口,即 NCP 与单板的通信接口。S 接口采用基于 HDLC 的通信机制进行一点到多点的通信
ECC 接口	Agent 与 Agent,即网元与网元之间的通信接口。ECC 接口采用 DCC 进行通信,可考虑同时支持自定义通信协议和标准协议,在 Agent 上完成网桥功能

任务实施

7.1.3 E300 网管软件使用

① 启动 E300 的 Server 组件,启动画面如图 7-3 所示。

② 启动 E300 的 GUI 组件,启动成功后出现登录界面,如图 7-4 所示。 输入登录名和密码后,出现 E300 操作界面,如图 7-5 所示。

图 7-3 E300 Server 启动画面

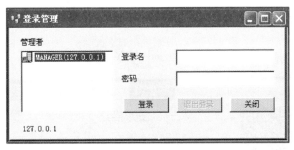

图 7-4 E300 登录界面

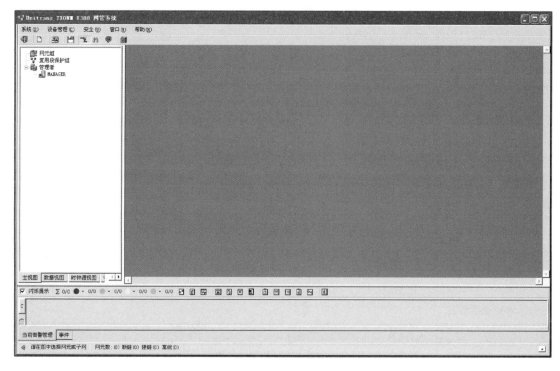

图 7 – 5　E300 操作界面

任务拓展

说明如何在计算机上安装 ZXONM E300 软件。

任务二　单板配置设计

任务分析

进行单板规划的前续知识是每种单板的原理和功能。在进行单板配置前，需要明确 SDH 网络拓扑图以及相应的业务需求，在此基础上进行单板规划和配置。进行单板规划的步骤如下：第一，为每个网元确定功能板；第二，分析网元光方向，为每个网元规划光口板；第三，根据需求，规划每个网元的支路板；最后，进行单板配置操作。本任务依据具体案例，进行单板规划和配置。

知识基础

7.2.1　链形网单板规划与配置

一、任务描述

链形传输网由网元 A、网元 B、网元 C 和网元 D 组成，网络拓扑结构如图 7 – 6 所示。

图 7 - 6 链形网络拓扑结构

各网元间业务配置如下。

A↔B：1 个 34 Mbit/s 业务　C↔D：2 个 34 Mbit/s 业务

A↔C：4 个 2 Mbit/s 业务

二、单板规划

单板可分为功能板、光接口板和支路板三大类,因此单板规划就围绕三类单板展开:首先规划功能板,然后规划光接口板,最后规划支路板。

1. 功能板规划

功能板有 5 种:主控板、勤务板、时钟板、交叉连接板和电源板。

主控板只有 1 种,即 NCP。

勤务板只有 1 种,即 OW。

时钟板只有 1 种,即 SCB。

交叉连接板有 CSB、CSBE 和交叉连接光接口板 3 种。CSB 功能比较弱,CSBE 可满足更多业务需求,而交叉连接光接口板用于额外增加光接口数量。本案例中不需要额外增加光接口数量。

电源板有 3 类,即 PWA、PWB 和 PWC。PWA 用于直流 - 48 V,PWB 用于直流 + 24 V,PWC 用于交流 220 V。为了便于上电,一般用 PWC。

如果不考虑冗余备份,每种单板安插 1 张即可。链形网功能板规划见表 7 - 2。

2. 光接口板规划

一个网元必须安插光接口板来提供光接口。一个网元的光接口数量要大于或等于网元的光方向数量。

S320 的光接口板有 622 Mbit/s 和 155 Mbit/s 两种接口,本案例采用 155 Mbit/s 光接口即可满足需求。链形网光接口板规划见表 7 - 3。

表 7 - 2　链形网功能板规划

网元	NCP	OW	SCB	CSBE	PWC
A	1	1	1	1	1
B	1	1	1	1	1
C	1	1	1	1	1
D	1	1	1	1	1

表 7 - 3　链形网光接口板规划

网元	光方向数量	光板类型：数量
A	1	OIB1S：1
B	2	OIB1D：1
C	2	OIB1D：1
D	1	OIB1S：1

3. 支路板规划

网元安插支路板的类型和数量,要根据业务需求来决定,所以需要考查每个网元的业务类型和业务数量。考查本案例,有两种业务类型：2 Mbit/s 和 34 Mbit/s。开 2 Mbit/s 业务需要 ET1,开 34 Mbit/s 业务需要 ET3E。

考查每个网元的业务类型和数量,可得链形网支路板规划,见表 7 - 4。

表7-4　链形网支路板规划

网元	34 Mbit/s 业务数量	2 Mbit/s 业务数量	ET3E 数量	ETI 数量
A	1	4	1	1
B	1		1	
C	2	4	2	1
D	2		2	

综合各网元的功能板、光接口板和支路板,得到表7-5。

表7-5　链形网单板规划汇总表

网元	NCP	OW	SCB	CSBE	PWC	光板类型:数量	ET3E 数量	ETI 数量
A	1	1	1	1	1	OIB1S:1	1	1
B	1	1	1	1	1	OIB1D:1	1	
C	1	1	1	1	1	OIB1D:1	2	1
D	1	1	1	1	1	OIB1S:1	2	

三、单板配置操作

步骤1:启动网管

启动 Server→启动 GUI。

步骤2:创建网元

在客户端操作窗口中,单击"设备管理"→"创建网元"菜单命令,或单击工具条中的⬜按钮,弹出"创建网元"对话框。通过定义网元的名称、标识、IP 地址等参数,在网管客户端创建网元。

步骤3:安装单板

在客户端操作窗口中,双击拓扑图中的网元标识。根据待安装单板的类型,在单板类型选择区单击相应的板按钮,板按钮高亮显示。同时,模拟子架区中可以安装该类型单板的空闲槽位变为亮黄色。单击某个亮黄色槽位,该单板安装完毕。依次安装其他单板。🔲为取消安装按钮,单击该按钮后,槽位上的亮黄色会消失。

四、单板配置结果

单板配置完成后,各网元单板截图如图7-7所示。

任务实施

7.2.2　环形网单板规划与配置

一、任务描述

环形传输网由网元 A、网元 B、网元 C 和网元 D 组成,网络拓扑结构如图7-8所示。

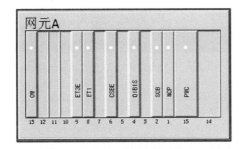
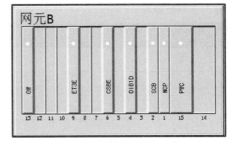
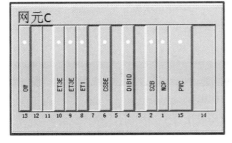
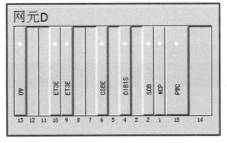

图 7-7　链形网各网元单板截图

各网元间业务配置如下。

A↔B：3 个 2 Mbit/s 业务　　B ↔D：1 个 34 Mbit/s 业务

C↔D：1 个 34 Mbit/s 业务

二、单板规划

单板规划还是围绕三类单板展开：首先规划功能板，然后规划光接口板，最后规划支路板。

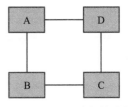

图 7-8　环形网络拓扑结构

1. 功能板规划

环形网功能板规划与 7.2.1 节介绍的链形网功能板规划类似，具体见表 7-6。

2. 光接口板规划

环形网光接口板规划与 7.2.1 节介绍的链形网光接口板规划类似，具体见表 7-7。

表 7-6　环形网功能板规划

网元	NCP	OW	SCB	CSBE	PWC
A	1	1	1	1	1
B	1	1	1	1	1
C	1	1	1	1	1
D	1	1	1	1	1

表 7-7　环形网光接口板规划

网元	光方向数量	光板类型：数量
A	2	OIB1D：1
B	2	OIB1D：1
C	2	OIB1D：1
D	2	OIB1D：1

3. 支路板规划

考查本案例，有两种业务类型：2 Mbit/s 和 34 Mbit/s。开 2 Mbit/s 业务需要 ET1，开 34 Mbit/s 业务需要 ET3E。

考查每个网元的业务类型和数量，得到表 7-8。

表7-8 环形网支路板规划

网元	34 Mbit/s 业务数量	2 Mbit/s 业务数量	ET3E 数量	ET1 数量
A		3		1
B	1	3	1	1
C	1		1	
D	2		2	

综合各网元的功能板、光接口板和支路板,得到表7-9。

表7-9 环形网单板规划汇总表

网元	NCP	OW	SCB	CSBE	PWC	光板类型:数量	ET3E 数量	ET1 数量
A	1	1	1	1	1	OIB1D:1		1
B	1	1	1	1	1	OIB1D:1	1	1
C	1	1	1	1	1	OIB1D:1	1	
D	1	1	1	1	1	OIB1D:1	2	

三、单板配置结果

单板规划完成后,按照前述方法进行单板配置操作。单板配置完成后,各网元单板截图如图7-9所示。

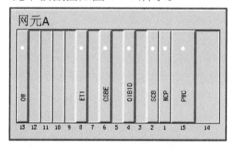

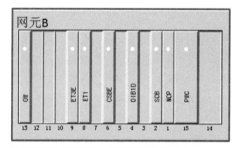

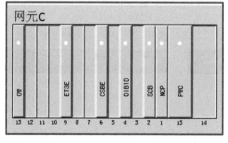

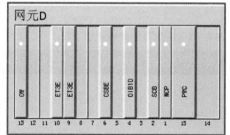

图7-9 环形网各网元单板截图

任务拓展

7.2.3 复杂网络单板规划与配置

网络拓扑结构如图7-10所示。

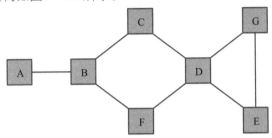

图7-10 拓展任务网络拓扑结构

各网元间业务配置如下。

A↔F：1个34 Mbit/s业务   A↔C：2个2 Mbit/s业务

C↔E：4个2 Mbit/s业务   E↔F：1个34 Mbit/s业务

任务：考查上述网络拓扑，根据业务需求，进行单板规划和配置。

任务三 SDH组网配置

任务分析

在单板规划和操作完成后，接下来的任务是进行光纤链路连接。光纤链路自然需要使用光接口，通过光纤链路连接可以验证光接口数量和类型是否符合需求。本任务依据具体案例，进行组网配置操作。

知识基础

7.3.1 链形网组网配置

一、光纤链路连接操作

在7.2.1节"链形网单板规划与配置"的基础上，按照拓扑图（图7-6），进行光纤链路连接。

在客户端操作窗口中，选择SDH网元，单击"设备管理"→"公共管理"→"网元间连接配置"菜单命令，或单击工具条中的 📝 按钮，弹出"连接配置"对话框，增加网元间连接关系。

注意：默认连接为"双向"，只要按照正确的连接方法连接左边的网元和右边的网元即可，不必太多考虑方向。

知识引入
组网配置

PPT
组网配置

学习资料
组网配置

微课
组网配置

二、光纤链路配置结果

链形网网络拓扑网管截图如图 7 – 11 所示。

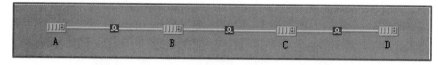

图 7 – 11 链形网网络拓扑网管截图

在网管界面中双击网络拓扑图上的光纤链路,可以看到每条光纤链路的名称、网元、槽位、端口号对应关系,如图 7 – 12 所示。

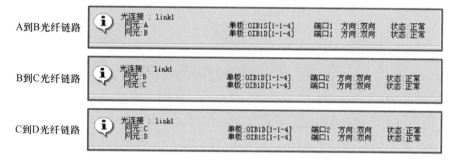

图 7 – 12 链形网光纤链路明细

任务实施

7.3.2 环形网组网配置

在 7.2.2 节"环形网单板规划与配置"的基础上,按照前述方法进行光纤链路连接操作。环形网网络拓扑网管截图如图 7 – 13 所示。

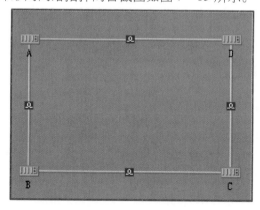

图 7 – 13 环形网网络拓扑网管截图

在网管界面中双击网络拓扑图上的光纤链路,可以看到每条光纤链路的名称、网元、槽位、端口号对应关系,如图 7 – 14 所示。

| A到B光纤链路 | ⓘ | 光连接：link1
网元：A
网元：B | 单板：OIB1D[1-1-4]
单板：OIB1D[1-1-4] | 端口1 方向：双向
端口1 方向：双向 | 状态：正常
状态：正常 |
| A到B光纤链路 | ⓘ | 光连接：link1
网元：B
网元：C | 单板：OIB1D[1-1-4]
单板：OIB1D[1-1-4] | 端口2 方向：双向
端口1 方向：双向 | 状态：正常
状态：正常 |

B到C光纤链路

C到D光纤链路

A到D光纤链路

图7-14 环形网光纤链路明细

任务拓展

7.3.3 复杂网络组网配置

网络拓扑结构如图7-10所示。在7.2.3节"复杂网络单板规划与配置"的基础上,根据业务需求进行光纤链路连接操作。

任务四 SDH 业务配置

任务分析

在光传输网络上开通业务是最重要的环节,前述的创建网元、单板规划、连接光纤链路等操作都是为开通业务做铺垫。SDH 网络的业务有 2 Mbit/s、34 Mbit/s 和 140 Mbit/s 三种,这里主要介绍 2 Mbit/s 和 34 Mbit/s 业务开通。本任务依据具体案例,进行业务配置操作。

知识基础

7.4.1 链形网业务配置

一、业务配置规划

在7.2.1节"链形网单板规划与配置"、7.3.1节"链形网组网配置"的基础上,进行业务配置规划。链形网业务端口和时隙规划见表7-10。

表7-10 链形网业务端口和时隙规划

业务端点	业务类型和数量	端时隙	光纤链路	端时隙
A 到 B	1 个 34 Mbit/s	A：9 槽位 -1	A 到 B：link1	B：9 槽位 -1
A 到 C	4 个 2 Mbit/s	A：8 槽位 -1 ~4	A 到 C：link1	C：8 槽位 -1 ~4
C 到 D	2 个 34 Mbit/s	C：9 槽位 -1 C：10 槽位 -1	C 到 D：link1	D：9 槽位 -1 D：10 槽位 -1

📁 知识引入
业务配置

📞 PPT
业务配置

@ 学习资料
业务配置

📚 微课
业务配置

二、业务配置操作

1. 操作方法

在客户端操作窗口中,选择 SDH 网元,单击"设备管理"→"SDH 管理"→
"业务配置"菜单命令或单击工具条中的 🔆 按钮,弹出"业务配置"对话框,
如图 7 – 15 所示。

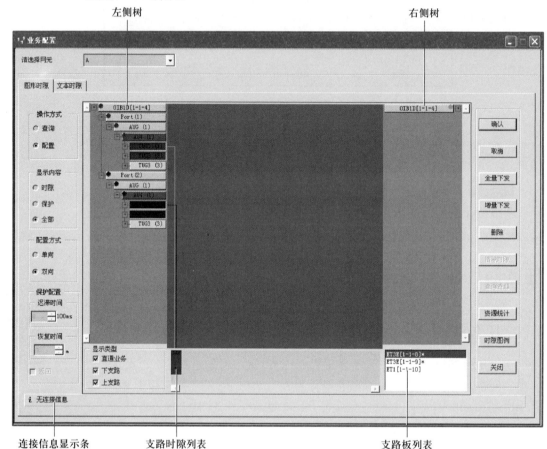

图 7 – 15 业务配置对话框

界面说明如下。

- "请选择网元":显示当前所选网元,并可在下拉列表中选择客户端操
  作窗口中选择的其他网元。
- "操作方式":包括"查询"和"配置"两个选项。选择"查询"时,
  对话框仅完成网元业务的查询功能;选择"配置"时,激活对话框右侧
  的命令按钮,可进行网元业务的配置操作。
- "显示内容":"业务配置"对话框中显示或即将配置的连线类型,包
  括"时隙""保护"和"全部"选项。选择"全部",即显示所有时隙
  配置和保护配置连线。
- "配置方式":待配置时隙的类型,包括"单向"和"双向"两个选
  项。"单向"表示仅配置发方向或收方向业务,"双向"表示配置发方

向业务的同时自动配置收方向业务。配置时,系统默认为双向业务。

- "确认"按钮:单击后,确认配置,但尚未保存到数据库和下发至 NCP。
- "删除"按钮:单击后,删除所选时隙,但尚未保存到数据库和下发至 NCP。
- "清除时隙"按钮:单击后,清空当前网元的时隙配置或保护配置。
- "全量下发"按钮:单击后,将当前网元的所有时隙及保护配置保存至数据库,如果当前网元在线,下发到网元 NCP。
- "增量下发"按钮:单击后,仅将新配置数据下发到网元 NCP。
- 左侧树:显示接收端光板的时隙配置和保护配置。
- 右侧树:显示发送端光板的时隙配置和保护配置。
- 支路板列表:列出当前网元已安装且可进行业务配置的支路板。配置有业务的单板名称后有"∗"标识。
- 支路时隙列表:显示支路板列表中所选支路板与光板的上下支路配置。
- 连接信息显示条:当光标移动到图 7 – 15 中的时隙时,显示光标所指时隙的端点信息,包括起始、终结断点的单板、端口和通道信息。
- 树节点:分为光板、端口级、AUG 级、AU 级、TUG – 3 级、TU 级和支路级。
  ◇ 光板树节点:由单板名称、机架 ID、子架 ID 和槽位号组成,如"OIB1D [1 – 1 – 4]"表示该单板是一块安装在机架 ID 为 1、子架 ID 为 1、4 号槽位的 OIB1D。
  ◇ 端口树节点:由端口序号组成,如"Port(1)"标识单板的第 1 个端口。
  ◇ 单元树节点:由单元名称和序号组成,如"AUG(1)"表示 1 号 AUG,"12(1)"表示 1 号 TU – 12 等,以此类推。
  ◇ 支路树节点:由支路速率和序号组成,位于支路时隙列表,如 表示 3 号 2M 支路(VC – 12)。
- 带标记的树节点:分为已分配时隙的单板或单元、配置通道保护的单板或单元,以及配置有复用段保护的 AUG 单元树节点。
  ◇ 配置时隙的树节点:直接进行时隙配置的树节点背景色为绿色,如 12(43) ,其上级树节点一侧有一绿色圆形标记,如 TUG3 (3) 。
  ◇ 配置通道保护的树节点:直接进行保护配置的树节点背景色为蓝色,如 TUG3 (1) ,其上级树节点一侧有一蓝色圆形标记,如 AU4 (1) 。
  ◇ 配置时隙和通道保护的树节点:直接配置有时隙和保护的树节点背景色为红色,如 TUG3 (1) ,其上级树节点一侧有一红色圆形标记,如 AU4 (1) 。
- 指向树节点的黄色箭头:其所指向的节点为当前选择节点。
- 红色虚线:确定下发的时隙配置或保护配置线。
  红色实线:当前所选的时隙配置或保护配置线。

图片

带标记的树节点

白色实线：已确定但未下发的时隙配置线。

浅绿色实线：已确定但未下发的保护配置线。

绿色实线：已确定并下发的时隙配置线。

蓝色实线：已确定并下发的保护配置线。

黄色实线：下发命令失败的时隙配置或保护配置线。

- "关闭"按钮：单击后，退出"业务配置"对话框。

2. 具体操作

在图 7-15 所示的"业务配置"对话框里，将支路时隙与群路时隙连接起来，两者之间会出现红色虚线，然后单击"确定"和"增量下发"按钮，将命令下发到 NCP 单板上，连接会变成绿色实线。

三、业务配置结果

业务配置完成后，通过"全网业务报表"窗口查看业务明细。"异常业务"里面必须为空，否则意味着业务配置出错。图 7-16 所示为链形网全网业务报表截图。

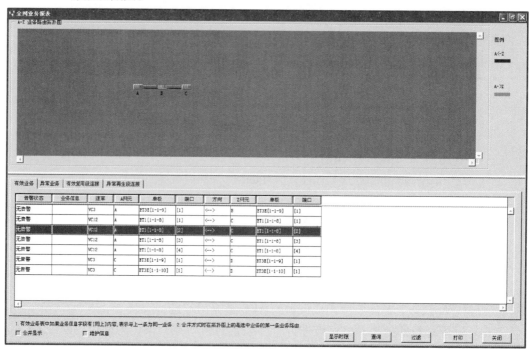

图 7-16　链形网全网业务报表截图

任务实施

7.4.2　环形网业务配置

一、业务配置规划

在 7.2.2 节"环形网单板规划与配置"、7.3.2 节"环形网组网配置"的基础上，进行业务配置规划。环形网业务端口和时隙规划见表 7-11。

表 7 - 11   环形网业务端口和时隙规划

业务端点	业务类型和数量	端时隙	光纤链路	端时隙
A 到 B	3 个 2 Mbit/s	A：8 槽位 - 1 ~ 3	A 到 B：link1	B：8 槽位 ~ 1 - 3
B 到 D(经 A)	1 个 34 Mbit/s	B：9 槽位 - 1	B 到 A：link1 A 到 D：link1	D：9 槽位 - 1
C 到 D	1 个 34 Mbit/s	C：9 槽位 - 1	C 到 D：link1	D：10 槽位 - 1

二、业务配置结果

按照前述方法进行业务配置操作。业务配置完成后，通过"全网业务报表"窗口查看业务明细。"异常业务"里面必须为空，否则意味着业务配置出错。图 7 - 17 所示为环形网全网业务报表截图。

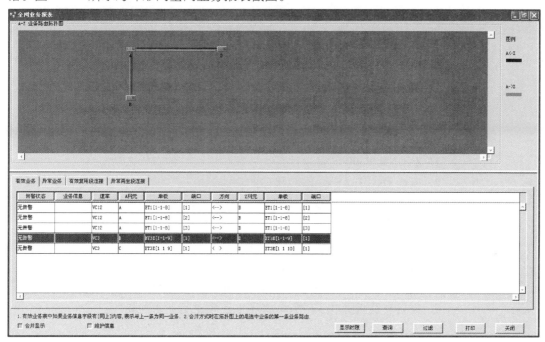

图 7 - 17   环形网全网业务报表截图

任务拓展

7.4.3   复杂网络业务配置

网络拓扑结构如图 7 - 10 所示。在 7.2.3 节"复杂网络单板规划与配置"、7.3.3 节"复杂网络组网配置"的基础上，完成复杂网络的业务配置。

项目小结

1. SDH 网管软件采用四层结构，分别为设备层、网元层、网元管理层和子网管理层。

2. 单板规划应根据网络拓扑和业务需求进行,步骤如下。

① 规划每个网元的功能板,根据需要选择相应的功能板和数量。

② 分析每个网元的光方向,据此规划每个网元的光接口板和数量。

③ 分析每个网元的业务,进行各种类型的业务汇总,据此规划每个网元的支路板类型和数量。

④ 单板规划完成后,进行单板配置操作。

3. 组网配置的步骤如下。

① 分析任务中的网络拓扑和业务需求,进行网络拓扑规划。

② 按照网络拓扑进行光纤链路连接操作。

③ 将连接好的拓扑图和规划中的拓扑图进行对比,看其是否一致。

4. 业务配置的步骤如下。

① 在单板规划和光纤链路连接的基础上,进行业务规划。

② 按照业务规划,进行业务配置操作。

③ 业务配置完成后,查看全网业务报表。

思考与练习

1. ZXONM E300 网管软件系统分哪些层次? 各有什么功能?

2. 简述 Qx、F、S 和 ECC 接口的功能。

3. 如果使用 ZXMP S320 设备进行组网,光纤链路速率为 STM - 4,应该如何选择光接口板? 说明理由。

4. 如果一台 ZXMP S320 设备需要开 6 个光方向,说明如何进行光板规划。

5. 两个光接口的速率不一样,能否进行光纤链路连接?

6. 列出 ZXMP S320 设备中能开 34 Mbit/s 业务的单板。

7. 如果支路板插在 12 槽位,能不能正常进行业务配置?

项目八
SDH自愈网保护配置

知识目标

- 掌握自愈保护的基本概念及类型。
- 掌握通道保护原理。
- 掌握链形网的通道保护配置步骤。
- 掌握环形网的通道保护配置步骤。
- 掌握复用段保护配置步骤。

技能目标

- 能够进行链形网的通道保护配置。
- 能够进行环形网的通道保护配置。
- 能够进行复用段保护配置。

任务一 通道保护配置

任务分析

根据网络拓扑结构,SDH 网络分为链形、星形、环形、树形和网孔形等结构形式,其中链形和环形结构是最基本的形式。为了使其具有自愈功能,提供较高的可靠性,需对其进行保护配置。

本任务即为进行简单链形网的通道保护配置和简单环形网的通道保护配置,以实现对 VC-12、VC-3 和 VC-4 级别业务的通道保护。

知识基础

知识引入

SDH 自愈保护原理

PPT

SDH 自愈保护原理

学习资料

SDH 自愈保护原理

微课

SDH 自愈保护原理

8.1.1 自愈保护基础

自愈保护的提出:通信网络的生存性已成为现代网络规划设计和运行的关键因素之一。

一、自愈保护的定义

所谓自愈是指在网络发生故障(例如光纤断)时,无须人为干预,网络自动在极短的时间内(ITU-T 规定为 50 ms 以内)使业务从故障中恢复传输,让用户几乎感觉不到网络出了故障。

其基本原理是:网络要具备发现替代传输路由并重新建立通信的能力。替代路由可采用备用设备或利用现有设备的冗余能力,以满足全部或指定优先级业务的恢复。

由上可知,网络具有自愈能力的先决条件是有冗余的路由,网元要有强大的交叉能力以及一定的智能性。

自愈仅是通过备用信道将失效的业务恢复,而不涉及具体故障的部件和线路的修复或更换。所以故障的修复仍需人工干预才能完成,正如断了的光缆还需人工接续一样。

二、自愈保护工作原理

自愈保护的先决条件:存在冗余路由。

自愈保护的工作原理:为受保护业务建立一条冗余路由,当工作路由出现故障时,业务自动切换到冗余路由,并重新建立连接关系,以保证业务连续性,从而起到自愈保护的作用。

网络正常状态如图 8-1 所示,业务走工作通道。工作通道发生故障时,网络进入自愈保护状态,即业务走保护通道,如图 8-2 所示。

三、自愈保护倒换时间

自愈保护倒换时,业务的恢复时间与交换业务的连接丢失情况见表 8-1。

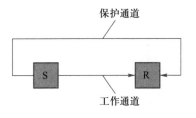

图 8 - 1 正常工作状态   图 8 - 2 自愈保护状态

表 8 - 1 业务恢复时间与交换业务连接丢失情况关系表

业务恢复时间	交换业务的连接丢失情况
50 ~ 200 ms	业务丢失概率 <5%
200 ms ~ 2 s	业务丢失概率提高
2 s	所有电路交换连接业务丢失
10 s	多数语音数据调制解调器超时
>10 s	所有通信会话丢失连接
>5 min	数字交换机阻塞

四、业务中断时间的两个重要门限值

50 ms：中断时间小于 50 ms，可以满足绝大多数业务质量要求。可认为其对多数电路交换网的话带业务和中低速数据业务是透明的。

2 s：中断时间小于 2 s，可保证中继传输和信令网的稳定性，电话、数据、图像等多数用户可忍受。该时间为网络恢复的目标值（连接丢失门限 CDT）。

五、自愈保护的分类

自愈保护的分类方式有多种，见表 8 - 2。

表 8 - 2 自愈保护分类

分类方式	种类
按网络拓扑	链形网络业务保护方式：1 + 1 通道保护 1 + 1 复用段保护 1:1 复用段保护 环形网络业务保护方式：二纤单向通道保护环 二纤双向通道保护环 二纤单向复用段保护环 二纤双向复用段保护环
环间业务保护方式	双节点互连：DNI 保护方式 多节点互连：转化为双节点互连

8.1.2 链形网通道保护原理

链形网通道 1 + 1 保护如图 8 - 3 所示。业务信号由电支路板 ET 开始同时馈入实线和虚线的两条通路，经过交叉板 CS，通过光板 OL，进行传输，在接收端对两条通路所传输到达的业务信号进行比较，选择两者中质量较高的接收。

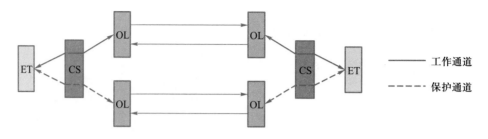

图 8 – 3　链形网通道 1 + 1 保护

一、保护倒换过程

这里保护是以通道为基础的,保护倒换在电支路板 ET 上完成,倒换与否由每一通道信号质量的优劣决定。如果工作通路传输到达的业务信号质量较好,接收端接收到的就是由工作通路所传输过来的信号,则无须倒换;如果保护通路传输到达的业务信号质量较好,接收端接收到的就是保护通路所传输过来的信号,就认为网络进行了保护倒换。

二、链形网通道保护的特点

① 以通道为基础,倒换与否按分出的每一通道信号质量的优劣而定。

② 使用并发优收原则。插入时,通道业务信号同时馈入工作通路和保护通路;分出时,同时收到工作通路和保护通路两个通道信号,按其信号的优劣来选择一路作为分路信号。

③ 通常利用简单的通道 PATH – AIS 信号作为倒换依据,而不需要 APS 协议,倒换时间不超过 10 ms。

8.1.3　环形网通道保护原理

一、环形网通道保护分类

环形网通道保护可以分为二纤单向通道保护和二纤双向通道保护。其中,单/双向描述业务传递的流向或路径。下面以环形网为例说明单向业务和双向业务的区别,如图 8 – 4 所示。

若 A 和 C 之间互通业务,A 到 C 的业务路由假定是 A→B→C。若此时 C 到 A 的业务路由是 C→B→A,则业务从 A 到 C 和业务从 C 到 A 的路由相同,称为一致路由;若此时 C 到 A 的路由是 C→D→A,那么业务从 A 到 C 和业务从 C 到 A 的路由不同,称为分离路由。

可以定义一致路由的业务为双向业务,分离路由的业务为单向业务。

二、二纤双向通道保护

二纤双向通道保护环上的业务为双向业务,保护机理也是支路板的"并发优收",业务保护是 1 + 1 的,如图 8 – 5 所示。

在图 8 – 5 中可以看到,二纤双向通道保护环由两个环组成,右边半环为工作通路,用实线表示;左边半环为保护通路,用虚线表示。

正常工作时,网元 A、C 都将业务并发到工作通路和保护通路上,都选收工作通路上的业务。

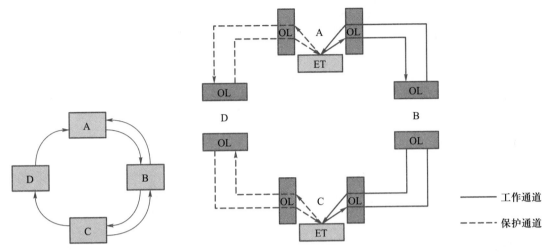

图 8-4 环形网业务示意图   图 8-5 二纤双向通道保护原理框图

当网元 B 到 C 之间出现单纤故障时,如图 8-6 所示,工作通道 A 到 C 的业务无法传递。这时网元 C 的支路板收到工作通道上支路单元告警信号,立即切换到选收保护通道光纤上的 A 到 C 的业务,于是 A 到 C 的业务得以恢复,这样就完成了环上业务的通道保护,如图 8-7 所示。此时网元 C 的支路板处于通道保护倒换状态,也就是切换到选收保护通道方式。

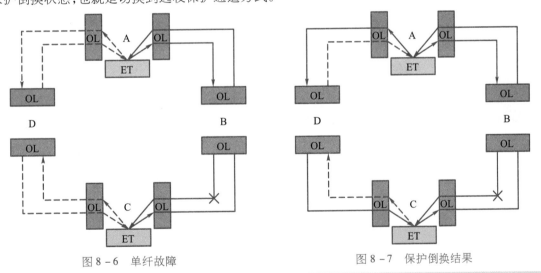

图 8-6 单纤故障   图 8-7 保护倒换结果

注意:原本的二纤双向业务变为二纤单向业务了。

当网元 B 到 C 之间出现双纤故障时,如图 8-8 所示,工作通道 A 到 C、C 到 A 的业务都无法传递。这时网元 C 的支路板收到工作通道上支路单元告警信号,立即切换到选收保护通道光纤上的 A 到 C、C 到 A 的业务,如图 8-9 所示,于是 A、C 间业务得以恢复,完成环上业务的通道保护。

注意:此时保护倒换后仍为二纤双向业务。

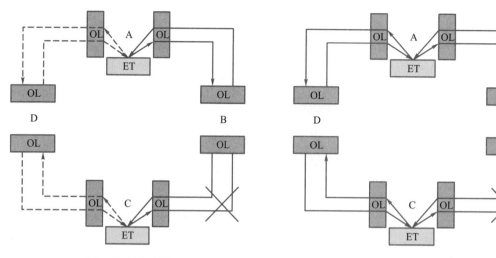

图 8-8 双纤故障

图 8-9 保护倒换结果

对二纤双向通道保护小结如下。

① 二纤环网双向通道保护对网络速率没有任何限制,网络容量固定为 STM - N。

② 环上无网元数目限制,倒换时间短。

③ 不能传送额外业务,只能基于 1 + 1 保护,适用于集中型业务的保护。

④ 可以利用网管进行返回式设置。

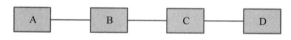

8.1.4 链形网通道保护配置

一、任务描述

链形传输网由网元 A、网元 B、网元 C 和网元 D 组成,网络拓扑结构如图 8-10 所示。

$$A \rightarrow B \rightarrow C \rightarrow D$$

图 8-10 链形网络拓扑结构

各网元间业务配置如下。

A↔B:1 个 34 Mbit/s 业务   C↔D:2 个 34 Mbit/s 业务

其中,A、B 之间的 34 Mbit/s 业务为重要业务,需要进行通道保护配置。

二、任务分析

1. 拓扑图分析

根据任务要求,需要在网元 A、B 之间建立保护通道,由此得到 1 + 1 通道保护拓扑,如图 8-11 所示。

2. 单板配置规划

在 E300 网管软件上查询单板配置,如图 8-12 所示。

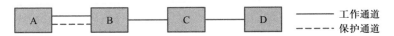

图 8-11 链形网络通道保护拓扑

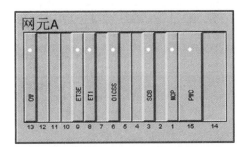
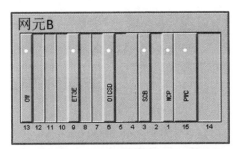
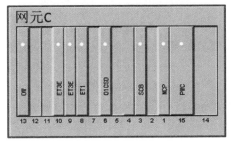
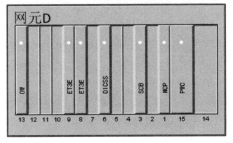

图 8-12 各网元单板配置

根据查询到的网元单板信息,填写单板信息表,见表 8-3。

根据业务保护的要求,在网元 A 和网元 B 之间须建立冗余路由,那么需要在网元 A 添加 OIB1S 单板,在网元 B 添加 OIB1S 单板。根据任务需求添加单板,见表 8-4。

3. 光纤连接规划

查询光纤连接情况,如图 8-13 所示。

表 8-3 单板信息表

单板/网元	A	B	C	D
NCP	1	1	1	1
OW	1	1	1	1
O1CSS	1			1
O1CSD		1	1	
SCB	1	1	1	1
PWC	1	1	1	1
ET3E	1	1	2	2
ET1	1		1	

表 8-4 添加单板信息表

单板/网元	A	B	C	D
OIB1S	1	1	0	0

光连接 : link1
网元:A 单板:O1CSS[1-1-6] 端口1 方向:双向 状态:正常
网元:B 单板:O1CSD[1-1-6] 端口1 方向:双向 状态:正常

光连接 : link1
网元:C 单板:O1CSD[1-1-6] 端口2 方向:双向 状态:正常
网元:B 单板:O1CSD[1-1-6] 端口2 方向:双向 状态:正常

光连接 : link1
网元:C 单板:O1CSD[1-1-6] 端口1 方向:双向 状态:正常
网元:D 单板:O1CSS[1-1-6] 端口1 方向:双向 状态:正常

图 8-13 光纤连接情况

填写网元连接关系,见表 8-5。

根据任务需求进行连接规划:需要在网元 A 和网元 B 之间建立冗余路由,也就是在网元 A 添加的 OIB1S 单板与网元 B 添加的 OIB1S 单板之间建立第二条通道 link2,如图 8 – 14 所示。link2 即本次建立的保护通道,得到新建网元连接关系表,见表 8 – 6。

表 8 – 5 网元连接关系表

源网元	目的网元	链路
A	B	link1
B	C	link1
C	D	link1

> 光连接：link2
> 网元：A   单板：OIB1S[1-1-5]   端口1   方向：双向   状态：正常
> 网元：B   单板：OIB1S[1-1-5]   端口1   方向：双向   状态：正常

图 8 – 14 新建光纤连接情况

表 8 – 6 新建网元连接关系表

源网元	目的网元	链路
A	B	link2

三、任务实施

根据链形网通道 1 + 1 保护原理,再配置经过另一路由的保护配置,配置方法与业务配置相同。先配置的时隙连接称为工作通道,用红色实线表示;后配置的时隙连接称为保护通道,用蓝色实线表示。

思考：通道保护时隙一定要与业务时隙相同吗？

四、任务小结

查询配置是否正确。

8.1.5 环形网通道保护配置

一、任务描述

环形传输网由网元 A、网元 B、网元 C 和网元 D 组成,网络拓扑结构如图 8 – 15 所示。

各网元间业务配置如下。

A↔B：3 个 2 Mbit/s 业务   B↔D：1 个 34 Mbit/s 业务

C↔D：1 个 34 Mbit/s 业务

其中,A、B 之间的 3 个 2 Mbit/s 业务为重要业务,需要进行通道保护配置。

二、任务分析

根据任务要求,需要在网元 A、B 之间建立 A、D、C、B 的保护通道,在网元 B、D 之间建立 B、C、D 保护通道,由此得到 1 + 1 通道保护拓扑,如图 8 – 16所示。

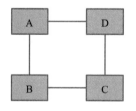

图 8 – 15 环形网络拓扑结构

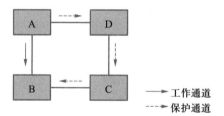

→ 工作通道
--→ 保护通道

图 8 – 16 环形网络通道保护拓扑

三、任务实施

根据环形网通道 1 + 1 保护原理,再配置经过另一路由的保护配置,配置方法与业务配置相同。先配置的时隙连接称为工作通道,用红色实线表示;后配置的时隙连接称为保护通道,用蓝色实线表示。

四、任务小结

查询配置是否正确。

五、任务总结

通道保护配置步骤总结如下。

① 分析任务中的网络拓扑,并添加出保护通道。

② 查询已配置网络中网元单板的设置,看其是否满足保护配置需要,如不满足,则重新设置以满足通道保护需要。

③ 查询已配置网络中网元的连接记录,建立保护连接。

④ 查询已配置网络中网元的业务配置,记录配置时隙,并配置保护时隙。

⑤ 在网管上进行业务的保护通道配置。

⑥ 查询报表,查看保护通道配置是否正确,如有误,则从步骤①开始检查。

任务拓展

8.1.6 复杂网络通道保护配置

一、任务描述

工单基本信息如下。

① 主题: D 市电信公司(通道保护配置)。

② 工单编号: N20161025320。

③ 产品类型: SDH 专线。

④ 客户级别: 市级政府客户。

⑤ 客户需求描述: 要求在原光传输网络的基础上,对重要业务进行通道保护。

客户原传输网拓扑结构如图 8 – 17 所示。

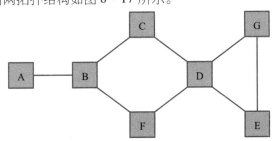

图 8 – 17 复杂传输网拓扑结构

各网元间业务配置如下。

A↔F: 1 个 34 Mbit/s 业务   C↔D: 6 个 2 Mbit/s 业务

C↔E: 4 个 2 Mbit/s 业务   E↔F: 1 个 34 Mbit/s 业务

知识引入
复杂网络通道保护配置

PPT
复杂网络通道保护配置

学习资料
复杂网络通道保护配置

微课
复杂网络通道保护配置

其中,A、F 之间的 1 个 34 Mbit/s 业务和 C、E 之间的 4 个 2 Mbit/s 业务为重要业务,需要进行通道保护配置。

二、任务分析

第 1 步:根据图 8 - 17 所示拓扑结构,可以很容易得到每个网元的光方向数量。由于光方向数量最多为 4,而 S320 设备最多可支持 6 个光方向,所以可以选用 S320 设备。确定设备以后,根据 OIB1S 和 OIB1D 的特性,确定每个网元的光板类型和数量,光接口满足需求即可。

第 2 步:根据业务需求,汇总每个网元所开业务。汇总得到 2 Mbit/s 和 34 Mbit/s 业务所需单板是 ET1 和 ET3E。根据 ET1 和 ET3E 特性,得到每个网元的业务单板和数量。

经过以上两步,得到表 8 - 7。

表 8 - 7　网元板卡和数量

网元名称	光方向数量	光接口板:数量	业务类型和数量	业务单板:数量
A	1	OIB1S:1	1 个 34 Mbit/s 2 个 2 Mbit/s	ET3E:2 ET1:1
B	3	OIB1D:2 OIB1S:1	无	无
C	2	OIB1D:1	6 个 2 Mbit/s	ET1:1
D	4	OIB1D:2	无	无
E	2	OIB1D:1	2 个 34 Mbit/s 4 个 2 Mbit/s	ET3E:2 ET1:1
F	2	OIB1D:1	2 个 34 Mbit/s	ET3E:2
G	2	OIB1D:1	无	无

注:此处光接口板类型和数量可变,只要满足需求即可。

第 3 步:A 到 F 以及 C 到 E 需要开通通道保护。通道保护路径与主用路径应该分离。根据这条原则来考察拓扑结构,发现 C 到 E 在原拓扑结构上已经可以做到主用和备用路径分离,而 A 到 B 之间只有 1 条光纤链路,无法做到主用和备用路径分离,为此需要在 A 和 B 之间增加 1 条光纤链路。其他光纤链路维持现状即可。

三、任务实施

在 A 和 B 之间具备双光纤链路的基础上,观看微课"复杂网络通道保护配置"中 A 到 F 的通道保护配置操作,再自行完成 C 到 E 的通道保护配置,并与图 8 - 18 所示的全网业务报表进行对比,如果一致,说明配置正确。

四、任务总结

在前述任务分析和任务实施完成后,学生分组讨论和教师汇总,总结配置通道保护的注意事项如下。

① 根据拓扑图,规划网元的光接口板和数量。

② 保护通道和工作通道分离。

③ 进行网管配置时,注意网元间光板连接和时隙分配情况。

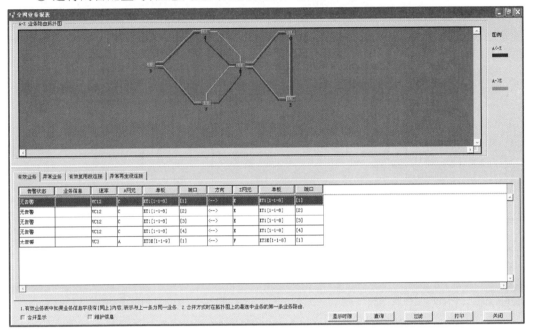

图 8－18　全网业务报表

知识引入

复用段保护
原理及配置

任务二　复用段保护设计

任务分析

MSP(Multiplex Section Protection),即复用段保护,是指将同个通信设备上的多个 STM － N 光接口组织起来,形成一个保护组,端口之间互相进行保护。

本次的任务为进行简单环形网的复用段保护配置,以实现对业务进行复用段保护。

PPT

复用段保护
原理及配置

学习资料

复用段保护
原理及配置

知识基础

8.2.1　自愈环的基本类型

自愈环分类如下。

① 按环上业务的方向,可将自愈环划分为单向环和双向环两大类。

② 按网元节点间的光纤数,可将自愈环划分为二纤环(一对收/发光纤)和四纤环(两对收/发光纤)。

③ 按保护的业务级别,可将自愈环划分为通道保护环和复用段保护环两

微课

复用段保护
原理及配置

大类。

8.2.2　二纤双向复用段保护环

二纤双向复用段保护环(也称二纤双向复用段倒换环、共享环)是一种时隙保护。它将每根光纤的前一半时隙作为工作时隙,传送主用业务,后一半时隙作为保护时隙,传送额外业务,也就是说,一根光纤的保护时隙用来保护另一根光纤上的主用业务。例如,S1/P2 光纤上的 P2 时隙用来保护 S2/P1 光纤上的 S2 业务。因此在二纤双向复用段保护环上无专门的主、备用光纤,每一条光纤的前一半时隙是主用信道,后一半时隙是备用信道,两根光纤上业务流向相反。二纤双向复用段保护环的保护机理如图 8 – 19 和图 8 – 20 所示。

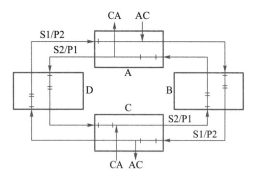

图 8 – 19　二纤双向复用段保护环　　　图 8 – 20　二纤双向复用段保护环(故障时)

在网络正常情况下,网元 A 到网元 C 的主用业务放在 S1/P2 光纤的 S1 时隙,沿 S1/P2 光纤由网元 B 穿通传到网元 C,网元 C 从 S1/P2 光纤上接收 S1 时隙所传的业务。网元 C 到网元 A 的主用业务放在 S2/P1 光纤的 S2 时隙,经网元 B 穿通传到网元 A,网元 A 从 S2/P1 光纤上提取相应的业务。

当环网 B、C 间光缆段被切断时,网元 A 到网元 C 的主用业务沿 S1/P2 光纤传到网元 B,在网元 B 进行倒换(故障邻近点的网元倒换),将 S1/P2 光纤上 S1 时隙的业务全部倒换到 S2/P1 光纤上的 P1 时隙上去。然后,主用业务沿 S2/P1 光纤经网元 A 和网元 D 穿通传到网元 C,在网元 C 同样执行倒换功能(故障端点站),即将 S2/P1 光纤上的 P1 时隙所载的网元 A 到网元 C 的主用业务倒换回到 S1/P2 的 S1 时隙。网元 C 提取该时隙的业务,完成接收网元 A 到网元 C 的主用业务。网元 C 到网元 A 的业务先由网元 C 将其主用业务 S2 倒换到 S1/P2 光纤的 P2 时隙上,然后,主用业务沿 S1/P2 光纤经网元 D 和 A 穿通到达网元 B,在网元 B 处同样执行倒换功能,将 S1/P2 光纤的 P2 时隙业务倒换到 S2/P1 光纤的 S2 时隙上去,经 S2/P1 光纤传到网元 A 落地。这样就完成了环网在故障时业务的自愈。

P1、P2 时隙在线路正常时也可以用来传送额外业务。当光缆故障时,额外业务被中断,P1、P2 时隙作为保护时隙传送主用业务。

与通道保护环相比,复用段保护环需要用到 APS 协议,因此保护倒换时间稍长。

二纤双向复用段保护环的业务容量即最大业务量为 $(K/2) \times STM - N$,K 为网元数($K \leqslant 16$)。这是在一种极限情况下的最大业务量,即环网上只存在相邻节点的业务,不存在跨节点业务。

8.2.3　四纤双向复用段保护环

四纤双向复用段保护环由 4 根光纤组成,这 4 根光纤分别为 S1、P1、S2、P2。其中,S1、S2 为主纤,传送主用业务;P1、P2 为备纤,传送保护业务。也就是说,P1、P2 光纤分别用来在主纤故障时保护 S1、S2 上的主用业务。请注意 S1、P1、S2、P2 光纤的业务流向,S1 与 S2 光纤的业务流向相反(一致路由,双向环),S1、P1 和 S2、P2 两对光纤的业务流向也相反,S1 和 P2、S2 和 P1 光纤的业务流向相同。

在环网正常时,网元 A 到网元 D 的主用业务从 S1 光纤经网元 B 到网元 C,网元 D 到网元 A 的业务从 S2 光纤经网元 C 到网元 B(双向业务)。网元 A 和网元 D 通过收主纤上的业务互通两网元之间的主用业务,如图 8 - 21 所示。

当网元 B、C 间光缆发生故障时,环上业务会发生跨段倒换或跨环倒换,倒换触发条件和倒换过程如下。

一、跨段倒换

对于四纤双向复用段保护环,如果故障只影响工作信道,业务可以通过倒换到同一跨段的保护信道来进行恢复。如图 8 - 22 所示,当网元 B、C 间的工作光纤 S1 断开,而 S2、P1、P2 光纤都正常时,A 到 D 的业务经 S1 光纤传到 B 点后在 B 点发生跨段倒换,即业务由 S1 倒换到 P2,在 C 点再发生跨段倒换,业务由 P2 倒换回 S1,继续经 S1 传到 D 点落地。而 D 到 A 的业务同样在 C、B 两点发生跨段倒换。因此,在发生跨段倒换前后,业务经过的路由没有改变,仍然是 A→B→C→D 和 D→C→B→A。

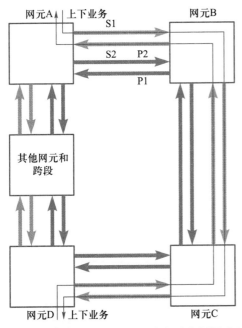

图 8 - 21　正常情况下网元 A、D 之间业务经网元 B、C

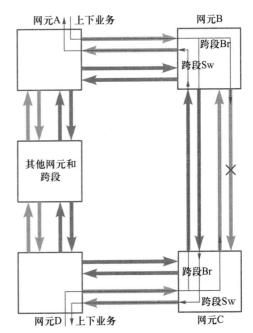

图 8 - 22　故障状态下跨段倒换时路由示例

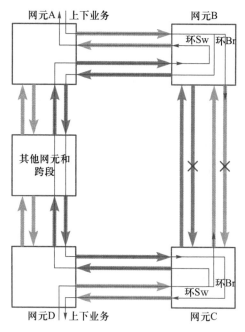

图 8 – 23　故障状态下跨环倒换时路由示例

二、跨环倒换

对于四纤双向复用段保护环,如果故障既影响工作信道,又影响保护信道,则业务可以通过跨环倒换来进行恢复。如图 8 – 23 所示,当网元 B、C 间的工作光纤 S1 和 P2 都断开时,A 到 D 的业务经 S1 光纤传到 B 点后在 B 点发生跨环倒换,即业务由 S1 倒换到 P1,由 P1 传回到 A 点,继续传到 D 点、C 点,在 C 点再发生跨环倒换,业务由 P1 倒换回 S1,继续经 S1 传到 D 点落地。而 D 到 A 的业务同样在 C、B 两点发生跨环倒换。因此,在发生跨环倒换后,A、D 的双向业务经过的路由发生了改变,分别是 A→B→A→D →C→D 和 D→C→D→A→B→A。

跨段倒换的优先级高于跨环倒换,对于同一段光纤,如果既有跨段倒换请求又有跨环倒换请求,会响应跨段请求,因为跨环倒换后会沿着长径方向的保护段到达对端,会挤占其他业务的保护通路,所以优先响应有跨段请求的业务。只有在跨段倒换不能恢复业务的情况下才使用跨环倒换。

四纤双向复用段保护环的业务容量即最大业务量为 $K \times STM - N$,K 为网元数($K \leqslant 16$)。

任务实施

8.2.4　二纤双向复用段保护配置

环形传输网由网元 A、网元 B、网元 C 和网元 D 组成,网络拓扑结构如图 8 – 24所示。

由于需要配置复用段保护,并且每个网元有两个光方向,在 S320 设备中安插 O4CSD 单板,并且用 O4CSD 板的光接口进行光纤链路连接。复用段保护配置的具体操作参见微课"复用段保护原理及配置"。

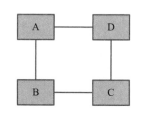

图 8 – 24　环形网络拓扑结构

任务拓展

8.2.5　环形网复用段保护分析

问题:为什么配置了复用段保护的环形网最多只能有 16 个网元?

分析:这里要与 SDH 的开销字节联系起来。

SDH 帧结构中段开销字节标识自动保护倒换(APS)通路字节:K1、K2(b1 ~ b4)。在 SDH 复用段保护环中,K1 字节的后 4 个比特是用来标识故障的网元

ID,K2 字节的前 4 个比特是用来确认故障的网元 ID。

因为倒换协议中标识网元 ID 的比特数为 4,即 $2^4 = 16$,所以整个环上的网元数目必须小于 16 个,否则倒换协议无法运行。

项目小结

1. 自愈是指在网络发生故障(例如光纤断)时,无须人为干预,网络自动在极短的时间内(ITU – T 规定为 50 ms 以内)使业务从故障中恢复传输,让用户几乎感觉不到网络出了故障。其基本原理是:网络要具备发现替代传输路由并重新建立通信的能力。

2. 业务中断时间的两个重要门限值。

50 ms:中断时间小于 50 ms,可以满足绝大多数业务质量要求。可认为其对多数电路交换网的话带业务和中低速数据业务是透明的。

2 s:中断时间小于 2 s,可保证中继传输和信令网的稳定性,电话、数据、图像等多数用户可忍受。该时间为网络恢复的目标值(连接丢失门限 CDT)。

3. 链形网通道保护的特点。

① 以通道为基础,倒换与否按分出的每一通道信号质量的优劣而定。

② 使用并发优收原则。插入时,通道业务信号同时馈入工作通路和保护通路;分出时,同时收到工作通路和保护通路两个通道信号,按其信号的优劣来选择一路作为分路信号。

③ 通常利用简单的通道 PATH – AIS 信号作为倒换依据,而不需要 APS 协议,倒换时间不超过 10 ms。

4. 一致路由的业务为双向业务,分离路由的业务为单向业务。

5. 二纤双向通道保护的特点如下。

① 二纤环网双向通道保护对网络速率没有任何限制,网络容量固定为 STM – N。

② 环上无网元数目限制,倒换时间短。

③ 不能传送额外业务,只能基于 1 + 1 保护,适用于集中型业务的保护。

④ 可以利用网管进行返回式设置。

6. 二纤双向复用段保护环的业务容量即最大业务量为 $(K/2) \times$ STM – N,K 为网元数($K \leqslant 16$)。

技能训练

网络拓扑如图 8 – 25 所示,其中网元 ABCD 环间速率为 STM – 1,CDEF 环间速率为 STM – 4,FG 间速率为 STM – 1。

业务情况如下。

网元 A 到 F 之间:1 个 34 Mbit/s 业务;A 到 C 之间:5 个 2 Mbit/s 业务;B 到 E 之间:5 个 2 Mbit/s 业务;C 到 E 之间:2 个 34 Mbit/s 业务。其中,网元 A

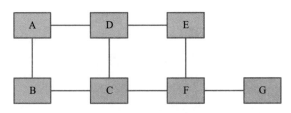

图 8 – 25　技能训练网络拓扑

到 F 以及 B 到 E 的业务需要做通道保护。

试完成：

① 该网络拓扑的通道保护配置。

② 该网络拓扑的复用段保护配置。

OTN传输网设计篇

项目九
DWDM系统原理

知识目标

- 掌握WDM系统提升光传输速度的原理。
- 熟悉WDM系统的传输模型。
- 掌握DWDM系统不同网元的作用。
- 了解DWDM系统的组网结构。
- 熟悉DWDM系统光信号转发、合/分波的实现方法。
- 了解DWDM网络设计的基本知识。

技能目标

- 能结合实际设备,说明光转发单元、合/分波单元的作用。
- 能说明DWDM系统不同功能接口参考点的作用。
- 会计算色度色散、PMD色散和损耗受限距离。

任务一　DWDM 系统原理认知

知识引入

波分技术概述

PPT

波分技术概述

学习资料

波分技术概述

微课

波分技术概述

任务分析

PDH 传输体制的出现,标志着光通信标准化的开始。PDH 光通信系统的传输速率为 2 ~ 140 Mbit/s。SDH 通过对 PDH 进行优化,将传输速率提升至 155 Mbit/s ~ 10 Gbit/s。无论是 PDH 还是 SDH,都采用时分复用的方式提升速度。那么,还有没有其他方式可以继续大幅度提升光通信的速率呢? 答案是肯定的。在以电磁信号为传输媒质的通信系统中,不仅采用时分复用技术,还采用频分复用和码分复用等技术来提高信道利用率,提升信息传输速率。在光通信系统中,人们也借鉴电磁信号的复用技术,提出采用波分复用(WDM)技术来提高光纤信道的利用率。

按照功能不同,DWDM 网元可以分为四种类型,即 OTM 网元、OLA 网元、OADM 网元和 OXC 网元,试着分析这四种网元的特点。

知识基础

9.1.1 光传输速度的提升

一、光纤提速的产业背景

一般把电信网分为核心网、承载网和接入网三部分。SDH 和 WDM 作为承载网的关键技术,负责电信业务信号的城域和长距离传输。进入 21 世纪以来,电信承载网面临着巨大的流量压力,主要原因包括宽带接入网速率的快速提升和移动手机免流量业务的普及。

2013 年,国务院发布相关文件,提出到 2020 年,城市和农村家庭宽带接入速率分别达到 50 Mbit/s 和 12 Mbit/s。近年来,我国互联网用户数和接入速率一直在持续增长,截至 2018 年 8 月,已经达到 3.83 亿户,其中 2.14 亿户的接入速率达到 100 Mbit/s。在宽带业务中,在线视频成为流量大户,以 4K 超清视频为例,其需要的带宽在 25 Mbit/s 以上。宽带接入速率的提升,用户数的持续增加,超高清视频流量的快速增长,势必对电信承载网造成强大的压力。

近年来,我国移动互联网宽带用户数也在迅速增长。截至 2018 年 7 月,我国移动互联网用户达 13.7 亿人。在提速降费的背景下,2018 年我国三大运营商纷纷推出不限流量手机套餐,移动互联网流量出现跳跃式增长,更加大了承载网的压力。不断提升承载网的传输速率和灵活性成为电信运营商的重要任务。

二、光传输提速的技术方向

1. TDM 提速

在通信行业,采用复用技术是提升信道传输速率的有效方式。在光传输中,最先使用的提速方式是时分复用(TDM)技术,通过不断压缩时分复用信号的时间宽度,在相同的时间内尽量增加传输的信号路数,如图 9-1 所示。

图9-1 TDM方式

在光纤通信中采用 TDM 技术进行提速最典型的代表就是 SDH 系统，STM-64可以达到单纤 10 Gbit/s 的传输速率。但是仅仅依靠 TDM 来提速的难度越来越大，所以需要考虑其他复用方式。

2. WDM 提速

如果光纤能够同时传输多路不同波长的光，则可以继续提升速度，提高光纤带宽的利用率。例如，让 3 个不同波长（λ_1、λ_2、λ_3）的光同时在一根光纤中传递，即可以获得 3 倍的速率。这种复用方式类似于无线通信中的频分复用，由于在光传输领域，工程人员更习惯用波长而不是频率，因此这种复用技术被称为波分复用（Wavelength Division Multiplexing, WDM），如图 9-2 所示。目前一根光纤的 L 或者 C 波段都可以提供 80 波的复用。

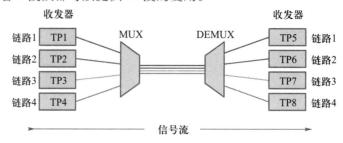

图9-2 WDM方式

9.1.2 WDM 原理

一、工作频段选择

光纤传输不同波段的光信号时，传输损耗也不同。适合 WDM 的传输波段必须具备两个特点：首先，该波段损耗低；其次，该波段内衰减值比较平坦。在传统的 3 个低损耗窗口中，可以发现窗口 3 是最佳的，如图 9-3 所示。所以在 WDM 系统中，一般选择窗口 3 中的 L 和 C 波段。C 波段的波长为 1 530~1 565 nm，L 波段的波长为 1 565~1 625 nm。

二、波长间隔

在频分复用技术中，不同信号之间必须有一定的频率间隔，频率间隔越小，复用的信号路数越多，但越容易造成信号之间的干扰。在 WDM 系统中，一般采用波长间隔衡量复用的密集程度。按照波长间隔的大小，WDM 系统可以分为 CWDM（Coarse Wavelength Division Multiplexing，稀疏波分复用）和 DWDM（Dense

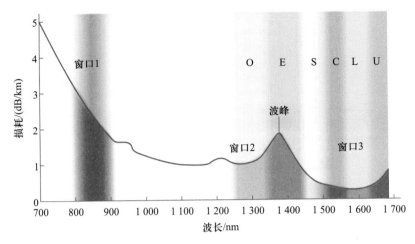

图 9 - 3　光纤损耗

Wavelength Division Multiplexing,密集波分复用)两种。

1. CWDM 系统

　　CWDM 的复用波长间隔较大,为 20 nm,横跨 O、E 等 5 个波段,对传输系统要求较低。在 C 和 L 波段,CWDM 系统仅能提供 5 个 CWDM 的复用波长,如图 9 - 4 所示。

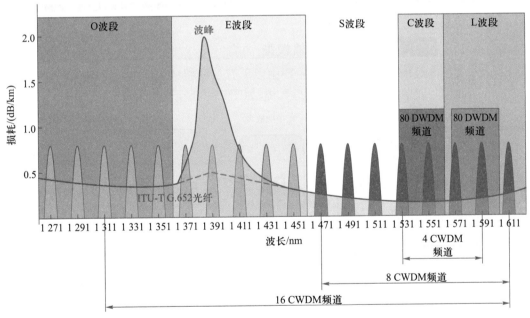

图 9 - 4　CWDM 系统的波长间隔示意图

2. DWDM 系统

　　DWDM 系统又分为 40 波和 80 波两种复用间隔。其中,40 波 DWDM 系统的波长间隔为 0.8 nm,频率间隔为 100 GHz;80 波 DWDM 系统的波长间隔缩小一半,仅为 0.4 nm,频率间隔为 50 GHz。采用 80 波系统时,C 和 L 波段总共可以提供 160 个 DWDM 的复用波长。DWDM 系统的波长间隔示意图如图 9 - 5 所示。

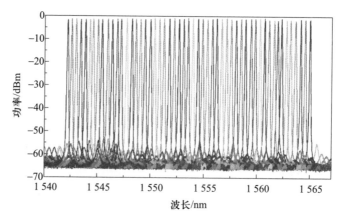

图 9-5　DWDM 系统的波长间隔示意图

三、DWDM 技术展望

目前 DWDM 技术仍然在快速发展,主要在单波长速率和复用容量上不断提升。

DWDM 单波长传输速率,从早期的 2.5 Gbit/s、10 Gbit/s,一直发展到 40 Gbit/s 和 100 Gbit/s,目前单波 400 Gbit/s 系统也已进入试验阶段。

另一方面,DWDM 系统的复用容量不断增加,从早期 CWDM 系统的 8 波、16 波,发展到 80 波、160 波。2017 年,我国的烽火通信公司综合利用 WDM 和 SDM 技术,采用单模 7 芯光纤,每芯光纤复用 375 个载波,率先实现了 560 Tbit/s 的光纤传输速率。

9.1.3 DWDM 传输模型

一般来说,DWDM 系统主要由以下五部分组成:发送端、光中继放大、接收端、光监控信道和网络管理系统,如图 9-6 所示。

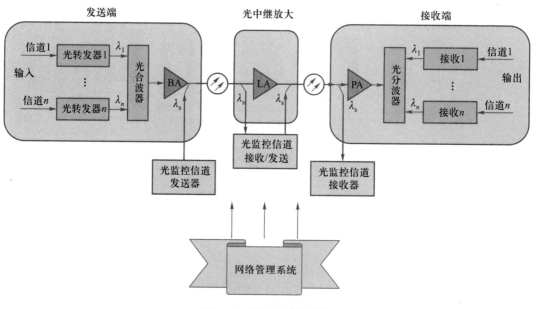

图 9-6　DWDM 传输模型

一、发送端

光发射机是 WDM 系统的核心,根据 ITU – T 的建议和标准,除了对 WDM 系统中发射激光器的中心波长有特殊的要求外,还需要根据 WDM 系统的不同应用(主要是传输光纤的类型和无电中继传输的距离)来选择具有一定色度色散容限的发射机。

在发送端,对于来自终端设备(如 SDH 端机)的光信号,光发射机先利用光转发器(OTU)把符合 ITU – T G. 957 建议的非特定波长的光信号转换成具有稳定的特定波长的光信号,再利用光合波器合成多通路光信号,最后通过光功率放大器(BA)放大输出多通路光信号。

> **提示：** 色散容限是指光信噪比代价达到特定值时所对应的色散值,分为色度色散(Chromatic Dispersion,CD)容限和偏振模色散(Polarization Mode Dispersion,PMD)容限两类。CD 和 PMD 造成时域上的光脉冲展宽,会引起信号失真、码间串扰,导致误码。色散随着传输距离的增加而累积,对系统的影响也随之加剧,会限制传输距离。因此,光传输设备的色散容限高时,可以延长传输距离。

二、光中继放大

经过长距离(80 ~ 120 km)光纤传输后,需要对光信号进行光中继放大。目前使用的光放大器多为掺铒光纤放大器(EDFA)。在 WDM 系统中,由于占用光纤频带较宽,为了保证不同波长光信号的传输性能相似,必须采用增益平坦技术,即 EDFA 对不同波长的光信号具有相同的放大增益。在应用时,光中继放大器按照位置和功能的不同,可分为功率放大器(BA)、线路放大器(LA)和前置放大器(PA)三种类型。

在发送端,光功率放大器负责放大合波后的多通路光信号,将其功率提升至十几至二十几 dBm,尽可能延长系统无中继传输距离。在线路传输途中,可以采用光线路放大器放大衰减的光信号,替换结构复杂的电中继设备。在接收端,光前置放大器对接收到的光信号进行放大,为光接收机提供功率合适的输入。

三、接收端

在接收端,光接收机把接收到的光信号转换为电信号,提取客户信号以后,再通过光接口传送给客户。

四、光监控信道

DWDM 系统中还设计了监控信道,采用独立的波长为 1 510 nm 的信号作为监控光,主要功能是监控系统内各信道的传输情况。此外,帧同步字节、公务字节和网管所用的开销字节等都是通过光监控信道来传递的。

五、网络管理系统

网络管理系统可对设备进行性能监控、故障定位、业务配置保护以及安全管理。

任务实施

9.1.4 DWDM 基本网元

按照功能不同,DWDM 网元可分为 4 种类型:OTM(光终端复用器)网元,主要实现光转发和接收的功能;OLA(光线路放大器)网元,主要实现光放大功能;OADM(光分/插复用器)网元,主要实现光信号的上/下路功能;OXC(光交叉连接器)网元,就像交换机,主要实现光信号的交叉连接功能。

一、OTM 网元

1. 发送端

OTM 网元在发送端实现以下三大功能。

① 在发送端将光信号转换成具有稳定的特定波长的光信号。

② 利用光合波器合成多通路光信号。

③ 通过光功率放大器放大输出。

2. 接收端

OTM 网元在接收端则实现光信号的前置放大、分波和转换为客户信号的功能。

3. 安放位置

OTM 网元在 DWDM 网络中会安放在以下两种位置,如图 9 - 7 所示。

① 终端型 OTM 网元,放在线路的终点,实现用户业务的输入和输出。

② 中继型 OTM 网元,放在线路的中继点,实现用户业务的再生。所谓再生,是指通过光→电→光的转换,实现光信号的 3R 再生(再放大、再整形、再定时)。

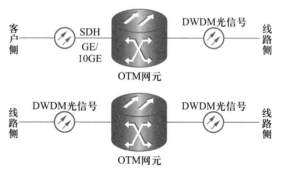

图 9 - 7 终端型和中继型 OTM 网元

二、OLA 网元

OLA 网元(如图 9 - 8 所示)实现光信号的中继放大,主要采用 EDFA 和拉曼两种放大器。根据光功率的损耗情况,OLA 网元的间隔一般为 80 ~ 120 km。

提示:在光通信中,存在光中继和电中继两种中继方式。这两者有什么区别呢? 光中继由 OLA 网元实现,仅能放大光信号,无法消除光信号畸变和噪声;电中继由 OTM 网元实现,通过使信号 3R 再生来消除噪声。

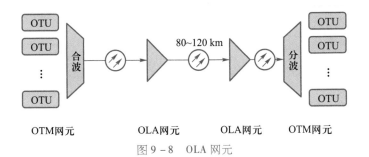

图 9 - 8　OLA 网元

三、OADM 网元

OADM 网元实现光路的上/下功能,比如可以实现两条光路的"上"和两条光路的"下",还有一部分光是直通的,如图 9 - 9 所示。如果可上/下的光路是固定不变的,就称为 FOADM(固定);如果是可变的,就称为 ROADM(可配置)。

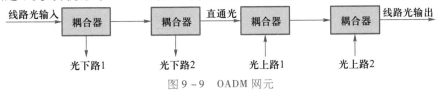

图 9 - 9　OADM 网元

四、OXC 网元

光交换是指信号不经过光→电→光(O/E/O)转换,直接实现光路或者光分组的交换,可以极大提高网络容量,大量节省建网成本,提高网络的灵活性和可靠性。光交换是实现全光网络的关键技术。

OXC 网元实现波长级别光路交换,可以把光波从一条光纤交叉连接至其他光纤。光交叉颗粒较大,为波长级别。在实际网络中,为了增强交叉连接的灵活性,OXC 网元一般同时支持电交叉,先把信号转换为电信号,实现小颗粒(子波长级)的交叉连接。光交叉与电交叉如图 9 - 10 所示。

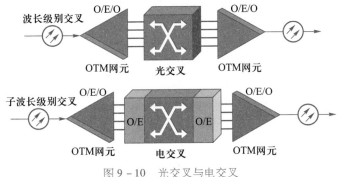

图 9 - 10　光交叉与电交叉

任务拓展

9.1.5　DWDM 网络拓扑

DWDM 网络,从最开始的点到点网络,发展到目前的固定式和可配置式

OADM 网络,借助可重构 OXC,将发展到全光网络。DWDM 网络可采用链形、环形、树形、星形和网孔形等多种拓扑结构,如图 9 - 11 所示。

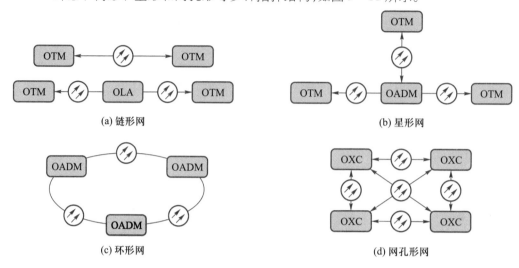

(a) 链形网　　　　　　　　　　　　　(b) 星形网

(c) 环形网　　　　　　　　　　　　　(d) 网孔形网

图 9 - 11　DWDM 常见网络结构

一、点到点 DWDM 系统

点到点 DWDM 系统主要由 OTM 组成,尽管 DWDM 提供巨大的传输容量,但只提供点到点的传输业务,组网能力不灵活。

随着电交叉系统的不断发展,节点容量的不断扩大,点到点组网显然无法跟上网络传输链路容量的增长速度。进一步扩容的希望转向光节点,即 OADM 和 OXC。

二、OADM 网络

通过 OADM 可构成链形、环形光网络。OADM 设备控制不同波长信道的光信号传至适当的位置,并可实现光层业务的保护和恢复。

三、OXC 全光网络

通过 OXC 可组建更为复杂的环形、网孔形网络。OXC 在全光网络中的主要功能包括:提供以波长为基础的连接功能,光通路的波长分插功能,对波长通路进行疏导以实现对光纤基础设施的最大利用率,实现在波长、波长组和光纤级上的保护和恢复。OXC 设置于网络上重要的汇接点,汇集各方不同波长的输入,再将各路信号以适当的波长输出。

任务二　DWDM 关键技术分析

任务分析

相对于光信号,人类处理电信号的历史长得多。早在 1832 年,俄罗斯人就尝试采用二进制电信号来传递电报了。直到 1960 年美国人梅曼发明了激光器,人类才真正开始把光信号用于电信传输。与电信号相比,光信号难以处理,对其存储、调制、放大和滤波的难度更高。很多时候,人类不得不把光信号转换成电信号进行处理,处理完再转换成光信号。人类目前正致力于全光网络的技术研发,力争实现在整个传输过程中直接对光信号进行处理,不需要进行光/电转换,提高网络传输效率。本任务将在学习 DWDM 系统关键技术的基础上,进行 DWDM 网络设计。

知识基础

9.2.1 光转发技术

知识引入
光转发技术

PPT
光转发技术

学习资料
光转发技术

微课
光转发技术

一、光源与调制

1. DWDM 系统光源的特点

密集波分复用(DWDM)系统由于传输速率高,波长间隔短,对光源提出了更高的要求。

① 为了应对光功率的衰减和非线性效应,光源功率一般控制在 0 ~ 10 dBm。

② 由于 DWDM 波长间隔只有 0.4 nm,要求激光器发出的光波长稳定,谱线极窄,激光器频率误差在±5 GHz 以内,对应波长误差为±0.04 nm。

③ 为了应对色散问题,要求光源色散容限高。

④ 为了降低成本,激光器的工作寿命要大于 10 万小时。

2. 半导体激光器

DWDM 系统普遍采用半导体激光器。半导体激光器有以下优点。

① 体积小,能很好地与其他光电器件集成。

② 泵浦电流小,晶体管电流就可以驱动。

③ 能量转换效率高,超过 50%,远高于日常生活中白炽灯的 4%、LED 光源的 30%。

④ 直接调制泵浦电流就可以实现 20 GHz 以上的直接调制频率输出,支持信号的高速调制。

DWDM 系统中广泛采用 DFB(分布式反馈)激光器,如图 9 - 12 所示。该激光器发出的光单色性好,光谱纯度高,谱线窄,宽度小于 1 MHz,边模抑制比非常高,大于 40 dB。由于温度会影响激光器输出波长的稳定性,所以激光器一般配有热电冷却器(TEC),可加热,可制冷,保持激光器温度恒定。

3. 光调制

光调制技术解决的问题是如何把携带信息的信号叠加到载波光波上。在低速光通信中,一般会采用直接调制技术(如图 9 - 13 所示),其原理是利用电脉冲码流去直接控制半导体激光器的工作电流,从而使其发出与电信号脉冲相应的光脉冲流。

在 10 Gbit/s 及更高速率的 DWDM 系统中,一般采用间接调制技术(如图 9 - 14所示),其原理是高速电信号加载在某一媒质上,利用该媒质的物理特性使通过的激光的光波特性发生变化,从而间接建立电信号与激光的调制关系。

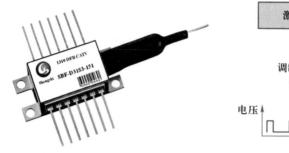

图 9 - 12　波长为 1 310 nm 的 DFB 激光器

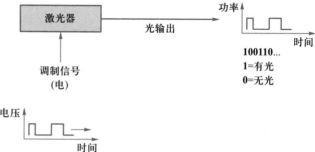

图 9 - 13　直接调制示意图

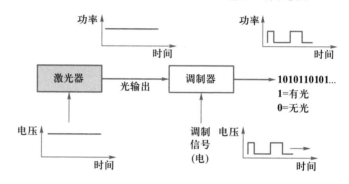

图 9 - 14　间接调制示意图

二、光接口规范

在 SDH 光通信系统中,G. 957 标准规定了 STM - 1、STM - 4 和 STM - 16 (2.5 Gbit/s 以下速率)的光接口规范,G. 691 标准给出了 STM - 64(10 Gbit/s 速率)的光接口规范。

WDM 系统的光接口规范主要有 G. 692、G. 694. 1、G. 694. 2。其中,G. 692 (带光放大器的 WDM 光接口规范)、G. 694. 1(DWDM 波长栅格)和 DWDM 系统相关;G. 694. 2(CWDM 波长栅格)规定了 CWDM 系统的复用频率。相关标准均可以在 ITU 的官方网站(https://www. itu. int/rec/T - REC - G/en)下载。以 C 波段 80 波 DWDM 系统为例,参考频率为 193. 1 THz,频率间隔为 50 GHz,波长间隔约为 0. 4 nm,见表 9 - 1。

表 9 - 1　C 波段 80 波 DWDM 系统中心波长

波长编号	中心频率/THz	中心波长/nm	波长编号	中心频率/THz	中心波长/nm	波长编号	中心频率/THz	中心波长/nm
1	196. 05	1 529. 16	6	195. 80	1 531. 12	11	195. 55	1 533. 07
2	196. 00	1 529. 55	7	195. 75	1 531. 51	12	195. 50	1 533. 47
3	195. 95	1 529. 94	8	195. 70	1 531. 90	13	195. 45	1 533. 86
4	195. 90	1 530. 33	9	195. 65	1 532. 29	14	195. 40	1 534. 25
5	195. 85	1 530. 72	10	195. 60	1 532. 68	15	195. 35	1 534. 64

续表

波长编号	中心频率/THz	中心波长/nm	波长编号	中心频率/THz	中心波长/nm	波长编号	中心频率/THz	中心波长/nm
16	195.30	1 535.04	38	194.20	1 543.73	60	193.10	1 552.52
17	195.25	1 535.43	39	194.15	1 544.13	61	193.05	1 552.93
18	195.20	1 535.82	40	194.10	1 544.53	62	193.00	1 553.33
19	195.15	1 536.22	41	194.05	1 544.92	63	192.95	1 553.73
20	195.10	1 536.61	42	194.00	1 545.32	64	192.90	1 554.13
21	195.05	1 537.00	43	193.95	1 545.72	65	192.85	1 554.54
22	195.00	1 537.40	44	193.90	1 546.12	66	192.80	1 554.94
23	194.95	1 537.79	45	193.85	1 546.52	67	192.75	1 555.34
24	194.90	1 538.19	46	193.80	1 546.92	68	192.70	1 555.75
25	194.85	1 538.58	47	193.75	1 547.32	69	192.65	1 556.15
26	194.80	1 538.98	48	193.70	1 547.72	70	192.60	1 556.55
27	194.75	1 539.37	49	193.65	1 548.11	71	192.55	1 556.96
28	194.70	1 539.77	50	193.60	1 548.51	72	192.50	1 557.36
29	194.65	1 540.16	51	193.55	1 548.91	73	192.45	1 557.77
30	194.60	1 540.56	52	193.50	1 549.32	74	192.40	1 558.17
31	194.55	1 540.95	53	193.45	1 549.72	75	192.35	1 558.58
32	194.50	1 541.35	54	193.40	1 550.12	76	192.30	1 558.98
33	194.45	1 541.75	55	193.35	1 550.52	77	192.25	1 559.39
34	194.40	1 542.14	56	193.30	1 550.92	78	192.20	1 559.79
35	194.35	1 542.54	57	193.25	1 551.32	79	192.15	1 560.20
36	194.30	1 542.94	58	193.20	1 551.72	80	192.10	1 560.61
37	194.25	1 543.33	59	193.15	1 552.12			

三、光转发单元

在光通信中,产生激光、进行调制、输出符合规范的光信号这三大功能是由光转发单元(Optical Transponder Unit,OTU)实现的。

1. OTU 网络位置

典型 OTU 单元的网络位置如图 9-15 所示。OTU 一侧连接客户端,接收或输出客户侧的信号。客户信号如果是 SDH 信号,需满足 G.957 和 G.691 标准。OTU 另一侧连接 DWDM 传输干线,接收或者输出线路侧信号。线路侧信号需遵循 G.692 和 G.694.1 标准。

图 9-15　OTU 网络位置

2. OTU 工作流程

以信号发送为例,对于接收到的客户信号,OTU 首先进行光/电转换,对电信号进行处理后再进行电/光转换,输出符合 G.694.1 规范的光信号。图 9 - 16 所示为 OTU 工作流程。

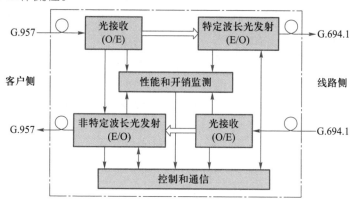

图 9 - 16　OTU 工作流程

3. OTU 应用场景

在实际工程中,OTU 有两种应用场景:终端型 OTU 和中继型 OTU。把客户侧信号转换成符合 DWDM 规范的光信号的 OTU,属于终端型 OTU,其直接连接客户端;置于线路中继点,用于实现线路信号的电再生,可消除信号畸变和噪声的 OTU,被称为中继型 OTU。

图 9 - 17 所示为 OTU 应用场景。

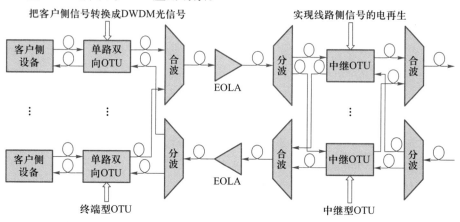

图 9 - 17　OTU 应用场景

9.2.2　光合/分波原理

一、合/分波器的网络位置

合波相当于电信号中的复用,分波相当于电信号中的解复用。光合波器(OM)把具有标称波长的各复用通路光信号合成为一束光波,送到光纤中传输。光分波器(OD)把来自光纤的光波分解成具有原标称波长的光通路信号。图 9 - 18 中,OM 器件在 OTU 发送板之后,复用 OTU 板转发的光路;OD 器件在

OTU 接收板之前,把光信号解复用。

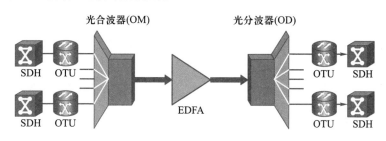

图 9 - 18　OM/OD 器件的网络位置

PPT
光合/分波
技术

学习资料
光合/分波
技术

微课
光合/分波
技术

二、合/分波器的类型

从工作原理上分,合/分波器可以分为四种类型,分别是光栅型、介质薄膜滤波器(DTF)型、耦合器型(熔锥型)、阵列波导光栅(AWG)型。

1. 光栅型

光栅型合/分波器利用不同波长的光信号在光栅上反射角度不同的特性,合并、分离不同波长的光信号,如图 9 - 19 所示。

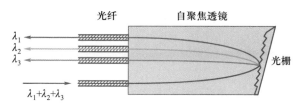

图 9 - 19　光栅型合/分波器

2. 介质薄膜滤波器型

介质薄膜滤波器型合/分波器的合/分波原理是将几十层不同的介质薄膜组合起来,组成具有特定波长选择特性的干涉滤波器,实现不同波长的分离或合并,如图 9 - 20 所示。

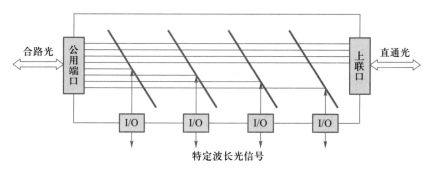

图 9 - 20　介质薄膜滤波器型合/分波器

3. 耦合器型

耦合器型一般用于合波器,是将两根或者多根光纤靠贴在一起适度熔融而成的一种表面交互式器件,如图 9 - 21 所示。

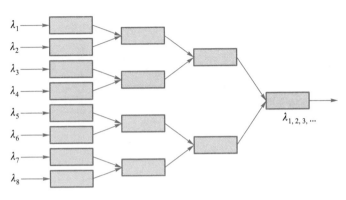

图 9 - 21　耦合器型合波器

4. 阵列波导光栅型

阵列波导光栅(AWG)由输入波导、输入星形耦合器、阵列波导、输出星形耦合器和输出波导共五部分组成,如图 9 - 22 所示。输入的 DWDM 信号由第一个星形耦合器分配到各条阵列波导中,阵列波导的长度依次递增 ΔL,对通过的光信号产生等光程差,其功能相当于一个光栅,在阵列波导的输出位置发生衍射,不同波长衍射到不同角度,经过第二个星形耦合器,聚焦到不同的输出波导中。

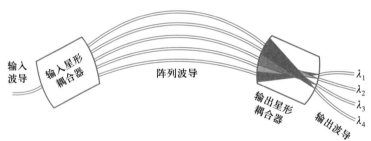

图 9 - 22　AWG 工作原理

三、光合/分波板

1. 光合波板

典型的光合波板接口如图 9 - 23 所示。其中,CH1 ~ CH40 是 40 路不同波长的光路入口,OUT 口是合路光的输出口。各 OTU 板线路侧输出口的光纤连接至 OMU 的 CH 口,经过 OMU 合波之后的光信号经 OUT 口连接光放大板。

2. 光分波板

光分波板与光合波板的外观非常像,CH1 ~ CH40 变成了输出口,IN 口变成了线路光的输入口,如图 9 - 24 所示。光分波板的光纤连接与光合波板正好相反,ODU 的线路侧输入口连接经过光放大板放大的光信号,分波以后经过 CH 口连接 OTU 板的线路输入口。

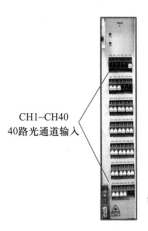

CH1~CH40
40路光通道输入

OUT口　　　MON口
线路光输出　本地光监测

图 9 - 23　光合波板接口

CH1~CH40
40路光通道输出

IN口　　　MON口
线路光输入　本地光监测

图 9 - 24　光分波板接口

任务实施

PPT
DWDM 工程
设计要点

PPT
DWDM 组网
技术

学习资料
DWDM 工程
设计要点

微课
DWDM 工程
设计要点

9.2.3　DWDM 网络设计

一、DWDM 系统参考配置

为了方便交流,G.692 标准给出了 DWDM 系统的参考配置,规定了不同功能模块的接口名称,如图 9 - 25 所示。

① $S_1, S_2, \cdots, S_n$ 参考点分别为 n 个通道的发送端 OTU 或中继型 OTU 的输出口。

② $R_{M1}, R_{M2}, \cdots, R_{Mn}$ 参考点对应光合波器(OM)的 n 个输入口。

③ MPI - S 参考点为 OM/OA 的输出口,OM/OA 完成了光信号的合波和放大。

④ R′参考点为线路光纤放大器的输入口。

⑤ S′参考点为线路光纤放大器的输出口。

⑥ MPI - R 参考点为 OA/OD 的输入口。

⑦ $S_{D1}, S_{D2}, \cdots, S_{Dn}$ 参考点为 OA/OD 的输出口,OA/OD 完成了光信号的前置放大和分波。

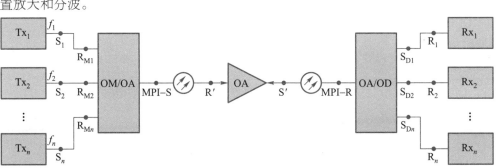

图 9 - 25　DWDM 系统参考配置

⑧ $R_1, R_2, \cdots, R_n$ 参考点为接收端的 OTU 或中继型 OTU 的输入口。

二、DWDM 局站类型

现网中常用的 DWDM 局站包括 OTM 终端站、OADM 分路站、OLA 光放站三种类型,如图 9 – 26 所示。每个站点之间的传送段称为光放段或光传送段;OTM 站和 OADM 站之间的链路称为光复用段,代表多路光波复用在一起传送;有时光复用段会跨过 OADM 站,说明有一部分合路光在 OADM 站是直通的;单路光的传送跨度称为光通道,始于 OTM 站,终于 OADM 站或 OTM 站。

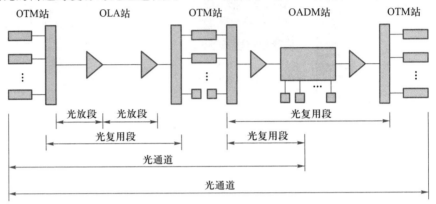

图 9 – 26 常用 DWDM 局站

三、光接口应用代码

在实际光传输工程设计中,光接口应用代码是重要的设计参考。以 100G 光接口应用代码(见表 9 – 2)为例,标准针对 G. 652 光纤给出的典型配置是 18 × 22 dB,即最多 18 个跨段,每个跨段损耗最大 22 dB;如果采用 G. 655 光纤,推荐采用 16 × 22 dB,即 16 个跨段,每跨段损耗 22 dB。另外,标准对于发射机和接收机的色散和光信噪比容限也做了规定。

表 9 – 2 100 Gbit/s DWDM 系统光接口应用代码(部分)

性能项目	G. 652 光纤	G. 655 光纤
跨段损耗(跨段数×单跨损耗)	18×22 dB	16×22 dB
发射机最小色度色散容限值	30 000 ps/nm(1 dB OSNR)	
发射机最小偏振模色散容限值	75 ps(1 dB OSNR)	
接收点每通路最小 OSNR	18. 5 dB	
接收机 OSNR 容限	13. 5	
光通道最大纠错前 BER	10^{-3}	

根据光接口应用代码及光纤性能参数,可以计算以下受限距离。

(1)色散受限距离

$$L = D_{sr}/D \ (\text{km})$$

式中,D_{sr} 为光口色散容限,单位为 ps/nm;D 为光纤每千米色散值,单位为 ps/(nm · km)。

（2）PMD（偏振模色散）受限距离

$$L = (P_t/P)^2 (\text{km})$$

式中，P_t 为光口 PMD 容限，单位为 ps；P 为光纤 PMD 值，单位为 ps/$\sqrt{\text{km}}$。

（3）每段损耗受限距离

$$L = 22 \text{ dB}/\alpha \ (\text{km})$$

式中，α 为光纤损耗系数，单位为 dB/km。

任务拓展

9.2.4　光通信距离简史

光纤传输损耗下降至 20 dB/km 之后，光传输技术开始实用。人类一直不断采用各种技术，提升光信号的传输距离。DWDM 系统主要采用 G.652 和 G.655 光纤，限制光信号传输距离的主要因素是损耗、色散和非线性效应。

① 20 世纪 90 年代，EDFA 和色散补偿光纤的发明，把 10 Gbit/s SDH 传输系统的无电中继传输距离提升至 640 km。

② 21 世纪初，拉曼放大器和 RZ 编码技术的应用，把 10 Gbit/s 系统的无电中继距离提升至 4 000 km。

③ 2008 年左右，光纤单波传输速率提升至 40 Gbit/s，传输距离主要受限于 OSNR（光信噪比）、色散、非线性效应，无电中继距离降低为 1 500 km。

④ 2012 年左右，人类把单波传输速率提升至 100 Gbit/s。100 Gbit/s 系统采用光相干接收等先进技术，极大提高了色散容限，传输距离主要受限于光纤损耗，无电中继距离超过 4 000 km。

项目小结

1. 为了应对通信网络流量爆发式增长，人类首先采用时分复用技术，将光信号传输速率提升至 100 Gbit/s 和 400 Gbit/s；然后采用密集波分复用（DWDM）技术，实现单纤同时传递 40、80 波光信号，大幅提升了光通信系统的传输速率。

2. 在光通信中，产生激光、进行调制、输出符合规范的光信号这三大功能是由光转发单元（OTU）实现的。

3. 合/分波器可以分为四种类型，分别是光栅型、介质薄膜滤波器（DTF）型、耦合器型（熔锥型）、阵列波导光栅（AWG）型。

4. DWDM 网络共包含四种类型的网元：OTM 网元、OLA 网元、OADM、OXC 网元。

5. 在进行网络设计时，不仅要选择合适的网元类型，还要根据设备和光纤的性能参数，确定合适的传输距离。

思考与练习

1. 说明 TDM、WDM、SDM 三种复用技术是如何提升光纤通信传输速率的。

2. 假设某 100 Gbit/s DWDM 系统采用的光纤传输性能如下：衰减系数为 0.21 dB/km，色度色散为 18 ps/(nm·km)，偏振模色散为 0.1 ps/$\sqrt{km}$。计算理想情况下色度色散受限距离、偏振模色散受限距离、单跨段损耗受限距离。

项目十
OTN系统原理

知识目标

- 理解OTN、DWDM和SDH网络的区别。
- 了解OTN协议框架。
- 掌握OTN电层与光层的作用及分层。
- 理解OTN帧结构的基本组成和各字段的作用。
- 了解OTN复用和映射的总体结构。
- 掌握OTM-$n \cdot m$模块参数的含义。

技能目标

- 能描述OTN客户业务信号适配流程。
- 能结合OTN网络拓扑,说明OTN光层开销的生命周期。
- 能结合硬件设备,说明OTN信号复用和映射的过程。

知识引入

OTN 技术概述

PPT

OTN 技术概述

学习资料

OTN 技术概述

微课

OTN 技术概述

任务一　OTN 系统认知

任务分析

WDM 的出现极大地提升了单芯传输速率,但其缺点也很显著,缺乏 QoS 保障、OAM 和灵活的调度能力。为了解决 WDM 网络的缺点,产业界提出 OTN (光传送网)技术标准。OTN 系统能有效提升传输速率,本任务将试着分析 OTN 系统的网络模型。

知识基础

10.1.1　OTN 基本概念

一、什么是 OTN

OTN 是在 WDM 基础上,融合了 SDH 的一些优点,如丰富的 OAM 开销、灵活的业务调度、完善的保护方式等形成的新一代光传送标准。

二、OTN 网络特点

相较于 SDH 和 WDM,OTN 具有以下优点。

① 支持多种业务信号的封装透明传输。

② 具备大容量调度能力,包含光层和电层两种调度方式。

③ OAM 功能强大。

④ 保护机制完善。

⑤ 具有强大的前向纠错功能,提升 OSNR 达 5 dB。

另外,最新的 OTN 技术也开始融入 PTN(分组传送网)的分组处理能力,逐步发展为 POTN(分组光传送网)。

SDH、WDM 与 OTN 的技术比较见表 10 – 1。

表 10 – 1　SDH、WDM 与 OTN 技术比较

项目	SDH/SONET	传统 WDM	OTN
调度功能	支持 VC – 12/VC – 4 等颗粒的电层调度	支持波长级别的光层调度	统一的光电交叉平台,交叉颗粒为 ODUk/波长
系统容量	容量受限	超大容量	超大容量
传输性能	距离受限,需要全网同步	长距离传输,有一定的 FEC(前向纠错)能力,不需要全网同步	长距离传输,更强大的 FEC,不需要全网同步
监控能力	OAM 功能强大,不同层次的通道实现分离监控	只能进行波长级别监控或者简单的字节检测	通过光电层开销,可实现对各层级网络的监控 6 级串行连接管理,适用于多设备商/多运营商网络的监控管理

续表

项目	SDH/SONET	传统 WDM	OTN
保护功能	电层通道保护、SDH 复用段保护	光层通道保护、线路侧保护	丰富的光层和电层通道保护、共享保护
智能特性	可以支持电层智能调度	对智能兼容性差	可以支持波长级别和 ODUk 级别的智能调度

三、OTN 协议框架

国际电信联盟针对 OTN 制定了很多种协议,对 OTN 的设备管理、网络保护等进行了规范,如图 10 - 1 所示。

OTN	设备管理	G.874	光传送网元的管理特性
		G.874.1	光传送网(OTN):网元角度的协议中立管理信息模型
	抖动和性能	G.8251	光传送网内抖动和漂移的控制
		G.8201	光传送网内部多运营商国际通道的误码性能参数和指标
	网络保护	G.873.1	光传送网:线形保护
		G.873.2	光传送网:环形保护
	设备功能特征	G.798	光传送网体系设备功能块特征
		G.806	传送设备特征—描述方法和一般功能
	结构与映射	G.709	光传送网接口
		G.7041	通用成帧规程(GFP)
		G.7042	虚级联信号的链路容量调整机制(LCAS)
	物理层特征	G.959.1	光传送网的物理层接口
		G.693	用于局内系统的光接口
		G.664	光传送系统的光安全规程和需求
	架构	G.872	光传送网的架构
		G.8080	自动交换光网络(ASON)的架构

图 10 - 1　OTN 协议框架

10.1.2 客户业务信号处理

一、电层与光层

SDH 对客户信号的成帧处理全部在电层实现。OTN 不仅在电层进行信号处理,在光层同样进行业务信号的处理。OTN 的电层分为 OPU(光通道净荷单元)、ODU(光通道数据单元)、OTU(光通道传送单元)三个子层,实现客户信号适配、子波长交叉、数据成帧等功能;OTN 的光层包含 OCh(光通道)、OMS(光复用段)、OTS(光传送段)三个子层,完成波长级交叉、光路复用、信号传送等功能。OTN 的电层与光层如图 10 - 2 所示。

二、客户信号适配过程

OTN 电层和光层各司其职,共同完成客户信号的适配,如图 10 - 3 所示。客户信号作为净荷,依次经过 OPU、ODU 和 OTU 子层完成适配。OPU 子层加入本层开销 OH(OverHead)字段;ODU 子层加入该层 OH 开销;OTU 子层除加入 OH 开销外,还加入 FEC 纠错开销。在 OTU 子层,客户信号形成 OTN 数据帧。

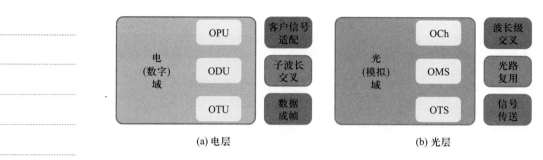

(a) 电层　　　　　　　　　　　(b) 光层

图 10 - 2　OTN 的电层与光层

光层的各子层也会加入开销,但是与电层不同,光层的开销由专门的光监控信道(OSC)传输。

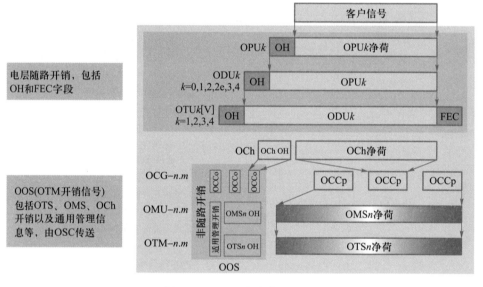

图 10 - 3　OTN 客户信号适配

任务实施

10.1.3　OTN 光网络模型

OTN 的光网络模型和波分复用网络相同,也包括 OTU(光转发)、OM/OD(复用和解复用)、OA(光放大)三类主要单元,如图 10 - 4 所示。

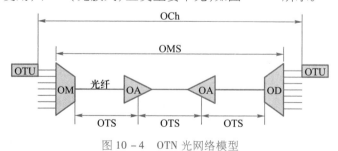

图 10 - 4　OTN 光网络模型

其中,各光网络单元之间的光链路称为 OTS,光(解)复用器和光交叉设备之间的链路称为 OMS,OTU 单元之间的光链路称为 OCh。OTS、OMS 和 OCh 与光域的三个子层相对应。

任务拓展

10.1.4 光域各层功能

在 OTS、OMS、OCh 三种传送链路中,OTS 是最短的,负责管理光部件之间的光纤链路。OMS 管理供光(解)复用器和光交叉设备之间的链路,因此 OMS 一般开始于 OM 器件,终止于 OADM 或者 OD 器件。对于直通光来说,OMS 会跨过 OADM 器件。OCh 对应单束光,起始于 OTU 单元。OTN 光域各层管辖范围如图 10 - 5 所示。

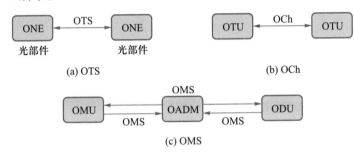

图 10 - 5 OTN 光域各层管辖范围

任务二 OTN 复用与映射

任务分析

OTN 开销分成电层和光层两种,电层开销在 OTN 成帧时加入,光层开销由 OSC 传送。与 SDH 类似,OTN 也规定了自己的复用与映射结构,那么,OTN 复用与映射的硬件是如何实现的呢?

知识基础

10.2.1 OTN 帧结构

OTN 电层对客户信号的处理分为 OPU、ODU 和 OTU 三个子层,各子层的 OH 和 FEC 字节属于电层开销。

OTU 的帧结构与三个子层有明确的对应关系,如图 10 - 6 所示。其中,OPU 子层对应 OPU 开销和客户信号,ODU 子层又增加了 ODU 开销,OTU 子层增加了帧对齐、OTU 开销和 FEC 部分。

知识引入
OTN 帧结构
与开销

PPT
OTN 帧结构
与开销

@学习资料
OTN 帧结构
与开销

微课
OTN 帧结构
与开销

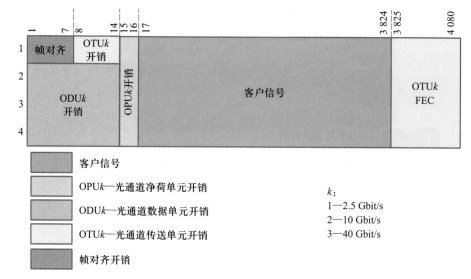

图 10 – 6　OTN 帧结构

一、电层开销

从 OTN 的帧结构中可以看出,除了 FEC 开销以外,其他开销都在前面 16 列,大小为 4 行×16 列字节。电层开销分为四部分,分别是帧对齐开销、OTU 层开销、ODU 层开销和 OPU 层开销。常见开销字节作用如下。

1. 帧对齐开销(FAS)

FAS(Frame Alignment Signal)的长度为 6 字节,用于帧对齐和定位。FAS 标识着上一帧的结束和下一帧的开始。

2. 段监控(SM)

SM(Section Monitoring)用于 OTU 级别的误码检测,在 OTU 信号组装和分解处被终结。SM 开销就像一个警察,使命是监测违法分子。

3. 通道监控(PM)

PM(Path Monitoring)用于 ODU 级别的误码检测。SM 和 PM 的作用虽然类似,但是其生命周期不同,SM 的生命周期要短于 PM,如图 10 – 7 所示。

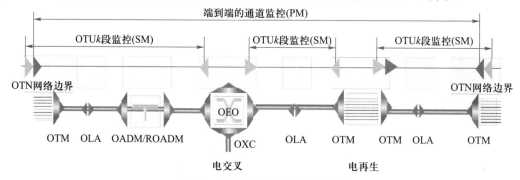

图 10 – 7　SM 与 PM 的生命周期

二、光层开销

与电层开销不同,OTN 的光层开销(OOS)为非随路开销,通过光监控信道

（Optical Supervisory Channel，OSC）传输。光层开销包括 OTS、OMS 和 OCh 开销，以及厂商自定义的通用管理信息开销，如图 10 – 8 所示。

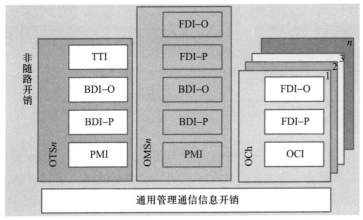

图 10 – 8　OTN 光层开销

不同层次的光层开销产生不同层次的光层告警，拥有不同的生命周期，如图 10 – 9 所示。比如，OTS 开销的生命周期对应 OTS 的长度，OMS 和 OCh 的开销分别对应 OMS 和 OCh 的长度。

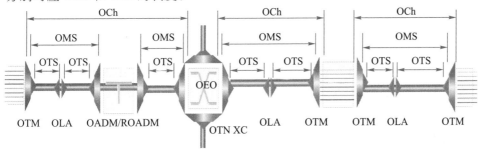

图 10 – 9　光层开销的生命周期

10.2.2　OTN 速率等级

由于不同客户信号的类型和速率均不同，OTN 提供不同的速率等级适配不同的速率信号。OTN 的客户信号主要包括基于 TDM 技术的 SDH 业务和基于分组技术的 IP 业务两类。

一、SDH 客户信号的速率等级

SDH 的客户信号速率分别是 STM – 16（2.5 Gbit/s）、STM – 64（10 Gbit/s）、STM – 256（40 Gbit/s）。OTNk 分别提供 1、2、3 三个速率等级进行适配，输出速率分别是 2.7 Gbit/s、10.7 Gbit/s 和 43 Gbit/s，如图 10 – 10 所示。

二、IP 业务速率等级

随着电信业务的 IP 化，OTN 重点增强了对 IP 业务的支持，针对10 Gbit/s、40 Gbit/s、100 Gbit/s 以太网客户信号，增加了 2、3、4 三个 OTU 速率等级，如图 10 – 11 所示。

知识引入
OTN 复用与映射

PPT
OTN 复用与映射

学习资料
OTN 复用与映射

微课
OTN 复用与映射

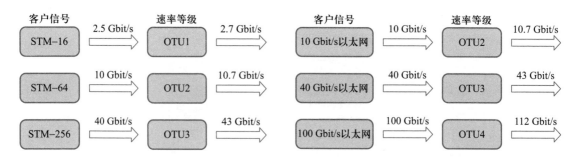

图 10 - 10　SDH 客户信号的速率等级　　　　图 10 - 11　IP 业务速率等级

OTN 的帧结构是 4 行 × 4 080 列,并且帧大小固定不变。OTN 通过改变帧的发送周期实现速率的变化。帧发送周期与速率有关,如 OTU2 的帧周期约为 OTU1 的四分之一,见表 10 - 2。

表 10 - 2　**OTN 帧周期**

OTU 类型	帧周期/μs	OTU 类型	帧周期/μs
OTU1	48. 971	OTU3	3. 035
OTU2	12. 191	OTU4	1. 168

10.2.3　OTN 复用与映射

一、总体结构

类似于 SDH,OTN 也规定了自己的复用与映射结构。在图 10 - 12 中,客户信号从右侧映射入 OPU,经过一系列的映射和复用操作,最终形成主光通道信号 OTM 传输。

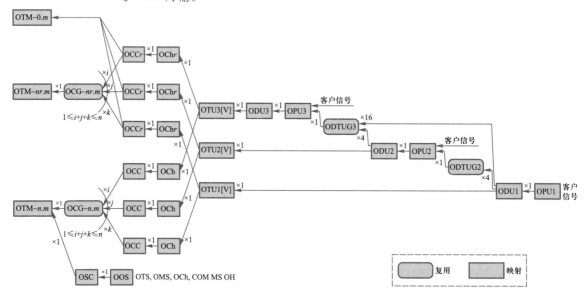

图 10 - 12　复用映射总体结构

二、STM - 16 信号适配过程

假设客户信号是 STM - 16,其信号适配过程如图 10 - 13 所示。

① 客户信号映射入 OPU 中,增加 OPU 开销。

② OPU 信号映射入 ODU 中,增加 ODU 开销。

③ ODU 信号映射入 OTU 中,增加 OTU 开销。

④ OTU 信号在 OCh 中变为光信号。

⑤ 光信号在 OCC 中进行调制,获得一个特定的波长。

⑥ k 路光信号在 OCG 中完成复用。

⑦ OCG 光信号增加 OOS 开销后,形成最终的 OTM(Optical Transport Module,光传送模块)信号。

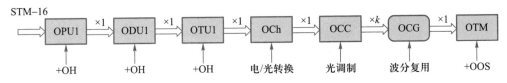

图 10 - 13 STM - 16 信号适配过程

三、OTM

OTM 规定了被传送客户信号的结构,系数 n 和 m 定义了接口所支持的最大波长数和比特速率。例如,OTM - 40.3 表示接口支持最多 40 波复用,承载信号的速率等级是 OTU3;OTM - 8.34 表示最多支持 8 波复用,信号速率等级包含 OTU3 和 OTU4。

任务实施

10.2.4 OTN 复用与映射的硬件实现

一、客户信号至 OCC

波分设备中的发送 OTU 单板完成了信号从客户到 OCC 的变化,波分设备中的接收 OTU 单板完成了信号从 OCC 到客户的变化。

以发送为例,客户信号由 OTU 单板的客户侧接口接入,在 OTU 单板内完成光/电转换,依次增加了 OPU 开销、ODU 开销、OTU 开销,经过调制后完成 OCC 的功能,最后由线路侧接口输出,如图 10 - 14 所示。

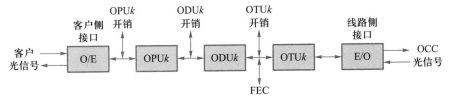

图 10 - 14 OTU 板信号适配过程

二、OCC 至 OTM

OM 单板适配过程如图 10 - 15 所示。

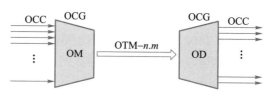

图 10 - 15　OM 单板适配过程

合波模块(合波器或 OADM 的上波部分)完成从多个独立的特定波长信号转换为主信道信号的过程,即 OCC 至 $OTM - n.m$ 的变化。

分波模块(分波器或 OADM 的下波部分)完成从主信道信号转换为多个独立的特定波长信号的过程,即 $OTM - n.m$ 至 OCC 的变化。

任务拓展

学习 OTN 的开销结构,试着将其与 SDH 的开销结构进行比较,分析二者的联系与区别。

项目小结

1. OTN 是基于 DWDM 网络,再融合复用、路由、管理、监控、保护等功能形成的传送标准。

2. 与 SDH 不同,OTN 不仅在电层进行信号处理,在光层同样进行业务信号的处理,其开销也包括电层和光层两部分。

3. OTN 的电层和光层共同完成客户业务信号的适配,经过复用和映射的处理,最终形成 OTM 光信号进行传输。

4. OTN 电层对客户信号的处理分为 OPU、ODU 和 OTU 三个子层,各子层的 OH 和 FEC 字节属于电层开销。

5. 电层开销分为四个部分,分别是帧对齐开销、OTU 层开销、ODU 层开销和 OPU 层开销。

6. OTN 的光层开销(OOS)为非随路开销,通过光监控信道(OSC)传输。光层开销包括 OTS、OMS 和 OCh 开销,以及厂商自定义的通用管理信息开销。

7. OTNk 分别提供 1、2、3 三个速率等级进行适配,输出速率分别是 2.7 Gbit/s、10.7 Gbit/s 和 43 Gbit/s。

思考与练习

1. 画出 OTN 系统中 STM - 64 信号的复用与映射流程。

2. 说明 OTN 帧结构中不同字段的作用。

3. 说明 OTU、OMU、ODU 单元在 OTM 信号形成中的作用。

项目十一
OTN典型设备介绍

知识目标

● 掌握OTN子系统分类和单板资源。
● 掌握波分系统常用单板的功能。

技能目标

● 掌握ZXMP M820机柜、子架结构和板位资源。
● 掌握波分系统常用单板的识别与使用。

任务一　OTN 常见设备认知

知识引入

OTN 常见
设备认知

PPT

OTN 常见
设备认知

学习资料

OTN 常见
设备认知

微课

OTN 常见
设备认知

任务分析

数据流量的井喷式增长给传输网络带来巨大的带宽压力,同时 IP 业务的迅猛发展和日益复杂的网络拓扑要求传输网络能够实现业务的快速开通,并且具备大容量、多业务颗粒、多方向的交叉调度能力。 因此,具备更高传输能力、能够灵活高效调度 ODU0/1/2/2e/3/4/flex 颗粒业务的大容量交叉传送 OTN 设备应运而生。

本任务将以现网使用的主流产品——中兴通讯 ZXMP M820 产品为例,介绍 OTN 设备的总体结构,在学习 ZXMP M820 机柜、子架结构和板位资源的基础上,要能应用 OTN 设备进行组网。

知识基础

11.1.1　ZTE OTN 产品概述

一、IP 承载网现状

目前,IP 承载网有以下特点。

① 传统业务向 IP 转型,如 PSTN(公共交换电话网)在全球范围内升级为 NGN(下一代网络),实现 VoIP(网络电话)。

② 新型业务天然具备 IP 血统,如 3G/4G 等移动核心网、Backhaul(回程线路)在 R5 版本后全面实现 IP 化。

③ 无论对固网或移动网络,在 IP 骨干层和城域核心层,业务承载在核心路由器上,通常采用 DWDM/MSTP/ASON 传送;在固网的接入汇聚层,业务通过边缘路由器、交换机、PON 承载,传送层面采用 CWDM、光纤直连的方式;在移动网络的接入汇聚层,即 Backhaul 层,传送网络主要采用 MSTP 组网。

二、传送平台需求

IP 承载网要求传送平台满足以下几点要求。

① 面向全 IP 承载。传送平台要顺应业务 IP 化,兼容传统 TDM 业务,成为新旧业务的统一传送平台;要顺应 IP 网络的演进,在现在和未来网络中有更多应用场景。

② 智能化。全面 OTN 化,实现传送层面更精细的网络管理;满足动态 IP 业务在各个层面、各种颗粒的智能化调度需求;加载控制平面,实现业务的快速开通和智能化的保护恢复。

③ 高度集成。单板集成更多接口,子架集成更多槽位,同等系统容量下,设备紧凑度更高,占用空间更小;绿色环保,低功耗、低辐射、无毒、材料可再生。

这里以 ZXMP M820 产品为例进行介绍。

11.1.2 ZXMP M820 的板位资源

M820设备机柜统一采用标准化机柜,具有优良的电磁屏蔽性能和散热性能,如图11-1所示。

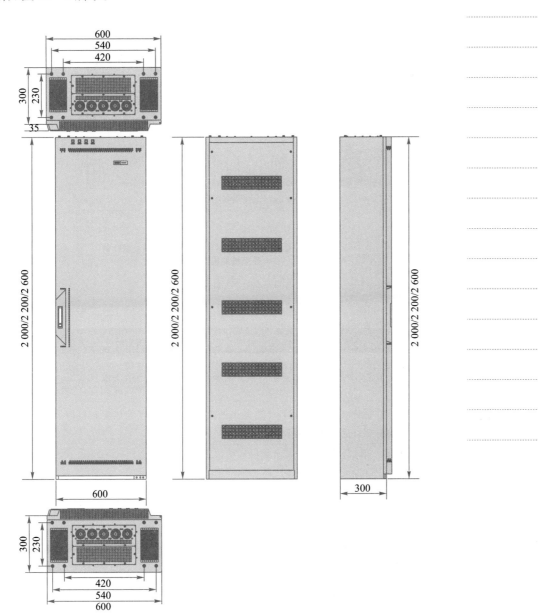

图 11-1 机柜外形尺寸示意图

一、传输子架

传输子架无交叉功能,用于安装光复用/解复用单元、光放大单元、光保护单元以及一些业务接入单板,例如 NX4 子架,如图 11-2 和表 11-1 所示。

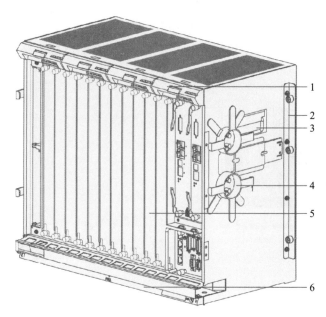

1—风扇单元；2—安装支耳；3—把手；4—盘纤盘；
5—处理板插板区；6—防尘网

图 11 - 2　NX4 子架外形结构

表 11 - 1　NX4 子架结构介绍

序号	结构	说明
1	风扇单元	位于子架顶部。每个子架配置 4 个独立风扇单元,以确保子架的散热
2	安装支耳	分为左、右安装支耳,通过这两个支耳上的松不脱螺钉将子架固定在机柜上。子架固定方式和安装支耳的位置有两种类型: • 前固定方式,安装支耳位于子架侧面的前部 • 后固定方式,安装支耳位于子架侧面的后部
3	把手	用于移动子架
4	盘纤盘	位于子架的左、右侧面,用于光纤的预留盘绕、连接和调度
5	处理板插板区	业务单板安装区域
6	防尘网	位于走线槽的下部,防止灰尘进入设备内部

NX4 子架板位资源如图 11 - 3 所示。

二、集中交叉子架

电交叉功能需要使用交叉子架。交叉子架又分为集中交叉子架和分布式交叉子架,区别在于:集中交叉子架通过交叉板来完成子架中所有业务单板的电交叉;分布式交叉子架没有交叉板,而是把交叉功能做在子架背板中。集中交叉子架如 CX4 子架,如图 11 - 4 和表 11 - 2 所示。

CX4 子架板位资源如图 11 - 5 所示。

CX4 子架单板与槽位的对应关系见表 11 - 3。

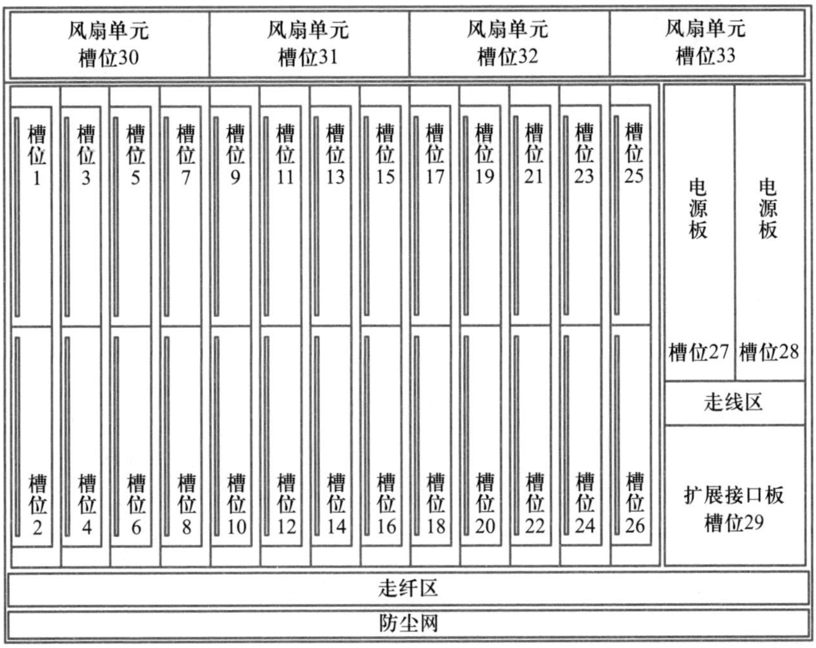

风扇单元 槽位30				风扇单元 槽位31				风扇单元 槽位32				风扇单元 槽位33	
槽位1	槽位3	槽位5	槽位7	槽位9	槽位11	槽位13	槽位15	槽位17	槽位19	槽位21	槽位23	槽位25	电源板 电源板
													槽位27 槽位28
													走线区
槽位2	槽位4	槽位6	槽位8	槽位10	槽位12	槽位14	槽位16	槽位18	槽位20	槽位22	槽位24	槽位26	扩展接口板 槽位29
走纤区													
防尘网													

图 11 - 3 NX4 子架板位资源

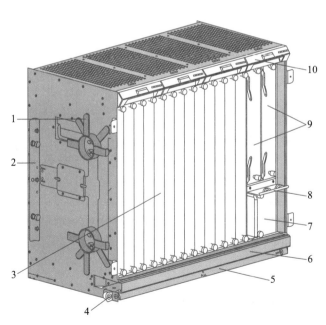

1—盘纤盘；2—安装支耳；3—业务板区；4—子架接地柱；5—防尘网；
6—走纤区；7—接口板区；8—走线槽；9—电源板区；10—风扇区

图 11 - 4 CX4 子架外形结构

表 11-2　CX4 子架结构介绍

序号	结构	介绍
1	盘纤盘	位于子架的左、右侧面,用于光纤的预留盘绕、连接和调度
2	安装支耳	分为左、右安装支耳,通过两个支耳上的松不脱螺钉将子架固定在机柜上
3	业务板区	用于插装各类功能单板
4	子架接地柱	位于传输子架左侧面的下部,用于连接子架接地线
5	防尘网	位于走线槽的下部,配合风扇单元形成子架内部的冷热空气循环系统
6	走纤区	位于处理板插板区的下部,用于布放进出单板面板的光纤
7	接口板区	用于安装扩展接口板,提供子架级联接口、网口、透明用户通道接口、告警输入接口、告警输出接口
8	走线槽	位于接口板的上部,用于规范布放在机架面板上的电缆
9	电源板区	位于子架的右侧,提供两个电源板槽位,支持电源板的 1+1 热备份
10	风扇板区	用于插装子架的风扇单元,以确保子架的散热

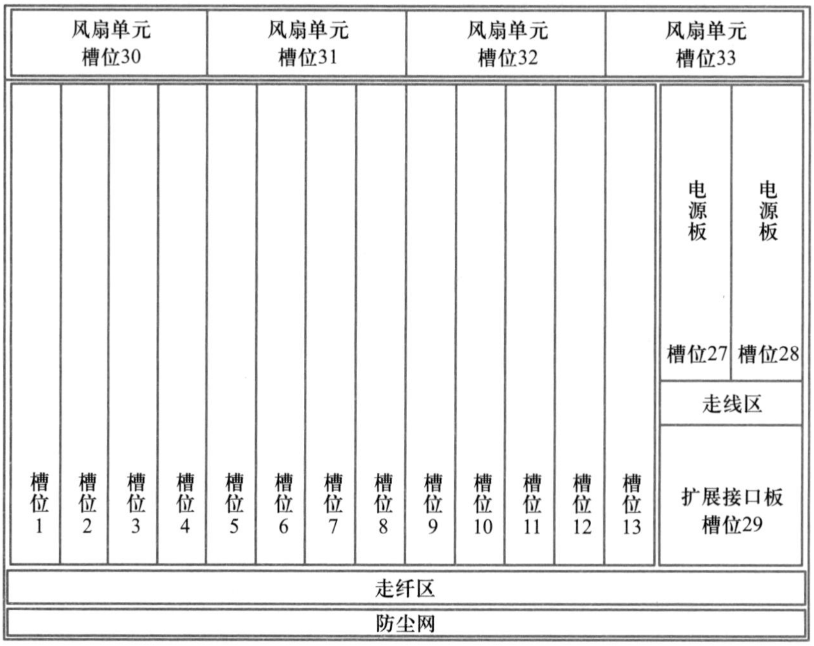

图 11-5　CX4 子架板位资源

表 11-3　CX4 子架单板与槽位的对应关系

槽位号	可插单板		备注
7、8	CSU、CSUB(两槽位单板类型必须相同)		默认槽位 7 为主用插槽,槽位 8 为备用插槽
1~6、9~13	推荐配置汇聚类单板	DSAC、SMUB、SAUC、COM	无槽位限制,与 CSU 单板配合使用
		SRM41、SRM42	
		COMB、LD2、CD2	无槽位限制,与 CSUB 单板配合使用
1~6、9~13	LQ2、CQ2		与 CSUB 单板配合使用

任务实施

11.1.3 OTN 组网应用

OTN 支持点到点、链形、环形和 MESH 形组网,如图 11－6 所示。其中,环形组网具备较好的自愈保护能力,同时又节省光缆和设备,是城域波分网络中的主要组网类型。MESH 形组网就是网孔形组网,其优点是无节点瓶颈,灵活并具备良好的扩展性,可以用于构建基于波长的智能网;缺点是会占用更多光缆和设备资源,成本较高。

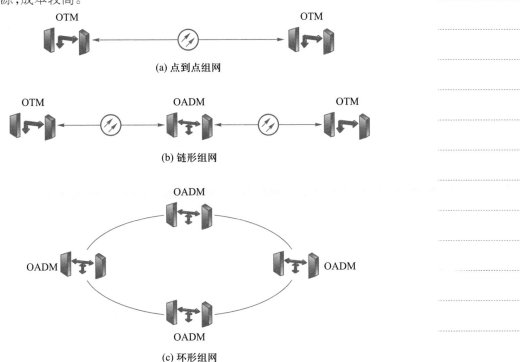

(a) 点到点组网

(b) 链形组网

(c) 环形组网

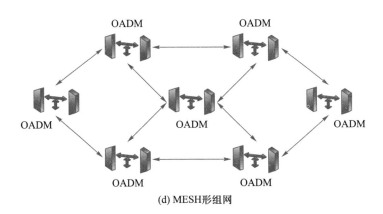

(d) MESH形组网

图 11－6 OTN 支持的组网形式

任务拓展

11.1.4 风扇与防尘单元

一、风扇单元

风扇单元是子架的散热降温部件,位于子架的顶部。M820 采用独立风扇单元,如图 11-7 所示。其组件功能见表 11-4。

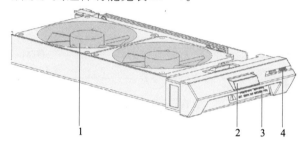

1—风扇；2—锁定按钮；3—警告标识；4—指示灯

图 11-7 独立风扇单元结构

表 11-4 独立风扇单元组件功能

序号	组件	功能
1	风扇	采用抽风方式工作
2	锁定按钮	用于将风扇单元锁紧在子架中
3	警告标识	提醒维护人员在风扇转动时不可以触摸风扇
4	指示灯	指示风扇板的工作状态

风扇单元指示灯与面板状态对应关系见表 11-5。

表 11-5 风扇单元指示灯与面板状态对应关系

指示灯	指示灯颜色	指示灯状态	单板状态
运行指示灯 NOM	绿	正常闪烁	正常上电状态
		灭	单板未上电
故障指示灯 ALM	红	亮	单板业务有告警
		慢闪	单板硬件故障或硬件自检失败
		快闪	单板软件故障
		灭	单板无告警

注:正常闪烁(1 次/s)是指指示灯 0.5 s 亮,0.5 s 灭;慢闪(1 次/2 s)是指指示灯 1 s 亮,1 s 灭;快闪(5 次/s)是指指示灯 0.1 s 亮,0.1 s 灭。

二、防尘单元

防尘单元用于保证设备子架内的清洁,避免灰尘堆积影响设备散热,如图 11-8 所示。其组件功能见表 11-6。

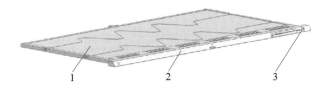

1—防尘网；2—面板；3—防静电手环插孔

图 11-8 防尘单元示意图

表 11-6 防尘单元组件功能

序号	组件	功能
1	防尘网	用于阻止灰尘进入设备子架,防尘网中的海绵空气滤片可拆卸
2	面板	位于插箱正面,带有提示清洗标识
3	防静电手环插孔	用于安装防静电手环

任务二 OTN 单板配置

任务分析

类似于 SDH 设备,波分设备子架上的插槽也对应不同的单板,根据设备组网需求,需要进行相应的单板配置。

根据设备功能模块,这里将波分设备划分为五部分,即业务接入与汇聚子系统、合/分波子系统、光放大子系统、交叉子系统及其他子系统。

本任务中,要求对 OTN 单板的功能进行描述,能正确分析其在系统中的位置。

知识基础

11.2.1 业务接入与汇聚子系统

业务接入与汇聚子系统单板的主要功能是把客户侧业务接入封装到 OTN 帧中,并调制到符合波分系统要求的波长上,从线路侧接口输出。在接收侧,则把线路侧收到的 OTN 帧解复用成客户侧信号送到客户侧接口。

业务接入单板和汇聚子系统单板的主要区别在于,业务接入单板实现的是客户侧到线路侧的一对一转换,即一路客户侧业务,转换成一路线路侧 OTN 帧信号。但对于低速业务,比如 GE、2.5 Gbit/s 的业务,一对一地转换到线路侧并占用一个波道未免浪费波道。因此汇聚类单板把多路客户侧的业务汇聚到一路线路侧 OTN 帧,再调制到某一个波道上,实现多个客户业务共用一个波长,以此节省波道资源。汇聚类单板的客户侧和线路侧接口是多对一的关系。

📁 知识引入

常用单板
介绍

📞 PPT

常用单板
介绍

@ 学习资料

常用单板
介绍

📓 微课

常用单板
介绍

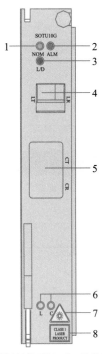

1—正常运行指示灯；2—告警指示灯；
3—单板内部通信指示灯；4—线路侧光接口；
5—客户侧光接口；6—连接指示灯；
7—激光警告标识；8—激光等级标识

图 11 - 9　SOTU10G 单板面板示意图

一、SOTU10G 业务接入单板

1. 单板功能

SOTU10G 单板采用光/电/光转换方式,完成信号之间的波长转换和数据再生,支持 FEC 或超强 FEC (AFEC)编解码,支持 G. 709 开销处理功能。SOTU10G 包括单路双向终端 SOTU10G 和单路单向中继 SO-TU10G。

① 实现 STM – 64 (9.953 Gbit/s)、 OTU2 (10. 709 Gbit/s)、10GE – LAN(10. 312 5 Gbit/s)速率光信号到 OTU2(10. 709 Gbit/s)、OTU2e(11. 1 Gbit/s)、OTU2e(AFEC)(11. 1 Gbit/s)的波长转换。

② 客户侧支持 STM – 64、OTU2 或 10GE 光信号。

③ 线路侧光信号满足 G. 694. 1 要求,支持 FEC 或 AFEC 功能。

2. 面板说明

单路双向终端 SOTU10G 单板面板示意图如图 11 –9所示,面板说明见表 11 –7。

3. 单板应用

SOTU10G 单板实现业务接入(终端型)和业务电再生(中继型)功能,在波分系统中的应用如图 11 – 10所示。

表 11 –7　SOTU10G 单板面板说明

项目		描述	
单板类型		单路双向终端 SOTU10G	单路单向中继 SOTU10G
面板标识		SOTU10G	
标签		T/R	G
指示灯	NOM	绿灯,正常运行指示灯	
	ALM	红灯,告警指示灯	
	L/D	绿灯,单板内部通信指示灯	
	L	绿灯,线路侧光接口接收状态指示灯	
	C	绿灯,客户侧光接口接收状态指示灯	—
光接口	CR	客户侧输入接口,LC/PC 接口	—
	CT	客户侧输出接口,LC/PC 接口	—
	LR/LT	线路侧输入/输出接口,LC/PC 接口	
激光警告标识		提示操作人员插拔尾纤时不要直视光接口,以免灼伤眼睛	
激光等级标识		指示 SOTU10G 板的激光等级为 CLASS 1	

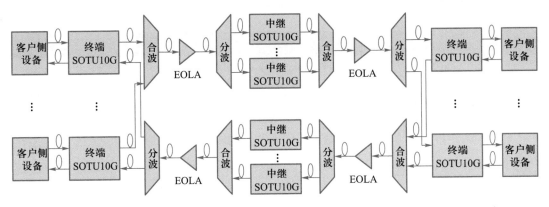

图 11 - 10　SOTU10G 单板应用示意图

二、FCA 汇聚单板

1. 单板功能

FCA 单板采用光/电/光的转换方式,实现 2 路 4GFC、4 路 2GFC、8 路 1GFC 或者 8 路 GE 业务的接入,完成 FC 信号与 OTU2 信号的复用和解复用功能。

（1）支路侧功能

① 接入 2 路 4GFC、4 路 2GFC 或者 8 路 1GFC 光信号业务。

② 接入 8 路 GE 业务。

③ 支持 GFP 相关性能检测。

④ 支持 FC 拉远功能。

（2）群路侧功能

① 光信号符合 G.694.1 和 G.709 标准规定的 OTU2 信号结构。

② 支持 G.709 标准中定义的 OTU2 接口和相关性能检测,FEC 可设置为标准 FEC 或超强 FEC(AFEC)。

③ 支持 GFP - T 数据包封装功能,符合 G.704.1 要求。

2. 面板说明

FCA 单板面板示意图如图 11 - 11 所示,面板说明见表 11 - 8。

3. 单板应用

汇聚类单板的应用场景在终端与业务接入类单板相似,只是汇聚类单板有更多低速业务接口而已。

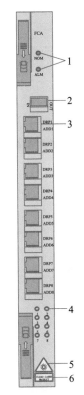

1—单板运行指示灯；2—光接口；3—支路光接口；4—支路光口指示灯；5—激光警告标识；6—激光等级标识

图 11 - 11　FCA 单板面板示意图

表 11 - 8　FCA 单板面板说明

项目	描述
单板名称	FCA
面板标识	FCA

续表

项目		描述
指示灯	NOM	绿灯,运行指示灯
	ALM	红灯,告警指示灯
	支路光口指示灯	绿灯,位于光接口区下方,与支路光接口一一对应
光接口	IN	线路侧输入接口,光纤连接器类型为 LC/PC 型
	OUT	线路侧输出接口,光纤连接器类型为 LC/PC 型
	DRPn	数据业务支路光输出接口,$n = 1 \sim 8$,LC/PC 接口
	ADDn	数据业务支路光输入接口,$n = 1 \sim 8$,LC/PC 接口
激光警告标识		提醒操作人员谨防激光灼伤人体
激光等级标识		指示单板的激光等级为 CLASS 1

11.2.2 合/分波子系统

合/分波子系统用于将多个单波业务合成一路合波信号或将一路合波信号分成多个单波信号,目前最常用的合/分波单板主要是 OMU40 单板和 ODU40 单板。

一、OMU40 单板

1. 单板功能

OMU 单板实现合波功能并且提供合路光的在线监测口。OMU40 单板(C波段)的主要功能指标有以下几项。

① 合波数量为 40 波。

② 合波器类型为 AWG(阵列波导型)或 TFF(薄膜型)。

③ 工作波长为 192.10 ~ 196.05 THz。

OMU 单板将不同波长的光信号通过合波器合到一根光纤中。在合路输出前,部分光送入光功率监测模块,由光功率监测模块提供在线监测口,并通过控制与通信单元向网管上报输出光总功率。其工作原理如图 11 - 12 所示。

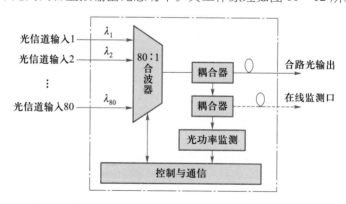

图 11 - 12 OMU 单板工作原理(以 OMU80 单板为例)

2. 面板说明

以 OMU40 单板为例,其面板如图 11-13 所示。

① 面板标识:OMU40。

② 指示灯:NOM,绿灯,正常运行指示灯;ALM,红灯,告警指示灯。

③ 光接口:CHn,光通道输入接口(n = 1~40),LC/PC 接口。

④ 激光警告标识(左下黄色三角形):提示操作人员插拔尾纤时不要直视光接口,以免灼伤眼睛。

⑤ 激光等级标识(左下黄色长方形):指示 OMU 单板的激光等级为CLASS 1。

3. 单板应用

OMU 单板的 CHn 接口与 OTU 类型单板的线路侧接口、汇聚类单板(如 SRM/GEM/DSA 单板)的群路接口连接,接入符合 G.694.1 波长要求的光信号。

OMU 单板的 OUT 接口与 EOBA 单板的 IN 接口相连,OMU 单板的光纤连接关系如图 11-14 所示。

图 11-13 OMU40
单板面板

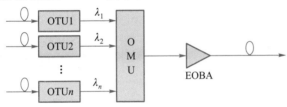

图 11-14 OMU 单板光纤连接关系

二、ODU40 单板

1. 单板功能

ODU 单板与 OMU 单板在原理、结构和外形方面相似,不同之处在于,ODU 单板实现的是分波功能,方向与 OMU 单板相反,AWG 和 TFF 两种原理的合/分波单板甚至可以互换使用(基于方便维护的考虑一般不这么做)。

2. 面板说明

ODU40 单板面板如图 11-15 所示,与 OMU40 单板基本一致。

3. 单板应用

ODU 单板光纤连接关系如图 11-16 所示,仅光方向与 OMU 单板相反。

图 11-15 ODU40
单板面板

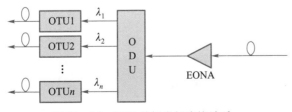

图 11-16 ODU 单板光纤连接关系

11.2.3　光放大子系统

光放大子系统在整个波分系统中起到补偿线路损耗、放大光信号功率的作用。目前波分网络中常用的是掺铒光纤放大器单板 SEOA。SEOA 根据输出光功率和接收灵敏度的不同,又分为常用于发送端的紧凑型增强光功率放大板 SEOBA、常用于接收端的紧凑型增强光前置放大板 SEOPA,以及常用于光中继或接收端的增强型线路放大板 EOLA/增强型光节点放大板 EONA。值得一提的是,中兴 OTN 设备中的光放大单板集成了放大光信号和合/分监控光的功能。

一、SEOA 单板功能

SEOA 单板具体功能如下。

① SEOA 单板使用 C 波段的掺铒光纤放大器(EDFA)实现对光信号的全光放大,补偿 DWDM 系统中由于光器件插入损耗或光纤线路衰减损耗而导致的系统无电中继距离的延长。

② 具有高瞬态响应特性,满足大带宽和中长距的传输需求。

③ 具有自动功率减弱(APR)功能,即系统在探测到链路上输入无光时,自动减弱 SEOA 单板的输出光功率。信号恢复时,系统重新启动,恢复 SEOA 单板的工作。保证在线路光纤的检修过程中,光功率电平处于安全范围之内。

④ APR 作用于一个光传输段(OTS)。当任何一个 OTS 出现故障时,不影响其他 OTS 段以及下游的告警。处理过程中,每个接收端的 SEOA 放大器保证钳位输出,而发送端 SEOA 放大器进行关断处理。

⑤ 单板内设有 1 510/1 550 合波器和分波器,实现监控通道波长(1 510 nm)光信号的上、下,但不对 1 510 nm 监控信号进行处理。

⑥ 具有性能监测和告警处理功能,检测 EDFA 光模块及驱动、制冷电路的相关光电性能,并上报网管。

⑦ 具有增益锁定和功率钳制功能。当采用增益锁定的放大方式时,增益锁定值可大范围调整,以适应不同中继距离的需求。在全输入和全工作温度范围内,增益调整的分辨率为 0.1 dB。

二、EONA 单板工作原理

EONA(OLA)单板工作原理框图如图 11 - 17 所示。其左半边相当于 SEOPA,右半边相当于 SEOBA。

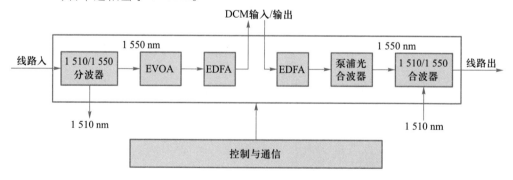

图 11 - 17　EONA 单板工作原理框图

EONA 单板的各个功能单元介绍见表 11 - 9。

表 11 - 9　EONA 单板功能单元介绍

功能单元	功能描述
分波器、合波器	位于 EONA 板的接收和发送端,完成监控通道(1 510 nm)与主光通道(1 550 nm)的分波和合波
EDFA	EDFA 完成 1 550 nm 光信号的放大功能,由 EDFA 驱动电路控制。EDFA 驱动电路具有增益调整、功率钳制、增益锁定、APSD、APR 等功能 EONA 板增益调整范围高达 10 dB,即±5 dB;调整分辨率为 0.1 dB
EVOA	电可调光衰耗器,根据网管命令调整光路衰耗
泵浦光合波器	将信号光耦合进泵浦光,实现光信号放大功能
控制与通信	检测输入、输出光功率,上报网管;同时,接受网管对单板的控制命令

EONA 单板业务流向如下。

① 光线路信号进入 EONA 单板后,由 1 510/1 550 分波器分离线路信号中的 1 510 nm 和 1 550 nm 波长信号。

② 将 1 550 nm 信号送入 EVOA 进行增益调整后,送入第 1 级 EDFA 模块进行放大,可接入 DCM 模块进行色散补偿;送入第 2 级 EDFA 模块进行放大,经泵浦光合波器耦合泵浦光,实现合波信号光放大,并经 1 510/1 550 合波器合入 1 510 nm波长的监控信号后输出。

三、SEOBA/SEOPA 单板面板说明

SEOBA、SEOPA 单板面板示意图如图 11 - 18 所示。

光接口说明见表 11 - 10。

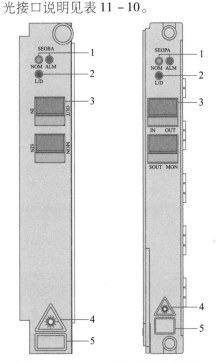

1—单板运行指示灯;2—单板内部通信指示灯;
3—光接口;4—激光警告标识;5—激光等级标识

图 11 - 18　SEOBA、SEOPA 单板面板示意图

表 11 - 10　光接口说明

光接口	说明
IN	线路输入接口,LC/PC 接口
SIN	1 510 nm 输入接口,LC/PC 接口
SOUT	1 510 nm 输出接口,LC/PC 接口
MON(SEOBA)	本地前级监测输出接口,LC/PC 接口
MON(SEOPA)	本地后级监测输出接口,LC/PC 接口
OUT	线路输出接口,LC/PC 接口

四、EOA 单板应用

EOA(增强型光放大板)利用掺铒光纤放大器(EDFA)实现对光信号的全光放大,代替原始的电再生中继方式,降低系统成本,减小系统复杂度。EOA 单板光纤连接关系如图 11 – 19 所示。

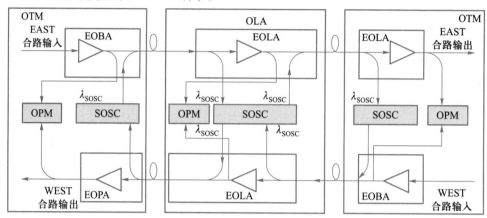

图 11 – 19　EOA 单板光纤连接关系

① EOBA 单板 IN 接口接入 OTM 设备的合波光信号,OUT 接口输出放大后的光信号,SIN 接口接入 SOSC 单板输出的监控信号,MON 接口与 OPM 单板连接。

② EOPA 单板 IN 接口接入线路光信号,OUT 接口输出放大后的光信号,SOUT 接口输出监控信号至 SOSC 单板,MON 接口与 OPM 单板连接。

③ EOLA/EONA 单板 IN 接口接入放大前的线路光信号,OUT 接口输出放大后的线路光信号,SIN/SOUT 接口与 SOSC 单板的输出/输入接口连接,MON 接口与 OPM 单板连接。

11.2.4　交叉子系统

交叉子系统实现各种业务颗粒在电层的灵活调度和保护,包括交叉单元板、线路侧业务板和支路侧业务板等。

一、CSUB 交叉单元板

1. 单板功能

CSUB 单板是安装在集中交叉子架上的时钟和信号交叉处理单元,通常配置 2 块,主要实现功能见表 11 – 11。

表 11 – 11　CSUB 单板功能说明

功能项	说明
时钟功能	<ul><li>支持最多 6 个输入时钟源的优选功能,选择最优时钟作为系统时钟,并根据系统时钟生成输出时钟</li><li>支持时钟源设置</li></ul>
交叉功能	对 11 块业务板提供的 80 路、每路 5 Gbit/s 的 ODUa 信号进行交叉处理,交叉颗粒度 ODU0/1/2,实现 ODUa 信号在所有时隙的任意调度

续表

功能项	说明
主备倒换功能	支持 CSUB 主从配置,并将主从标识提供给业务板
单板复位功能	支持硬件复位、软件复位和 IC 复位
单板软件下载	支持单板软件在线下载
告警性能检测	• 支持背板信号质量检测 • 支持时钟告警检测 • 支持环境温度检测 • 支持单板失效告警检测
开销处理功能	支持 ODUa 的开销处理功能

2. 面板说明

CSUB 单板面板示意图如图 11 – 20 所示。

CSUB 单板指示灯与单板运行状态的对应关系见表 11 – 12。

表 11 – 12　CSUB 单板指示灯与单板运行状态对应关系

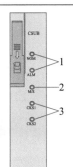

工作状态	指示灯	
	NOM 绿灯	ALM 红灯
等待配置	红、绿灯交替闪烁	
正常运行	规律慢闪	灭
单板告警	规律慢闪	长亮
APP 加载 FPGA	常亮	快闪
APP 初始化芯片	常亮	慢闪
自检不通过	常灭	快闪
单板进入下载状态	红、绿灯同时快闪	
正在下载状态	红、绿灯同时慢闪	

1—单板运行指示灯;
2—主从时钟板指示灯;
3—时钟状态指示灯

注:慢闪(1 次/s)是指指示灯 0.5 s 亮,0.5 s 灭;快闪(5 次/s)是指指示灯 0.1 s 亮,0.1 s 灭。

图 11 – 20　CSUB 单板
面板示意图

二、COMB 支路板

1. 单板功能

COMB 单板作为集中交叉子系统的支路板,完成支路侧 8 路 GE 业务信号或 4 路 STM – 16 业务与背板侧 ODU1 信号的复用与解复用功能。GE 业务汇聚到 ODU0,STM – 16 业务汇聚到 ODU1,与 COMB 单板配合使用的交叉板是 CSUB 单板。

(1) 支路侧

① 提供 8 对光接口,每对光接口可以独立接入满足 IEEE 802.3 标准的 GE 光信号。每两个相邻端口为一组,即 1 – 2、3 – 4、5 – 6、7 – 8 四组。

② 提供 4 对光接口,每对光接口可以独立接入 STM – 16 客户业务。

③ 支持 GFP 相关性能检测。

（2）背板侧

① 提供两个背板通道:通道 A(来自 7 槽位 CSUB 单板)和通道 B(来自 8 槽位 CSUB 单板)。每个通道承载 4 路双向的 ODU1 信号。

② 支持 GFP 数据包封装功能,符合 G. 704.1 要求。

（3）说明

① 一组端口或两个光口接入 2 个 GE 业务,全接入即端口 1 ~ 8 为 GE 业务。

② 第一个光口接入一个 STM – 16 业务,全接入即 1、3、5、7 端口为 STM – 16 业务。混合接入时,若 3、7 端口接入 STM – 16,4、8 端口将不再使用。

2. 面板说明

COMB 单板面板示意图如图 11 – 21 所示。其中,ADDn 是以太网支路光输入接口,DRPn 是以太网支路光输出接口。

三、LD2 单板

1. 单板功能

LD2 单板实现双路 10 Gbit/s 业务下背板功能,作为线路侧业务板,采用光/电转换的方式将 10 Gbit/s 光信号转成电信号。

① 线路侧:两个 10 Gbit/s 串行接口,支持速率为 10.709 ~ 11.09 Gbit/s 的线路侧业务,将 10 Gbit/s 速率的线路侧 OTU2 信号下背板进行解复用。线路侧支持 AFEC。

② 背板侧:用于实现 ODU0/ODU1/ODU2 业务下背板功能。

2. 面板说明

LD2 单板面板示意图如图 11 – 22 所示。其中,L1T ~ L2T 为线路侧光发送口,L1R ~ L2R 为线路侧光接收口。

11.2.5 其他子系统

一、监控子系统

监控子系统实现网管对各网元的远程管理和控制功能,包括 SNP、SCCA、SOSC、SEIA 等单板。

1. SNP 单板

SNP 单板作为节点控制处理器,采集和处理设备中各单板的告警和性能,并上报网管。管理和控制自动保护倒换(APS),提供告警输入/输出信号给 SEIA 单板,通过 SEIA 单板将告警输出至列头柜或其他用户告警设备。提供多子架管理功能(最多每个网元可管理 127 个子架)。提供大容量存储器如 SD 卡,存储网元历史数据。

2. SCCA 单板

SCCA 单板负责单子架或者多子架的总线消息转发。主子架上的 SNP 单板

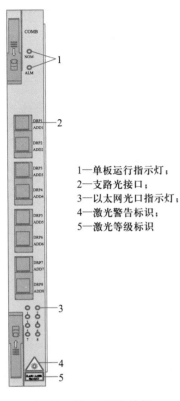

1—单板运行指示灯；
2—支路光接口；
3—以太网光口指示灯；
4—激光警告标识；
5—激光等级标识

图 11 - 21　COMB 单板
面板示意图

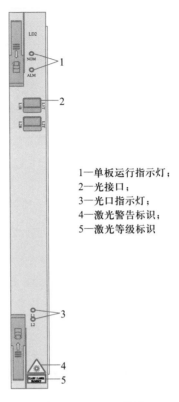

1—单板运行指示灯；
2—光接口；
3—光口指示灯；
4—激光警告标识；
5—激光等级标识

图 11 - 22　LD2 单板
面板示意图

通过 SCCA 单板管理从子架,与 SNP 单板紧密配合实现网元内部通信。

3. SOSC 单板

SOSC 单板支持 100 Mbit/s 以太网业务速率和 OSPF 协议多域划分,主要通过二、三层交换实现对 ECC 信息、公务信息、用户信息(透明用户通道)和控制信息的传输;可接入 4 个光方向光监控信道(OSC);通过同步以太网技术实现满足 IEEE 1588V2 标准要求的高精度时间传送。

4. SEIA 单板

SEIA 单板用于提供以太网和总线信号的输入/输出接口。

二、光层管理子系统

光层管理子系统单板用于分析和管理波分主光通道中每一波的光功率、频率和信噪比,主要有光性能检测板 OPM 和光波长监控板 OWM,OPM 只能分析性能,无法自动反馈控制单波波长,而 OWM 不但可以分析出合波中每一波的波长,而且能自动校正波长偏移。

三、电源子系统

电源子系统包括电源板 SPWA 和风扇板 SFANA。SPWA 单板外部电源设备输入到电源板的 -48 V 电源接口,支持 1 + 1 热备份功能。其经过防反接、防雷击浪涌、滤波处理后,通过子架背板的电源插座为本子架内的各槽位单板提供 -48 V 电源。此外,SPWA 面板上还提供子架级联的 GE 光接口(内部连接至监控子系统中的二层交换）。风扇板 SFANA 监控风扇的运转状况以及风扇插箱的温度,将风扇的转速和插箱的温度上报主控板。

任务实施

参观 OTN 机房,能讲解各子系统常用单板的功能,并能识别其在系统中的位置。

任务拓展

分析波分系统有哪些子系统及其功能。

项目小结

1. IP 承载网要求传送平台满足以下要求:面向全 IP 承载、智能化、高度集成。

2. M820 设备机柜统一采用标准化机柜,具有优良的电磁屏蔽性能和散热性能。

3. 传输子架无交叉功能,用于安装光复用/解复用单元、光放大单元、光保护单元以及一些业务接入单板。

4. 交叉子架分为集中交叉子架和分布式交叉子架,区别在于:集中交叉子架通过交叉板来完成子架中所有业务单板的电交叉;分布式交叉子架没有交叉板,而是把交叉功能做在子架背板中。

5. 业务接入与汇聚子系统单板的主要功能是把客户侧业务接入封装到 OTN 帧中,并调制到符合波分系统要求的波长上,从线路侧接口输出。 在接收侧,则把线路侧收到的 OTN 帧解复用成客户侧信号送到客户侧接口。

6. 合/分波子系统用于将多个单波业务合成一路合波信号或将一路合波信号分成多个单波信号。

7. 光放大子系统在整个波分系统中起到补偿线路损耗、放大光信号功率的作用。

8. 交叉子系统实现各种业务颗粒在电层的灵活调度和保护,包括交叉单元板、线路侧业务板和支路侧业务板等。

9. 监控子系统实现网管对各网元的远程管理和控制功能,包括 SNP、SCCA、SOSC、SEIA 等单板。

思考与练习

1. 画出 OTN 机框、子架结构和板位信息。
2. 说一说 OTN 主要有哪两类子架,它们各有什么板位资源。
3. 讲解波分系统有哪些子系统。

项目十二
OTN组网应用

知识目标

- 掌握波分系统的信号流。
- 掌握光功率的单位与计算方法。
- 了解各单元光功率的相关指标。
- 掌握OTN系统光功率联调方法和计算过程。
- 了解色散补偿的原理。
- 掌握光层和电层1+1保护的原理。

技能目标

- 掌握波分系统设备的光纤连接方法。
- 掌握光功率的测量方法与过程。
- 掌握OTN系统光功率联调操作方法。
- 了解色散补偿的处理。
- 掌握光层和电层1+1保护单板的使用方法。

知识引入
信号流与
光纤连接

PPT
信号流与
光纤连接

学习资料
信号流与
光纤连接

微课
信号流与
光纤连接

任务一　信号流与光纤连接

任务分析

学习 OTN 硬件系统的结构、组成和常用单板,根据实际组网需求,完成设备硬件单板的配置只是第一步。接下来,进入业务配置和设备维护部分的基础技能——信号流和光纤连接。

本任务要求对 M820 设备进行简单的组网设计和光纤连接,并能规划链形网中各单元的光纤连接。

知识基础

12.1.1　信号流

一、两个站点之间点到点的信号流示例

图 12-1 所示为一个两个站点之间点到点的信号流示例。在 OTN 系统中,光纤连接通常采用双纤双向连接。从业务信号流向可以看出,上下两路信号流实现了业务的双向收发,每个方向的信号在 OTN 网络中都会依次经过 OTU发、OMU、OBA、(ODF 架)、光缆、(ODF)、OPA、ODU、OTU 收,在中间主光通道光缆上只使用了一根纤芯。监控光(1 510 nm)信号流虽然经过 OBA 和OPA 放大单板,但并没有经过其中的 EDFA 放大器,只是借用了光通道,从而节省了光纤资源的使用。

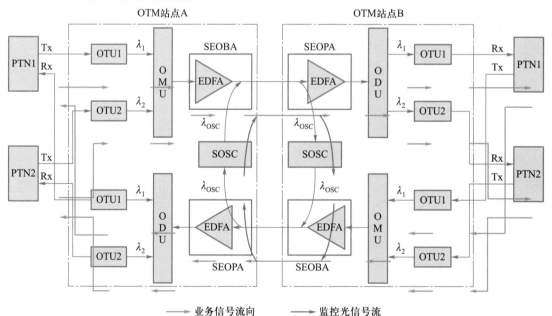

图 12-1　两个站点之间点到点的信号流示例

为了避免出错,在进行光纤连接时,要始终以信号流的规划为依据。由于每个方向都有同样的一组单板设备,应先连完一个方向,再连另一个方向。

图片

两个站点之间点到点的信号流示例

二、FOADM 光纤连接

由图 12-2 所示的 FOADM 光纤连接可以看出,OADM 站点中,一部分业务会落地,另一部分会穿通,并且同一方向上落地的业务在后续主光通道上可以被其他业务再次使用,前后两个业务之间没有任何联系,只是要注意光功率的调整。

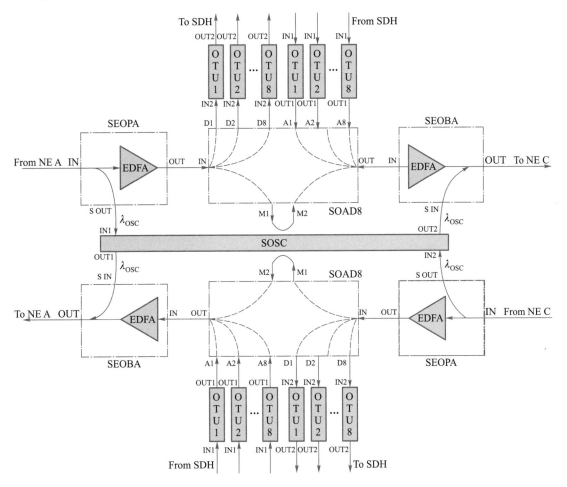

图 12-2 FOADM 光纤连接

三、OLA 站点

如图 12-3 所示,OLA 站点本质上相当于两个 OLA 放大器,它的连纤和配置较为简单。

电源分配插箱

SFANA				SFANA	SFANA	SFANA	

S N P | S O S C | S E O L A | S E O L A | | | | S P W A | S P W A

S N P

连线区

SEIA

走纤区

防尘网

图 12 - 3　插位

任务实施

12.1.2　链形网光纤连接

一、组网拓扑

图 12 - 4 所示为链形网网络拓扑,包括 OTM、OADM 和 OLA 三种站点类型。

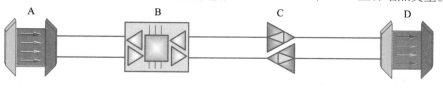

 OTM站点　　　 OLA站点　　　 OADM站点

图 12 - 4　链形网网络拓扑

二、波长分布

在现网规划中,业务波长分布通常如表 12 - 1 所示。其中,λ_x 表示所用波长,实线表示主用,若有虚线则表示备用,箭头表示波长所在光通道的落地站点。

表 12 - 1　业务波长分布表

波长	站点		
	A	B	D
λ_1	←	→	
λ_2		←	→
λ_5	←		→

————→ 上/下业务

三、光纤连接实战

根据波长分布要求,要在 A – B 之间使用第 1 波,在 B – C – D 之间使用第 2 波,在 A – B – C – D 之间使用第 5 波。

先连接第 1 波,然后再连接第 2 波,光纤连接如图 12 – 5 所示。

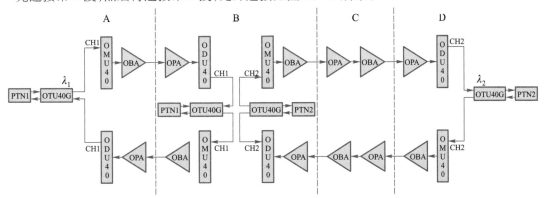

图 12 – 5   光纤连接示意图 1

注意:站点 B 是 OADM 站点,它的业务要面向东、西(左、右)两个方向,每个方向都需要一组 OTU、OMU、OBA、ODU、OPA,不同方向不能混用。另外,在 OTN 系统中,合波光通道只需要连接一次。

最后连接第 5 波。可以看到,第 5 波所要经过的主光通道已经连好了,只需要将第 5 波的 OTU 单板与相应的合/分波连接好,然后在 B 站点做穿通即可(B 站点在对第 1、2 波进行合/分波时,也会对第 5 波进行合/分波)。图 12 – 6 所示的粗连线就是在对第 5 波进行光纤连接时所要进行的操作。其余没有业务的光波长将端口空着即可,连接完成如图 12 – 7 所示。

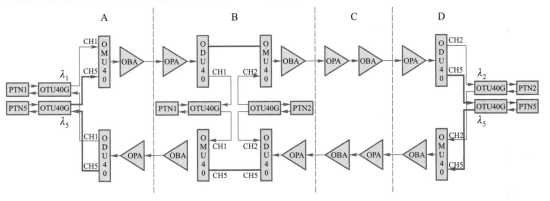

图 12 – 6   光纤连接示意图 2

任务拓展

规划三个站点之间的链形光纤连接,并绘制光纤连接图。

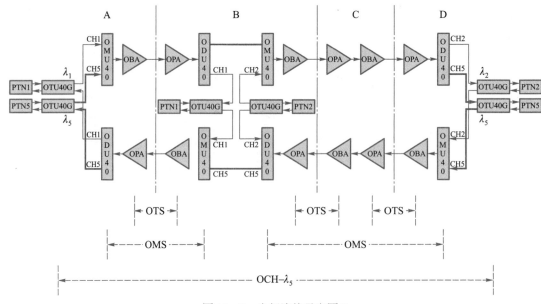

图 12 - 7 光纤连接示意图 3

任务二 光功率调整

任务分析

在前面学习 OTN 设备时,一般先进行光纤连接,熟悉信号流,这是因为电源是断开的。然而实际设备操作中是不能这么做的,因为设备一般是处于上电工作的。因此需要学习业务配置和设备维护方面重要的基本技能——光功率调试。

本任务将通过一个点到点组网的例子,完成 OTN 系统光功率联调和光功率计算。

知识基础

12.2.1 光功率调整基础

一、光功率与信号流

两个站点之间点到点的单向信号流示例如图 12 - 8 所示。其中,OCH(光通道层)用于衡量单波信号在系统中的传输;OMS(光复用段层)用于衡量合波信号的特性;OTS(光传送层)用于衡量信号在光缆中传输的特性;OAC(光接入层)用于接入各种客户信号。图中的点表示需要进行光功率调试的位置。可见,几乎每块单板前后都要进行光功率的调试。光功率调试的前提是熟练掌握信号流之间的关系和各单板正常工作的光功率范围参数。

二、光功率单位

光功率常用计量单位是毫瓦(mW),毫瓦分贝(dBm)是为了便于计算而引

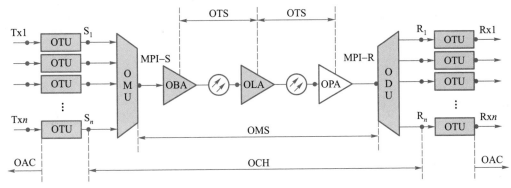

图 12 - 8　两个站点之间点到点的单向信号流示例

入的光功率计量单位,分贝(dB)是光功率衰减或增益的比值。例如,同一量纲的参数 A/B 是一个比值,也就是倍数关系。如果对这个比值作一个数学处理: $10\lg\dfrac{A}{B}(\mathrm{dB})$,这时单位就是 dB。

如果拿单位为 mW 的一个功率值与 1 mW 相比,然后再进行上述数学处理,如 $p(\mathrm{dBm}) = 10\lg\dfrac{p(\mathrm{mW})}{1\ \mathrm{mW}}$。由于 1 mW 是确定值,与其相关的数学处理结果就可以用来衡量功率的大小,也就是用它表示光功率,所以它的单位不再是一个纯粹的比值或 dB,而是一个功率单位,即 dBm(毫瓦分贝)。

在波分系统中,合波器计算模型如图 12 - 9 所示,若输入是 N 波功率相同的光波,用毫瓦表示为

$$p_{总}(\mathrm{mW}) = p_1(\mathrm{mW}) + p_2(\mathrm{mW}) + \cdots + p_N(\mathrm{mW}) \qquad (12-1)$$

如果等式两边同时进行取对数并乘 10 的数学处理,等式依然成立,有

$$p_{总}(\mathrm{dBm}) = 10\lg\left[N \cdot p_1(\mathrm{mW})\right] = p_1(\mathrm{dBm}) + 10\lg N \qquad (12-2)$$

取对数的处理会使以 mW 为单位的乘除运算变成以 dB 和 dBm 为单位表示的加减运算,指数运算变为倍数运算。因此,当光功率在光纤传输中产生损耗时,就可以进行如图 12 - 10 所示的运算。

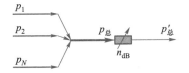

图 12 - 9　合波器计算模型

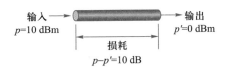

图 12 - 10　运算示意图

用 mW 描述时,就相当于:输入为 10 mW,输出为 1 mW,衰减至 1/10。数学表达式为

$$p'_{总}(\mathrm{dBm}) = p_{总}(\mathrm{dBm}) - n(\mathrm{dB})$$

即

$$p'_{总}(\mathrm{mW}) = p_{总}(\mathrm{mW}) \cdot \dfrac{1}{10^{\frac{n}{10}}}$$

知识引入

OTN 各单元的光功率调整

PPT

OTN 各单元的光功率调整

学习资料

OTN 各单元的光功率调整

微课

OTN 各单元的光功率调整

12.2.2 OTN 各单元的光功率调整

一、准备工作

1. 单站调测

在进行光功率调试之前,通常要做好单板输出光功率的检查、站内光纤的检查、网管监控、OMU 和 ODU 的插损测试等准备工作。

2. OMU 的插损测试

OMU 单板是常用的无源单板,其插损测试如图 12 – 11 所示。首先测试接入的单波光功率,再在 OMU 的 OUT 口测试输出的单波光功率,将两个测得的数值相减,差值即为这一波在 OMU 的插损值。对于多个通道,可随机抽测几个通道,且通道差≤3 dB。

3. ODU 的插损测试

ODU 和 OMU 一样,属于无源单板,ODU 用在接收端,其插损测试方法和 OMU 基本相同,如图 12 – 12 所示。

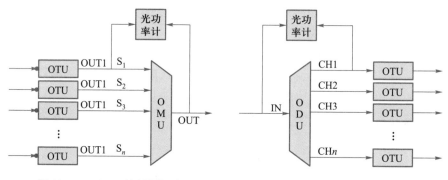

图 12 – 11　OMU 的插损测试　　　　图 12 – 12　ODU 的插损测试

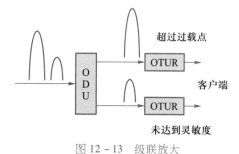

图 12 – 13　级联放大

二、功率调整的目的和步骤

1. 光功率调整的目的

光放大单元要求输入的合波信号中各单波光功率必须均衡,否则级联放大后,增益功率将只集中在某几个单波上,如图 12 – 13 所示。

合适的入纤光功率很重要,合波信号的光功率如果超过了光纤传输的阈值,会引发非线性效应。合适的接收光功率也很重要,接收机的光电器件需要在标称的工作范围内才能正常工作。

2. 光功率调整的步骤

光功率调整示意图如图 12 – 14 所示。

① 沿着信号传输的方向进行调试。

② 调完一个方向,再反向调通另一个方向。

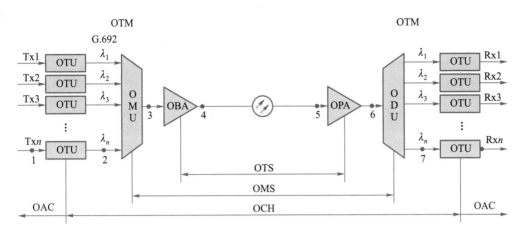

图 12 - 14 光功率调整示意图

三、各单元光功率调试

1. 发送端 OTU 调试

（1）CR 端口

发送端 OTU 用于客户侧信号的接入以及线路侧单波信号的发送。发送端 OTU 的输入部分用于客户信号的光/电转换,主要的器件是光电转换器。发送端 OTU 常用的光电转换器是 PIN 管。PIN 管的工作范围如图 12 - 15 所示。

图 12 - 15 PIN 管的工作范围

中兴工程规范通常是把输入光功率调整在 - 4 dBm 左右。

（2）LT 端口

发送端 OTU 的输出部分用于波分信号的电/光转换,主要的器件是半导体激光器。激光器的输出功率会有一定的差异,把各单波之间功率的差值称为通道功率差。其中最大一波和最小一波的差值称为最大通道功率差。在发送端 OTU 的输出口调试时必须控制最大通道功率差小于 3 dB。保证各通道之间足够小的通道功率差是波分系统正常工作的基础,并且最大通道功率差越小越好。

发送端 OTU 输出的光功率通常在 - 3 dBm 左右,一般以 - 3 dBm 为参考点调试 OTU 的输出光功率,可以容忍的输出功率范围在 - 3 dBm ± 1.5 dB 之内。高出上限的可以在 OTU 的输出口添加光衰减器,低于下限的必须更换单板。为了控制最大通道功率差,通常是越接近 - 3 dBm 越好。

2. OMU 调试

OMU 的功能主要是将各个 OTU 输出的单波信号进行合波。为了下一步的调试,需要对 OMU 的合波信号进行测试,如图 12 - 16 所示。

光功率预算:合波输出光功率 = 单波输入光功率 + $10\lg N$ - 插损。

3. OBA 调试

光放大单元的功能是给合波信号补充能量,进行全光放大。为了不让系统在满配置时输入光缆的合波信号引发非线性效应,需要通过计算控制光放大单元的合波输入光功率。通常波分设备的光放大单板都在面板上标注有单板的工作参数。如图 12 – 17 所示,OBA 2220 指的是放大板正常固定增益为 22 dB,满配时最大输出光功率为 20 dBm。

图 12 – 16　OMU 的合波信号测试示意图　　　　图 12 – 17　OBA 2220

例如,40 波系统当前使用了 3 波,光放大板参数为 2220,那么可进行如下计算。

（1）计算单波光功率

$$P_{合40} = P_{单} + 10\lg40, P_{合40} = 20 \text{ dBm}$$

$$P_{单} = P_{合40} - 10\lg40 = 20 \text{ dBm} - 16 \text{ dBm} = 4 \text{ dBm}$$

（2）计算现有波数的合波光功率

$$P_{合3} = P_{单} + 10\lg3 = 4 \text{ dBm} + 5 \text{ dBm} = 9 \text{ dBm}$$

即 3 波输出时,最大饱和光功率为 9 dBm。

（3）放大板输入光功率

$$P_{in} = 9 \text{ dBm} - 22 \text{ dB} = -13 \text{ dBm}$$

4. OPA 调试

对于光放大板的光功率计算,OBA、OPA 和 OLA 的思路和方法都是相同的,都是通过控制 OA 的输入光功率使 OA 的输出处于饱和状态,从而实现线路的光功率控制。

5. ODU 调试

ODU 的功能主要是将合波信号中的各个光载波拆分出来输出到对应的 OTU,即进行分波。可以在图 12 – 18 所示 ODU 的各通道口测得各单波的光功率。

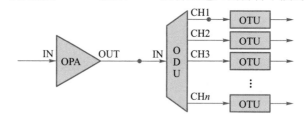

图 12 – 18　各通道口测得各单波的光功率示意图

合波输入光功率 − $10\lg N$ − 插损 = 单波输出光功率。

6. 接收端 OTU 调试

接收端 OTU 用于线路侧单波信号的接收及客户侧业务信号的发送。接收端 OTU 常用的光电转换器是 PIN 管、APD 管。城域网一般采用 PIN 管接收,前面已经了解过它的范围了。APD 管常用在省干以上,APD 管的工作范围如

图 12 - 19 所示。

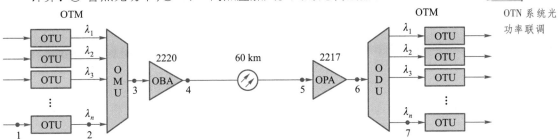

图 12 - 19   APD 管的工作范围

根据经验值, 工程规范通常是把输入光功率调整在 - 14 dBm。由于经由 ODU 分波出来的各单波光功率基本一致, 所以通常是把所需的光衰统一加在 ODU 的输入口。

任务实施

知识引入

OTN 系统光
功率联调

12.2.3 案例分析

某局甲、乙两地 40 × 10 Gbit/s 系统构成链形组网, 如图 12 - 20 所示, 目前仅使用了 4 波。假设 OMU 和 ODU 的插损均为 6 dB, OTU 的输出均为 - 3 dBm, OTU 的接收器使用 PIN 管, 线路损耗为 0.25 dB/km, 其他器件损耗不计。

计算: ① 各点光功率; ② 3、5 两点应加入多大的光衰减器。

PPT

OTN 系统光
功率联调

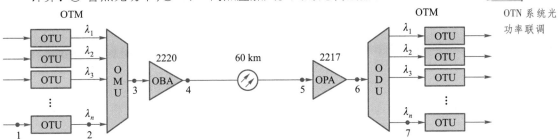

图 12 - 20   40 × 10 Gbit/s 系统构成链型组网

12.2.4 案例计算

涉及波分系统光功率计算的问题, 一般着手点都是从假设系统满配开始, 根据系统信号流方向逐点计算理论光功率, 先把主干光通道调通。

学习资料

OTN 系统光
功率联调

微课

OTN 系统光
功率联调

① 满配 40 波合波光功率:

$$P_{合40} = P_{OMU-IN} = P_{OTU-LT} + 10\lg 40 = (-3 + 16)\,dBm = 13\ dBm$$

② 40 波 OMU 合波输出光功率:

$$P_{OMU-OUT} = P_{OMU-IN} - L_{OMU} = (13 - 6)\,dBm = 7\ dBm$$

③ OBA 输出光功率(满配, 最佳工作点):

$$P_{OBA-OUT} = 20\ dBm$$

④ OBA 输入光功率(满配、放大前):

$$P_{OBA-IN} = (20 - 22)\,dBm = -2\ dBm$$

⑤ 3 点光衰:

$$L_3 = P_{OMU-OUT} - P_{OBA-IN} = [7 - (-2)]\,dB = 9\ dB$$

⑥ 线路损耗:

$$L = 0.25 \text{ dB/km} \times 60 \text{ km} = 15 \text{ dB}$$

⑦ OPA 输出光功率（满配,最佳工作点）:

$$P_{\text{OPA-OUT}} = 17 \text{ dBm}$$

⑧ OPA 输入光功率:

$$P_{\text{OPA-IN}} = (17 - 22) \text{ dBm} = -5 \text{ dBm}$$

⑨ 5 点光衰:

$$L_5 = P_{\text{OBA-OUT}} - L - P_{\text{OPA-IN}} = [20 - 15 - (-5)] \text{ dB} = 10 \text{ dB}$$

⑩ 7 点单波光功率:

$$P_{\text{ODU-IN}} = P_{\text{OPA-OUT}}$$

$$P_{\text{OTU-LR}} = P_{\text{ODU-IN}} - 10\lg40 - L_{\text{ODU}} = (17 - 16 - 6) \text{ dBm} = -5 \text{ dBm}$$

虽然 -7 dBm 是理想接收点,但之前提到过,PIN 管理接收在工程上通常在 $-4 \sim -7$ dBm 就可以了,略高有利于抵消接续等维护操作带来的附加损耗。

由于实际使用的是 4 波,合波通道上与满配 40 波相差 10 倍,即 10 dB。所以,把上面加好光衰的 OMS 段（即合波段 OMU↔ODU）的计算结果全部减 10 dB 就是本题结果。

任务拓展

12.2.5　色散补偿的处理

之前学习过光纤具有色散这个特性,比如 G.652 光纤的色散容限约为 40 km,所以实际系统中线路超过 40 km 时需要加色散补偿模块（DCM）,使补偿后的色散残留在 10～30 km 范围。

但从光功率计算的角度看,DCM 仅相当于一块大光衰。比如,上面"任务实施"部分进行理论计算时,乙地 OPA 接收时需要加 15 dB 光衰,如果加上一个条件"乙地用 DCM40 进行色散补偿（衰减 10 dB）",只需要把 DCM40 当成 10 dB 的光衰,另外再加 5 dB 光衰就可以了。

至此已经完成了整个系统的连接,完成了系统的光功率调试,系统可以正常上电并联通运行了。

任务三　OTN 光层保护

知识引入

OTN 光层保护

PPT

OTN 光层保护

任务分析

OTN 在整个通信系统中处于数据传输的核心位置,其可靠性至关重要。如果网络已经承载了大量业务,却发生个别单板故障或传输光缆故障,这将大大影响系统的可靠性,因此网络保护显得尤为重要。OTN 的保护分为光层保护和电层保护。其中光层保护又分为普通的 OP 保护和复杂的 OPCS/OPMS 保护。虽然后者更能节省光纤的使用,但信号流和维护特别复杂。随着经济水平的提高,运营商基于方便维护的考虑,越来越多的 OTN 网络采用 OP 保护。

本任务将学习 OTN 的光层保护,要求掌握 OP 保护原理,熟悉单板类型和 OP 保护组网方式。

学习资料

OTN 光层保护

微课

OTN 光层保护配置

知识基础

12.3.1 OP 保护原理

一、OP 单板工作原理

从图 12-21 可以看出 OP 保护的信号流在发送端通过耦合器实现双发,在接收端根据输入光功率检测结果控制 1×2 光开关来选择接收的信号,以实现"并发优收"(或"双发选收")。

二、OP 单板保护原理(正常工作状态)

如图 12-22 所示,在光纤容量满足需求的情况下,一般采用短路径或光纤线路稳定的路径作为主用工作通道。

三、OP 单板保护原理(保护状态)

如图 12-23 所示,当工作通道中的光纤路径或单板发生故障时,系统就会将业务倒换到备用的保护通道上,以保障通信业务不中断。

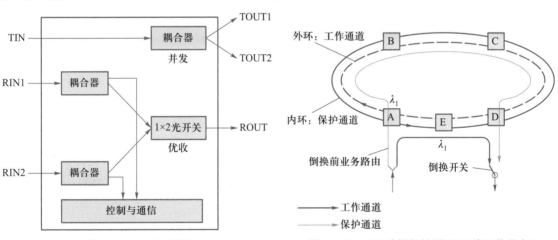

图 12-21 OP 单板　　　　　图 12-22 OP 单板保护原理(正常工作状态)

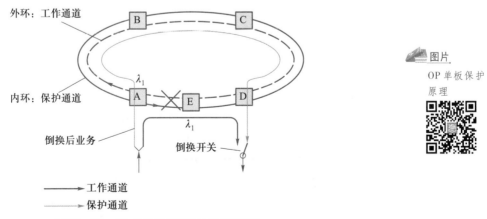

图 12-23 OP 单板保护原理(保护状态)

图片

OP 单板保护原理

12.3.2 OP 保护组网方式

按 OP 保护单板放置位置的不同,OP 保护的组网方式可以分为 5 种,分别是:光通道 1 + 1 保护——OTU 冗余;光通道 1 + 1 保护——OTU 共享;光复用段 1 + 1 保护——OA 冗余;光复用段 1 + 1 保护——OA 共享;光传送段 OTS 层 1 + 1 保护。

一、光通道 1 + 1 保护——OTU 冗余

如图 12 - 24 所示,OTU 冗余配置可以实现光通道和业务单板的保护,能够通过检测通道的信号质量和通道功率来达到保护的目的。其缺点是使用的 OTU 单板数量多,增加成本。

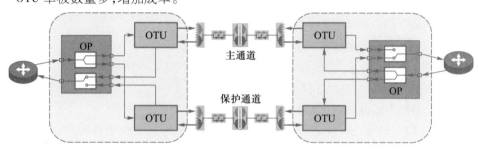

图 12 - 24   光通道 1 + 1 保护——OTU 冗余

OTU 冗余配置的倒换条件如下。

① 业务单板启用 APSD 功能。

② 当业务单板上报 LOS/LOF/误码越限时,客户侧激光器自动关断(OACAPSD),OP 单板接收无光触发倒换。

③ 中继单板不要开启 APSD 功能,否则可能导致倒换时间超标。

二、光通道 1 + 1 保护——OTU 共享

如图 12 - 25 所示,OTU 共享配置具有只对光通道失效进行保护,不保护业务单板故障的特点。倒换条件为:OP 单板接收无光告警触发倒换。

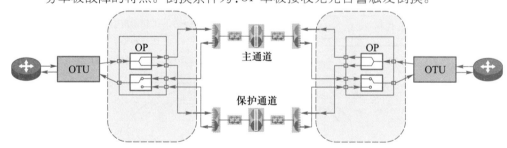

图 12 - 25   光通道 1 + 1 保护——OTU 共享

OTU 共享保护的优点是使用的 OTU 单板的数量少,节约成本;缺点是仅通过检测通道功率来实现保护,无法检测通道质量。

三、光复用段 1 + 1 保护——OA 冗余

图 12 - 26 所示为 OA(OBA、OPA)和 OP 单板组成的 OA 冗余保护的配置。接收端采用 OPA + DCM + OP + OBA,第二级放大的 OBA 单板共享,只配置一块。为了实现保护倒换,需要开启 OA 单板的 APSD 功能。

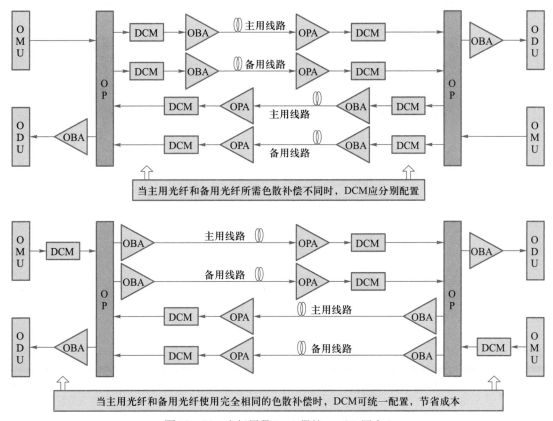

图 12-26 光复用段 1+1 保护——OA 冗余 1

图 12-27 所示为 EOA(EOBA、EOPA、EONA)、SEOA 和 SOP 单板组成的 OA 冗余保护的配置。接收端采用 EONA(DCM) + SOP 的方式。为了实现保护倒换,需要开启 EOA 单板的 APSD 功能。

四、光复用段 1+1 保护——OA 共享

如图 12-28 所示,SOP 配置于线路中,即配置于放大单板的线路侧,插损计入线路损耗。需要注意,这种情况只适合主用、备用光纤色散补偿一致的情况,SOP 插损计入线路衰耗,影响系统信噪比。

五、光传送段 OTS 层 1+1 保护

如图 12-29 所示,OTS 层 1+1 保护是指 SOP 单板配置在相邻站点(即单个 OTS 段)进行 SOP 单板的配置,分为 OA 冗余保护和 OA 共享保护。对于 OA 共享保护,需要考虑到 SOP 的加入会导致 OTS 层的线路衰耗加大 5 dB,从而影响系统性能。这种配置方式成本高,但是能保证倒换时间。

12.3.3 OP 单板类型

一、SOP 单板

如图 12-30 所示,SOP 是紧凑型光保护板(optical protect board),支持通道和复用段 1+1 保护功能。SOP 指示灯说明见表 12-2。

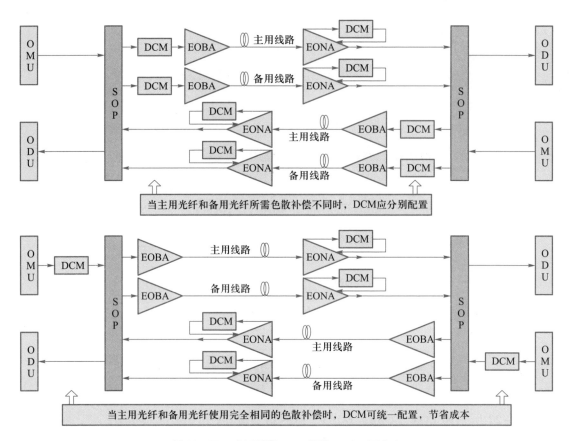

图 12 - 27 光复用段 1 + 1 保护——OA 冗余 2

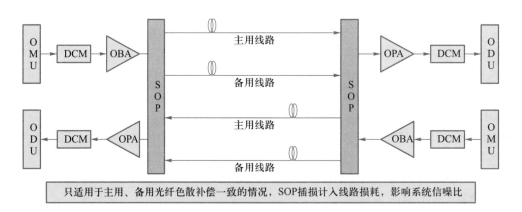

图 12 - 28 光复用段 1 + 1 保护——OA 共享

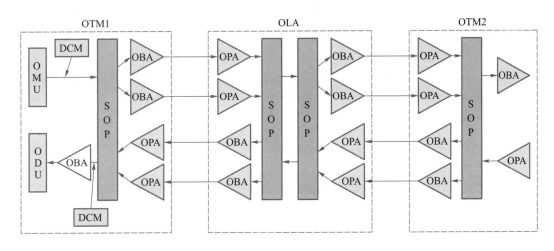

图 12 - 29 光传送段 OTS 层 1 + 1 保护

表 12 - 2 **SOP 指示灯说明**

指示灯	描述
NOM	绿灯,正常运行指示灯
ALM	红灯,告警指示灯
STA	双色灯,光开关状态指示灯
L/D	通信状态指示灯:有连接时亮,有消息收发时闪烁

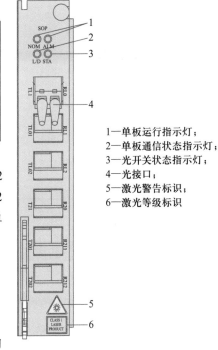

1—单板运行指示灯;
2—单板通信状态指示灯;
3—光开关状态指示灯;
4—光接口;
5—激光警告标识;
6—激光等级标识

图 12 - 30 SOP 单板

二、SOP 单板类型

SOP 单板分为两类:SOP1/2(C、LC,1 550 nm)和 SOP1/2(C、LC,1 310 nm)。SOP1 支持单通道 1 + 1 保护功能;SOP2 可提供两个通道 1 + 1 保护功能,相当于两个 SOP1。两类单板分别用于不同的保护方式。

SOP1/2(C、LC,1 550 nm)支持的保护包括如下几种。

① 光复用段 OMS 1 + 1 保护。

② 光传送段 OTS 1 + 1 保护。

③ 光通道 1 + 1 保护——OTU 共享。

④ 光通道 1 + 1 保护——OTU 冗余(如果客户侧光接口是 1 550 nm 窗口)。

SOP1/2(C、LC,1 310 nm)支持的保护包括:光通道 1 + 1 保护——OTU 冗余(如果客户侧光接口是 1 310 nm 窗口)。

三、保护倒换判决模式

什么时候能够触发业务倒换呢? SOP 单板使用相对无光判决模式,设 RelTh 为相对无光判决门限,P_w 为工作通道光功率,P_p 为保护通道光功率,则倒换触发条件为:$|P_p - P_w| > RelTh$。如果 RelTh 设为 5,当工作通道光功率比保护通道光功率低 5 dB 以上时,将执行倒换。

倒换恢复条件为：$|P_p - P_w| < RelTh - 3\ dB$。以此为例，如果工作通道和保护通道的光功率差值小于 2 dB，业务将从保护通道恢复到工作通道。

注意：设置 3 dB 的迟滞是为了保证工作通道完全恢复正常后，业务再从保护通道恢复到工作通道。此外，还有一个称为返回时间的参数，网管配置范围为 1 ~ 12 min，其功能是在满足倒换恢复条件后，还要等一个"返回时间"，业务才能真正从保护通道恢复到工作通道。这样做是为了避免通道不稳定造成业务反复倒换。

RelTh 可设置为 5 ~ 10 dB，具体数值可在网管界面中调整，如图 12 - 31 所示。

图 12 - 31　保护倒换判决模式配置

12.3.4　倒换状态管理

在网管界面中选中网元，依次单击"网元管理"→"WDM 管理"→"倒换板倒换状态管理"，可设置和查询各路保护工作状态，如图 12 - 32 所示。

任务实施

参观 OTN 机房，完成 OP 保护组网并汇报。

任务拓展

OTN 还有其他的保护方式吗？如果有，会是什么？

图 12-32 倒换板倒换状态管理

任务四 OTN 电层保护

任务分析

前面介绍的 OTN 光层保护只能面向单个波长或多个波长的合波。OTN 网络中单个波长携带的业务速率很高,目前大都在 10 Gbit/s 以上。在现网中,OTN 的下沉使其越来越多地直接承载 GPON、EPON 等相对低速的业务。如何单独地保护这类低速业务呢? 这时就需要引入电层保护。电层保护既可以建立波长级的保护,也可以建立低速 GE 级的保护方式。由于一个高速业务的波长可以承载很多低速业务,所以低速业务又称为高速业务的子波长。

本任务将完成 OTN 电层 1+1 保护配置。

知识基础

OTN 学习了 SDH 体系的很多优点,尤其是基于电交叉的灵活调度。因此,OTN 的电交叉操作可以像 SDH 一样实现电层调度和保护。电层保护既可以建立波长级的保护,比如 100 Gbit/s;也可以建立低速业务保护,比如 GE。

知识引入
OTN 电层
保护

PPT
OTN 电层
保护

学习资料
OTN 电层
保护

微课
OTN 电层
保护配置

12.4.1　OTN 电交叉子系统

一、OTN 电交叉子系统介绍

OTN 电交叉子系统以时隙电路交换为核心,通过电路交叉配置功能,支持各类大颗粒用户业务的接入和承载,实现波长和子波长级别的灵活调度,支持任意节点任意业务处理,同时继承 OTN 网络监测、保护等各类技术,支持毫秒级的业务保护倒换。

如图 12 – 33 所示,电交叉子系统的核心是交叉板,主要是根据管理配置实现业务的自由调度,完成基于 ODUk 颗粒的业务调度,同时完成业务板和交叉板之间告警开销和其他开销的传递,需要 O/E/O 转换。

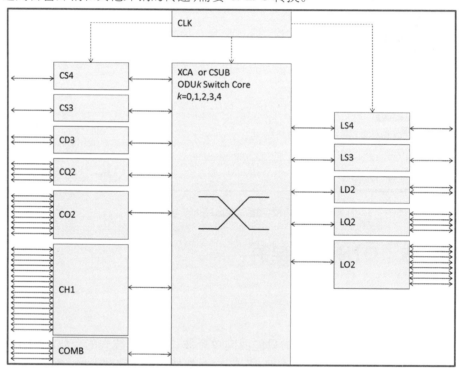

图 12 – 33　交叉板

命名 N1N2N3 的三个构成部分介绍如下。

- N1 为单板类型,其中 C 表示客户侧单板,L 表示线路侧单板。
- N2 为端口数量,其中 S(Single)表示 1 端口,D(Double)表示 2 端口,Q(Quarter)表示 4 端口,O(Octal)表示 8 端口,H(Hex)表示 16 端口。
- N3 为速率级别,其中 1 表示 OTU1,2 表示 OTU2,3 表示 OTU3,4 表示 OTU4。

二、配置交叉连接

在光纤容量满足需求的情况下,一般采用短路径或光纤线路稳定的路径作为主用工作通道,交叉只能在相同粒度的调度端口间进行,比如,ODU1 调度端口只能与 ODU1 调度端口互连,而不能与 ODU0、ODU2 级别的调度端口互连。

端口可以多发,即采用广播的形式;但是不能多收,即只能接收 1 个。单击单板左侧的小圆点或者单击左下角的"全部展开"选项,可以展开单板的所有端口资源。

如图 12-34、图 12-35 所示,在界面右上角的"分组选择"中选择需要配置的交叉子架,在右侧的"编辑操作"菜单列表中依次选择"编辑""双向"和"工作",按照业务配置规划在该界面依次单击左侧的发送端口和右侧的接收端口连接好交叉关系后单击确认,最后单击"增量应用"按钮下发交叉关系即可。图 12-34 所示为客户侧到线路侧单板的双发单收交叉。图 12-35 所示为线路侧单板到线路侧单板的双向交叉连接。

单击展开单板的端口资源

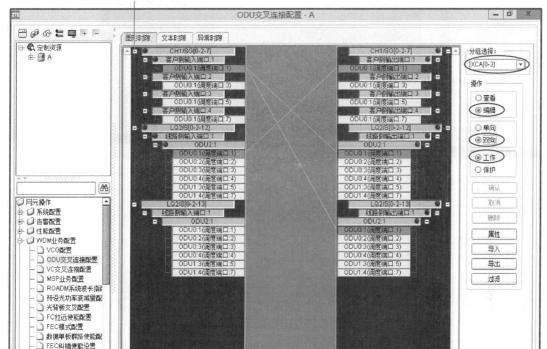

图 12-34 交叉板配置 1

12.4.2 电层 1+1 保护原理

一、电层 1+1 保护原理简介

1+1 保护的基本原理是"并发优收"。在 1+1 保护结构中,一个工作通道有一个专用的保护通道。正常的业务信号在发送端会同时发往工作通道与保护通道,在接收端会根据信号质量从两个通道中择优选择接收正常的业务信号。

二、单向保护倒换和双向保护倒换

1. 单向保护倒换

发生单向故障时(即故障只影响传输的一个方向),只有受影响的方向倒换

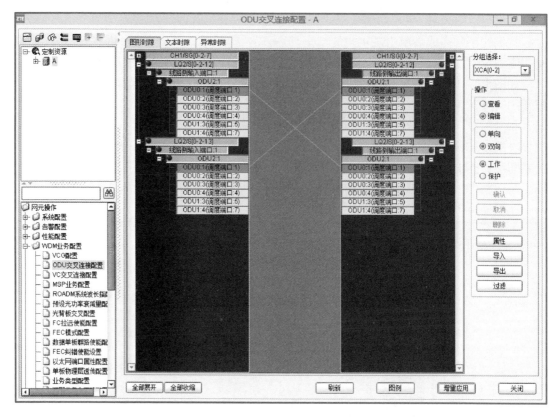

图 12 - 35 交叉板配置 2

到保护通道,不需要通过 APS 信令通道与业务发送端进行 APS 信令交互,每个节点间完全独立。

2. 双向保护倒换

如图 12 - 36 所示,在单向故障(即只影响传输的一个方向的故障)情况下,受影响和不受影响的两个方向(路径或子网连接)都倒换到保护通道。在保护倒换过程中,需要业务的接收端与发送端之间通过 APS 信令通道进行 APS 信令交互。因此,双向的 1 + 1 保护需要计算组播。

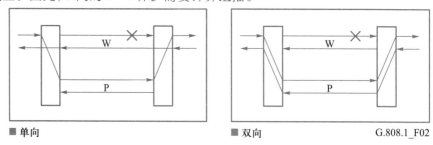

■ 单向   ■ 双向   G.808.1_F02

图 12 - 36   1 + 1 保护

三、返回式和非返回式

在"返回式"操作类型中,如果倒换请求被终结,即当工作通道已从缺陷中恢复或外部请求被清除时,则业务信号总是返回到(或保持在)工作通道;在

"非返回式"操作类型中,如果倒换请求被终结,则业务信号不返回到工作通道。

12.4.3 电层波长1+1保护

电层波长1+1保护如图12-37所示。电层波长保护是对整个波长进行保护,即客户侧业务速率经过交叉之后,在线路侧用同样速率的业务波长输出。此时线路侧波长仅承载一个客户侧业务。

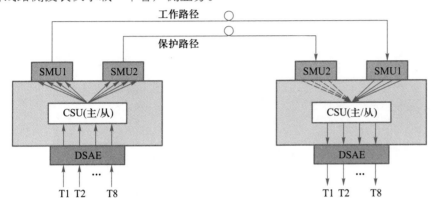

图12-37 电层波长1+1保护

任务实施

12.4.4 电层子波长1+1保护

所谓子波长,即客户侧业务速率经过交叉之后,汇聚到线路侧的高速业务波长中输出。如图12-38所示,沿着顺时针方向,A站线路侧业务单板LO2发送,C站线路侧单板LO2接收。其中A与C站点有业务上/下,B站点通过LO2背板穿通,D站点为OMU与ODU穿通,E站点为OLA站点。

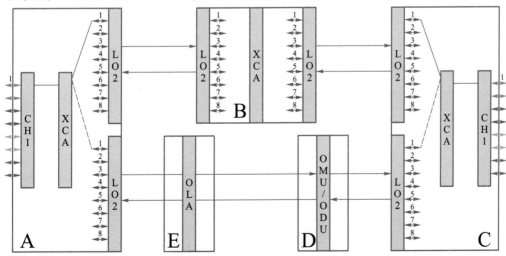

图12-38 电层子波长1+1保护

本例配置 A 到 C 的一个 GE 业务及保护,走 LO2 的第一波(192.10 THz),调度口为1。在 A、C 站点(业务上/下站点)配置交叉连接如图 12 - 39 所示。

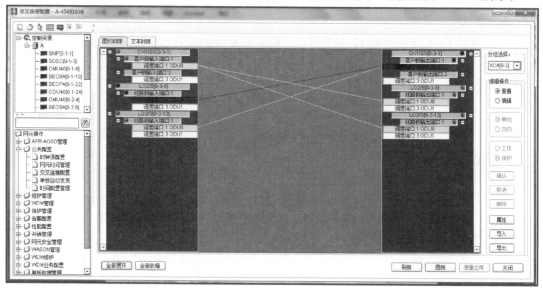

图 12 - 39   交叉配置

图 12 - 39 中,左侧是发送,右侧是接收,绿色线代表工作,蓝色线代表保护(并发选收)。若客户单板 CH1 在发送侧(左)并发出去,两条均为绿色的;CH1 单板在接收侧(右),一条是工作(绿色),一条是保护(蓝色)。在穿通(业务直通)站点配置交叉连接即可。

图片

交叉配置

任务拓展

如果让你选择保护方式,你会用光层保护还是电层保护? 为什么?

项目小结

1. 在进行光纤连接时,要始终以信号流的规划为依据。 由于每个方向都有同样的一组单板设备,应先连完一个方向,再连另一个方向。

2. OADM 站点的业务要面向东、西(左、右)两个方向,每个方向都需要一组 OTU、OMU、OBA、ODU、OPA,不同方向不能混用。

3. 在 OTN 系统中,合波光通道只需要连接一次。

4. 光功率常用计量单位是毫瓦(mW),毫瓦分贝(dBm)是为了便于计算而引入的光功率计量单位。

5. OP 保护的信号流在发送端通过耦合器实现双发,在接收端根据输入光功率检测结果来选择接收的信号,以实现"并发优收"(或"双发选收")。

6. 按 OP 保护单板放置位置的不同,OP 保护的组网方式可以分为 5 种,分别是:光通道 1 + 1 保护——OTU 冗余;光通道 1 + 1 保护——OTU 共享;光复用段 1 + 1 保护——OA 冗余;光复用段 1 + 1 保护——OA 共享;光传送段 OTS 层 1 + 1 保护。

7. OTN 电交叉子系统以时隙电路交换为核心,通过电路交叉配置功能,支持各类大颗粒用户业务的接入和承载,实现波长和子波长级别的灵活调度,支持任意节点任意业务处理,同时继承 OTN 网络监测、保护等各类技术,支持毫秒级的业务保护倒换。

8. 子波长,即客户侧业务速率经过交叉之后,汇聚到线路侧的高速业务波长中输出。

思考与练习

1. 参观 OTN 机房,画出 M820 组网拓扑。

2. 完成波分系统 M820 设备光纤连接(现场操作),或画出 M820 设备光纤连接示意图。

3. 用 dBm 表示的光功率值可以为负数吗? 为什么?

4. 到 OTN 机房参观,找出各光功率调整点,或通过流程图标出各调整点,描述 OTN 信号流经过的每一个单元的特性。

5. 某局甲、乙两地 40 × 10 Gbit/s 系统构成链形组网,目前仅使用了 4 波。假设 OMU 和 ODU 的插损均为 6 dB,OTU 的输出均为 − 3 dBm,OTU 的接收器使用 PIN 管,线路损耗为 0. 25 dB/km,乙地用 DCM40 进行色散补偿(衰减 10 dB),其他器件损耗不计。如果对题目中 4 个波长的光功率正常调试后,发现其中一波收光极低,应该检查哪里? 为什么?

光纤通信发展篇

项目十三
光纤通信新技术与发展趋势

知识目标

- 熟悉PTN传输体制,掌握PTN技术的特点。
- 掌握PTN关键技术PWE3。
- 了解光纤通信发展趋势。

技能目标

- 掌握PTN保护倒换机制。
- 能够试着分析未来光纤通信网络的发展趋势。

任务一　光纤通信新技术

任务分析

光纤通信技术从光通信中脱颖而出,已成为现代通信的主要支柱之一,在现代电信网中起着举足轻重的作用。光纤通信的发展速度之快,应用面之广是通信史上罕见的,也是世界新技术革命的重要标志和未来信息社会中各种信息的主要传送工具。

知识基础

13.1.1　为什么要引入 PTN 技术

一、现有传输网的弊端

随着新兴数据业务的迅速发展和带宽的不断增长,无线业务的 IP 化演进,商业客户的 VPN 业务应用,对承载网的带宽、调度、活性、成本和质量等综合要求越来越高。传统以电路交叉为核心的 SDH 网络存在成本过高、带宽利用率低、不够灵活的弊端,运营商陷入占用大量带宽的数据业务的微薄收入与高昂的网络建设维护成本的矛盾之中。同时,传统的非连接特性的 IP 网络和产品,又难以严格保证重要业务的传送质量和性能,已不适应电信级业务的承载。现有传输网的弊端如下。

① TDM 业务的应用范围正在逐渐减少。

② 随着数据业务的不断增加,基于 MSTP 的设备的数据交换能力难以满足需求。

③ 业务的突发特性加大,MSTP 设备的刚性传送管道将导致承载效率的降低。

④ 随着对业务电信级要求的不断提高,传统基于以太网、MPLS、ATM 等技术的网络不能同时满足网络在 QoS、可靠性、可扩展性、OAM 和时钟同步方面的需求。

综上所述,运营商亟待需要一种可融合传统语音业务和电信级业务要求,低OPEX(运营成本)和 CAPEX(资本性支出)的 IP 传输网,构建智能化、融合、宽带、综合的面向未来和可持续发展的电信级网络。

二、PTN 技术特征

传输网需要采用灵活、高效和低成本的分组传送平台来实现全业务统一承载和网络融合,PTN(Packet Transport Network,分组传送网)应运而生。

以 MPLS - TP(Multi - Protocol Label Switching - Transport Profile)为代表的PTN 设备,作为 IP/MPLS 或以太网承载技术和传输网技术相结合的产物,是目前 CE(Carrier Ethernet)的最佳实现技术之一,其具有以下特征。

① 面向连接。

知识引入
光纤通信新技术

PPT
光纤通信新技术

学习资料
光纤通信新技术

微课
光纤通信新技术

② 利用分组交换核心实现分组业务的高效传送。

③ 可以较好地实现电信级以太网（CE）业务的五个基本属性，即标准化的业务、可扩展性、可靠性、严格的 QoS、运营级别的 OAM。

PTN 是 IP/MPLS、以太网和传输网三种技术相结合的产物，具有面向连接的传送特征，适用于承载电信运营商的无线回传网络、以太网专线、L2 VPN 以及 IPTV 等高品质的多媒体数据业务。

三、PTN 网络特点

PTN 网络具有以下特点。

① 基于全 IP 分组内核。

② 秉承 SDH 端到端连接、高性能、高可靠、易部署和维护的传送理念。

③ 保持传统 SDH 优异的网络管理能力和良好体验。

④ 融合 IP 业务的灵活性和统计复用、高带宽、高性能、可扩展的特性。

⑤ 具有分层的网络体系架构。

⑥ 传送层划分为段、通道和电路各个层面，每一层的功能定义完善，各层之间的相互接口关系明确清晰，使得网络具有较强的扩展性，适合大规模组网。

⑦ 采用优化的面向连接的增强以太网、IP/MPLS 传送技术，通过 PWE3 仿真适配多业务承载，包括以太网帧、MPLS（IP）、ATM、PDH、FR（Frame Relay）等。

⑧ 为 L3（Layer 3）/L2（Layer 2）乃至 L1（Layer 1）用户提供符合 IP 流量特征而优化的传送层服务，可以构建在各种光网络/L1/以太网物理层之上。

⑨ 具有电信级的 OAM 能力，支持多层次的 OAM 及其嵌套，为业务提供故障管理和性能管理。

⑩ 提供完善的 QoS 保障能力，将 SDH、ATM 和 IP 技术中的带宽保证、优先级划分、同步等技术结合起来，实现承载在 IP 之上的 QoS 敏感业务的有效传送。

⑪ 提供端到端（跨环）业务的保护。

13.1.2 PTN 技术

PTN 是基于包交换、端到端连接、多业务支持、低成本的网络。PTN 技术主要定位于城域的汇聚接入层，其在网络中的定位主要满足以下需求。

① 多业务承载：包括无线基站回传的 TDM/ATM 以及今后的以太网业务、企事业单位和家庭用户的以太网业务。

② 业务模型：城域的业务流向大多是从业务接入节点到核心/汇聚层的业务控制和交换节点，为点到点（P2P）和点到多点（P2MP）汇聚模型，业务路由相对确定，因此中间节点不需要路由功能。

③ 严格的 QoS：TDM/ATM 和高等级数据业务需要低时延、低抖动和高带宽保证，而宽带数据业务峰值流量大且突发性强，要求具有流分类、带宽管理、优先级调度和拥塞控制等 QoS 能力。

④ 电信级可靠性：需要可靠的、面向连接的电信级承载，提供端到端的 OAM 能力和网络快速保护能力。

⑤ 网络扩展性：在城域范围内业务分布密集且广泛，要求具有较强的网络扩展性。

⑥ 网络成本控制：大中型城市现有的传输网都具有几千个业务接入点和上百个业务汇聚节点，因此要求网络具有低成本、可统一管理和易维护的优势。

PTN 针对移动 2G/3G 业务，提供丰富的业务接口 TDM/ATM/IMA E1/ST-Mn/POS/FE/GE，通过 PWE3 伪线仿真接入 TDM、ATM、以太网业务，并将业务传送至移动核心网一侧，如图 13 - 1 所示。

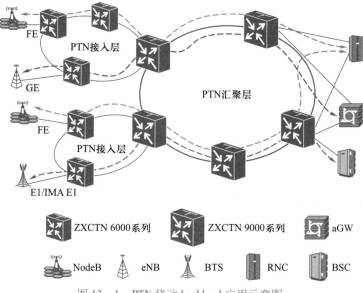

图 13 - 1　PTN 移动 backhaul 应用示意图

PTN 在核心网高速转发的应用如图 13 - 2 所示。

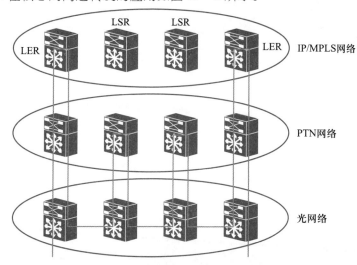

图 13 - 2　PTN 在核心网高速转发的应用示意图

核心网由 IP/MPLS(Multi - Protocol Label Switching) 路由器组成，对于中间路由器 LSR(Label Switched Router)，其完成的功能是对 IP 包进行转发，其转发

是基于三层的,协议处理复杂。由于 PTN 是基于二层进行转发的,协议处理层次低,转发效率高,因此可以用 PTN 来完成 LSR 分组转发的功能。基于 IP/MPLS 的承载网对带宽和光缆消耗严重,面临着路由器不断扩容、网络保护、故障定位、故障快速恢复、操作维护等方面的压力;而 PTN 网络能够很好地解决这些问题,提高链路的利用率,显著降低网络建设成本。

13.1.3 PTN 关键技术 PWE3

PWE3(Pseudo Wire Edge to Edge Emulation,端到端的伪线仿真)是一种端到端的二层业务承载技术。在 PTN 中,PWE3 可以真实地模仿 ATM、帧中继、以太网、低速 TDM 电路和 SONET/SDH 等业务的基本行为和特征。PWE3 以 LDP(Label Distribution Protocol,标签分发协议)为信令协议,通过隧道(如 MPLS 隧道)模拟 CE(Customer Edge)端的各种二层业务,如各种二层数据报文、比特流等,使 CE 端的二层数据在网络中透明传递。PWE3 可以将传统网络与分组交换网络连接起来,实现资源共享和网络拓展。

PW 是一种通过 PSN 把一个承载业务的关键要素从一个 PE 运载到另一个或多个 PE 的机制。通过 PSN 网络上的一个隧道(IP/L2TP/MPLS)对多种业务(ATM、FR、HDLC、PPP、TDM、以太网)进行仿真,PSN 可以传输多种业务的数据净荷,这种方案里使用的隧道定义为 PW(Pseudo Wires,伪线)。

PW 所承载的内部数据业务对核心网络是不可见的,从用户的角度来看,可以认为 PWE3 模拟的虚拟线是一种专用的链路或电路。PE1 接入 TDM/IMA/FE 业务,将各业务进行 PWE3 封装,以 PSN 网络的隧道作为传送通道传送到对端 PE2,PE2 将各业务进行 PWE3 解封装,还原出 TDM/IMA/FE 业务。

封装过程如图 13-3 所示。

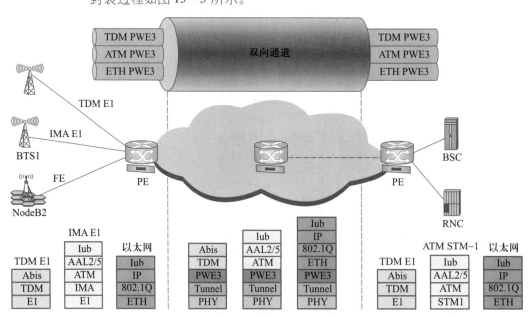

图 13-3 PWE3 的数据封装

任务实施

13.1.4 保护问题的分析

MPLS – TP 网络的生存性通过网络保护和恢复技术实现,需满足下列网络目标。

① 实现快速自愈(达到现有 SDH 网络保护的级别)。

② 与客户层可能的机制协调共存,可以针对每个连接激活或禁止 MPLS – TP 保护机制。

③ 可抵抗单点失效。

④ 一定程度上可容忍多点失效。

⑤ 避免对与失效无关的业务有影响。

⑥ 尽量减少需要的保护带宽。

⑦ 尽量降低信令复杂度。

⑧ 支持优先通路验证。

⑨ 需要考虑 MPLS – TP 环网的互通。

⑩ 需要考虑 MPLS – TP 网状网及其互通。

一、线性保护倒换目标

MPLS – TP 线性保护倒换结构可以是 G. 8131 定义的路径保护和子网连接保护(SNC 保护)。下面详细介绍线性保护倒换的网络目标。

1. 倒换时间

用于路径保护和子网连接保护的 APS 算法应尽可能地快。建议倒换时间不大于 50ms。保护倒换时间不包括启动保护倒换必需的监测时间和拖延时间。

2. 传输时延

传输时延依赖于路径的物理长度和路径上的处理功能。对于双向保护倒换操作,传输时延应该考虑;对于单向保护倒换操作,由于不需要传送 APS 信令,不存在信令的传输时延。

3. 倒换类型

1 + 1 路径保护和 SNC 保护应该支持单向倒换,1∶1 路径保护和 SNC 保护应该支持双向倒换。

4. APS 协议和算法

对于所有的网络应用,路径保护和 SNC 保护的 APS 协议应相同。仅仅双向保护倒换需要使用 APS 协议。

5. 操作方式

1 + 1 单向保护倒换应该支持返回操作和非返回操作,1∶1 保护倒换应该支持返回操作。

6. 人工控制

通过操作系统,可使用外部发起的命令人工控制保护倒换。

7. 倒换发起准则

对于相同类型的路径保护和子网连接保护,倒换发起准则相同。支持的自动发起倒换的命令包括:信号失效(工作和保护)、保护劣化(工作和保护)、返回请求、无请求。对于信号失效和/或信号劣化的准则应该与 G.8121 标准定义一致。

二、MPLS – TP 路径保护

MPLS – TP 路径保护用于保护一条 MPLS – TP 连接,它是一种专用的端到端保护结构,可以用于不同的网络结构,如网孔形网、环形网等。

MPLS – TP 路径保护又具体分为 1 + 1 和 1:1 两种类型。

1. 单向 1 + 1 MPLS – TP 路径保护

在 1 + 1 结构中,保护连接是每条工作连接专用的,工作连接与保护连接在保护域的发送端进行桥接。业务在工作连接和保护连接上同时发向保护域的接收端。在接收端,基于某种预先确定的准则,例如缺陷指示,选择接收来自工作或保护连接上的业务。为了避免单点失效,工作连接和保护连接应该走分离的路由。

1 + 1 MPLS – TP 路径保护的倒换类型是单向倒换,即只有受影响的连接方向倒换至保护路径,两端的选择器是独立的。1 + 1 MPLS – TP 路径保护的操作类型可以是非返回或返回的。

单向 1 + 1 MPLS – TP 路径保护倒换结构如图 13 – 4 所示。

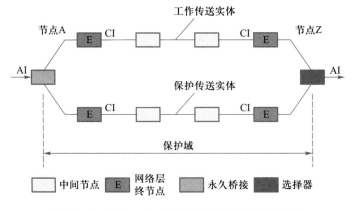

图 13 – 4 单向 1 + 1 MPLS – TP 路径保护倒换结构

在单向保护倒换操作模式下,保护倒换由保护域的接收端选择器完全基于本地(即保护接收端)信息来完成。工作业务在保护域的发送端永久桥接到工作和保护连接上。若使用连接性检查包检测工作和保护连接故障,则它们同时在保护域的发送端插入到工作和保护连接上,并在保护域的接收端进行检测和提取。需要注意的是,无论连接是否被选择器所选择,连接性检查包都会在上面发送。

如果工作连接上发生单向故障(从节点 A 到节点 Z 的传输方向),此故障将在保护域的接收端节点 Z 被检测到,然后节点 Z 选择器将倒换至保护连接,如图 13 – 5 所示。

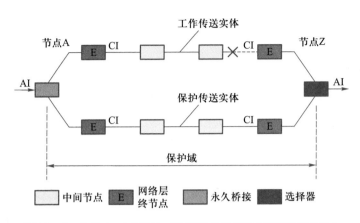

图 13 – 5　单向 1 + 1 MPLS – TP 路径保护倒换（工作连接失效）

2. 双向 1∶1 MPLS – TP 路径保护

在 1∶1 结构中,保护连接是每条工作连接专用的,被保护的工作业务由工作连接或保护连接进行传送。工作连接和保护连接的选择方法由某种机制决定。为了避免单点失效,工作连接和保护连接应该走分离路由。

1∶1 MPLS – TP 路径保护的倒换类型是双向倒换,即受影响的和未受影响的连接方向均倒换至保护路径。双向倒换需要自动保护倒换（APS）协议用于协调连接的两端。双向 1∶1 MPLS – TP 路径保护的操作类型应该是可返回的。

双向 1∶1 MPLS – TP 路径保护倒换结构如图 13 – 6 所示。在双向保护倒换模式下,基于本地或近端信息和来自另一端或远端的 APS 协议信息,保护倒换由保护域发送端选择桥接器和接收端选择器共同来完成。

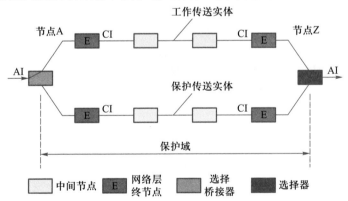

图 13 – 6　双向 1∶1 MPLS – TP 路径保护倒换结构（单向表示）

若使用连接性检查包检测工作连接和保护连接故障,则它们同时在保护域的发送端插入到工作连接和保护连接上,并在保护域的接收端进行检测和提取。需要注意的是,无论连接是否被选择器所选择,连接性检查包都会在上面发送。

若在工作连接 Z – A 方向上发生故障,则此故障将在节点 A 检测到,然后使用 APS 协议触发保护倒换,如图 13 – 7 所示。

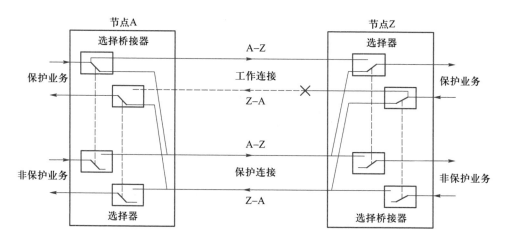

图 13-7　双向 1∶1 MPLS-TP 路径保护倒换（工作连接 Z-A 故障）

协议流程如下。

① 节点 A 检测到故障。

② 节点 A 选择桥接器倒换至保护连接 A-Z（即在 A-Z 方向，工作业务同时在工作连接 A-Z 和保护连接 A-Z 上进行传送），并且节点 A 并入选择器，倒换至保护连接 A-Z。

③ 从节点 A 到节点 Z 发送 APS 命令请求保护倒换。

④ 当节点 Z 确认了保护倒换请求的优先级有效之后，节点 Z 并入选择器倒换至保护连接 A-Z（原先在 Z-A 方向，工作业务同时在工作连接 Z-A 和保护连接 Z-A 上进行传送）。

⑤ APS 命令从节点 Z 传送至节点 A，用于通知有关倒换的信息。

⑥ 业务流在保护连接上进行传送。

任务二　光纤通信发展趋势

任务分析

　　随着云计算、大数据和物联网等技术的发展，作为基础网络的光纤通信网络将如何发展？本任务将从古代传输网入手，分析光纤通信未来发展的方向和趋势。

知识基础

13.2.1　古代传输网的启示

　　传输网是通信网中最重要的一部分。这里通过分析古代传输网的实现，试图从中找到一些发展规律。

　　古代通信的智慧——烽火台，如图 13-8 所示。

　　烽火台的原理大家都知道，就是相隔一定距离筑起一个个的高台，如逢敌军

知识引入
光纤通信发展趋势

PPT
光纤通信发展趋势

学习资料
光纤通信发展趋势

微课
光纤通信发展趋势

图 13 - 8　古代通过烽火台传递信息

来犯,则白天施烟,夜间点火,告知最近的烽火台一个简单扼要的信息:"我这里有情况,请速速支援,十万火急!"于是乎,邻近的烽火台观察到这里的信息——烟火后,将这个信息按照同样的方式传递,一直传递到都城,发起战争预警,即可立即采取措施。

　　烽火台里的士兵通过观察得到了军情,军情就是一种信息。什么是信息?数学家香农 1948 年提出过这个问题,信息是用来消除随机不定性的东西。比如,"敌军今天可能来犯,可能不来"就不是信息,按照专业的说法这称为"信息量为零"。而"有敌军来犯"就是消除了"可能来犯"和"可能不来"之间的不确定性,明确地告诉你敌军来了,所以,"有敌军来犯"就是信息。烽火台能够承载的信息量非常小,只是能够标识有外地入侵和没有外地入侵。这种信息量的标识称为网络带宽。网络带宽是指在单位时间(一般指的是 1 s)内能传输的数据量。网络带宽越大,网络系统容量就越大。

　　当发现敌情的驻军想要将信息传递给上游的驻军时,烽火台就是负责将信息远距离传递的快速有效的通信设施。虽然其原理很简单,可是里面凝聚了祖先的很多智慧和经验。

　　烽火台为什么要"台高五丈"?为什么要燃烧狼粪、艾蒿?台子高才能看得远,火旺、烟多才能传得远。信息传得远,烽火台之间的距离就远,相同的距离就可以少建一些烽火台。光纤传输网为什么要去选择合适的波长窗口?为什么要有长距模块?也是为了提高信号强度、减小衰耗,目的也是为了传得更远。传输距离也是传输网需要解决的一个主要问题。

　　烽火台作为战略重地,其安全保卫及管理工作势必非常重要。试想一下,当外地入侵时,入侵者为了防止援兵的到来,最简单的办法就是控制烽火台,当烽火台不能发挥作用了,远方的都城是无法知道战争消息的。同样,如果管理不到位,把烽火台当成游戏发送一些假消息,则会造成非常严重的后果,比如烽火戏诸侯。因此,对于烽火台这一通信系统的系统性保障也是传输系统的重要保障。

13.2.2 传输网络发展演进路线

容量更大:所谓容量,其实就是网络带宽。目前商用主流单纤传输的最大容量是 100 Gbit/s。波分技术的发展进一步拓展了传输容量。

传输更远:随着 100 Gbit/s 相干系统的规模部署,以及超 100 Gbit/s 相干系统的逐渐成熟,偏振和色散已经不是限制传输距离的因素。单模光纤可以通过工艺的提升和材料的进步来降低损耗和提高有效面积,进而改善高速光传输的距离。

系统性更强:未来网络发展是以 IP 技术为核心展开的,因此,如何适应 IP 技术的发展,提高通信系统的系统性也是未来发展的路线之一。

任务实施

13.2.3 传输网发展趋势分析

一、低损耗光纤和超低损耗光纤

业内根据光纤损耗,把光纤大致分为普通光纤、低损耗光纤、超低损耗光纤三类。其中,普通光纤衰减为 0.20 dB/km 左右,低损耗光纤、超低损耗光纤的衰减分别小于 0.185 dB/km、0.170 dB/km。相比于普通光纤,低损耗光纤、超低损耗光纤可分别减少跨段损耗 2 dB、3 dB。即便是跨段数不变,也能带来每跨段距离 17% 的提升,总传输距离也可提升 17%。对于高速传输网络而言,在 100 Gbit/s 的传输速率下,普通光纤、低损耗光纤、超低损耗光纤均能传输 1 000 km 以上,除个别超长段以外,现有普通光纤均能应对;而对于 400 Gbit/s 的传输速率,低损耗光纤能减少约 20% 的再生站数,超低损耗光纤能减少约 40% 的再生站数,效益明显。

与普通光纤相比,超低损耗光纤的优良特性可提供网络裕量,用来扩展网络跃迁跨度,扩增位点,升级到更快的比特率,增加网络组件的灵活性或延长再生器之间的距离,从而能实现更长、更宽广的区域网络,来满足全球日益增长的带宽能力需求。超低损耗光纤的低损耗特性,非常适用于超长距离和大容量、高速率网络传输的应用。

随着高速传输时代的来临,超低损耗光纤带来的巨额成本优势必将越来越引人注目。随着产业链的不断完整,超低损耗光纤必将迎来大规模商用时代。

二、大容量扩展

下一代网络(NGN)引发了许多的观点和争论。有的专家预言,不管下一代网络如何发展,一定将要达到三个世界,即服务层面上的 IP 世界、传送层面上的光的世界和接入层面上的无线世界。下一代传输网要求更高的速率、更大的容量,这非光纤网莫属,但高速骨干传输的发展也对光纤提出了新的要求。

① 扩大单一波长的传输容量。

② 实现超长距离传输。

③ 适应 DWDM 技术的运用。DWDM 系统的大量使用,对光纤的非线性指标提出了更高的要求。

三、IP 传输体系

1. PTN 技术

PTN 是基于包交换、端到端连接、多业务支持、低成本的网络。近年来作为 IP over WDM 解决方案的 PTN 和 OTN 逐渐成为光通信领域的两个技术热点，其应用场景分别针对不同的传送层面。PTN 针对分组业务流量特征优化传送带宽，同时秉承 SDH 技术的高可靠性、可用性和可管理性优势，适用于 FE/GE/10GE 以太网接口传输，兼容 TDM。

PTN 是能够以最高效率传输 IP 的光网络。它是在以以太网为外部表现形式的业务层和 WDM 等光传输介质之间设置的一个层面，针对 IP 业务流量的突发性和统计复用传送的要求而设计，以分组业务为核心并支持多业务提供，具有更低的总体使用成本（TCO），同时秉承 SDH 的传统优势，包括高可用性和可靠性、高效的业务调度机制和流量工程、便捷的 OAM 和网管、易扩展、业务隔离与高安全性等。PTN 作为传输技术，最低的每比特传送成本依然是最核心的要求。高可靠性、多业务同时基于分组业务特征而优化、可确定的服务质量、强大的 OAM 机制和网管能力等依然是其核心技术特征。在现有的技术条件和业务环境下，在 PTN 层面上需要解决网络定位、业务承载、网络架构、设备形态、QoS 和时钟等一系列关键技术问题。

2. IPRAN 技术

IPRAN 是针对 IP 化基站回传应用场景进行优化定制的路由器/交换机整体解决方案。在城域汇聚/核心层采用 IP/MPLS 技术，接入层主要采用二层增强以太技术，或采用二层增强以太与三层 IP/MPLS 相结合的技术方案。

IPRAN 中的 IP 指的是互联协议，RAN 指的是 Radio Access Network。相对于传统的 SDH 传输网，IPRAN（无线接入网 IP 化）是基于 IP 的传输网。网络 IP 化趋势是近年来电信运营商网络发展中最大的一个趋势，在该趋势的驱使下，移动网络的 IP 化进程也在逐步展开。作为移动网络重要的组成部分，移动承载网络的 IP 化是一项非常重要的内容。

传统的移动运营商的基站回传网络是基于 TDM/SDH 建成的，但是随着 3G 和 LTE 等业务的部署与发展，数据业务已成为承载主体，其对带宽的需求在迅猛增长。SDH 传统的 TDM 独享管道的网络扩容模式难以支撑，分组化的承载网建设已经成为一种不可逆转的趋势。

IPRAN 技术标准主要基于 Internet 工程任务组（IETF）的 MPLS 工作组发布的 RFC 文档，已经形成成熟的标准文档百余篇。IPRAN 设备形态基于成熟的路由交换网络技术，大多是在传统路由器或交换机基础上改进而成，因此有着良好的互通性。

3. SDN 技术

随着全球网络每年的总流量不断扩大，带宽需求迅猛增加，对传统光网络也提出了巨大挑战。而 ICT 技术的革命性进展，使得软件定义网络（SDN）成为业界研究热点，并迅速从数据网络领域向光网络领域延伸。作为未来光网络发展演进的重要方向，SDN 技术正在给宽带光网络的发展注入崭新活力。

SDN 是一种新型网络创新架构,通过将网络设备控制面与数据面分离开来,从而实现网络流量的灵活控制,为核心网络及应用创新提供良好的平台。

与数据网络的 SDN 化不同,光网络的 SDN 化有其特点。首先,由于物理层的特性,光网络本身就具有控制转发分离的控制架构;其次,在集中控制方面,光网络已拥有成熟网管、路径计算单元(PCE)等集中管控系统;最后,光网络具有面向连接的特性,所有业务采用预先配置方式,无需控制器就可根据业务报文即时下发流进行报文转发,降低了对控制器性能的要求,具有较好的网络扩展能力。可以说,光网络已经具备了部分 SDN 的特征,这为其向 SDN 演进奠定了良好的基础。

项目小结

1. PTN 是 IP/MPLS、以太网和传输网三种技术相结合的产物,具有面向连接的传送特征,适用于承载电信运营商的无线回传网络、以太网专线、L2 VPN 以及 IPTV 等高品质的多媒体数据业务。

2. PWE3(Pseudo Wire Edge to Edge Emulation,端到端的伪线仿真)是一种端到端的二层业务承载技术。

3. 传输网络发展演进路线主要为容量更大、传输更远、系统性更强。

4. 传输网发展趋势包括低损耗光纤和超低损耗光纤进入大规模商用、通信容量进一步扩展、采用更先进的 IP 传输体系。

思考与练习

在学习到的知识基础上,查找资料,分析光纤通信网络发展的趋势。

参考文献

1 杜庆波. 光纤通信技术与设备 [M]. 2 版. 西安：西安电子科技大学出版社，2012.

2 中国通信学会组. 对话光通信 [M]. 北京：人民邮电出版社，2010.

3 王健. 光传送网（OTN）技术、设备及工程应用 [M]. 北京：人民邮电出版社，2016.

4 曾庆珠，马敏，闫之烨，等. 光纤通信工程 [M]. 北京：北京理工大学出版社，2016.